心灵与认知文丛

高新民 主编

解释与心灵的本质

——丹尼特心灵哲学研究

刘占峰 著

中国社会科学出版社

图书在版编目(CIP)数据

解释与心灵的本质：丹尼特心灵哲学研究／刘占峰著．
—北京：中国社会科学出版社，2011．3
ISBN 978－7－5004－9384－6

Ⅰ．①解…　Ⅱ．①刘…　Ⅲ．①心理学—研究
Ⅳ．①B84

中国版本图书馆 CIP 数据核字(2010)第 244980 号

策划编辑　郭沂纹
特约编辑　严春友
责任校对　周　昊
封面设计　四色土图文设计工作室
技术编辑　张汉林

出版发行　中国社会科学出版社
社　　址　北京鼓楼西大街甲 158 号　　邮　编　100720
电　　话　010—84029450(邮购)
网　　址　http://www.csspw.cn
经　　销　新华书店
印　　刷　北京新魏印刷厂　　装　订　广增装订厂
版　　次　2011 年 3 月第 1 版　　印　次　2011 年 3 月第 1 次印刷
开　　本　710×980　1/16
印　　张　19.25　　插　页　2
字　　数　297 千字
定　　价　35.00 元

《心灵与认知文丛》总序

心灵或灵魂无疑是世界上最深奥、最奇妙的现象。古人云："适言其有，不见色质；适言其无，复起思想，不可以有无思度故，故名心为妙。"① 人们用心理语言诚实地说出的心肯定是有，但奇怪的是，谁都不曾碰到过它，连形影都没有。然而如果据此言其无，则又大谬不然。因为心不止是有，而且可将自己放大至无限。正如钱穆先生所说：它"并不封蔽在各各小我之内，而实存于人与人之间"，它能"感受异地数百千里外，异时数百千年外他人之心以为心"。②

心灵观念是人类最早形成的观念之一，其源头可追溯至原始思维。尽管它的形成掺杂着杜撰的成分，它的本体论承诺疑惑重重，但它所承诺的心灵在后来的哲学和有关科学中却一直享有十分独特的地位，例如在哲学中它直到今天仍是一个带有基础性的研究对象。正是有了它，才有了贯穿哲学史始终的"哲学基本问题"。当然它的命运始终充满着坎坷，它作为观念所受到的待遇始终具有两面性，一方面是建构、遮蔽，另一方面是解构、解蔽。

心灵问题不仅是最古老的问题，而且也是最具世界性的研究课题。当然不同国家由于文化背景和致思的价值取向彼此有别，因而在把心灵作为对象来认识时，其侧重点也各不相同。例如西方哲学在探究心灵时，受其科学精神的影响，更为关注的是对心灵的体的

---

① 天台智者：《法华玄义》卷一上，《大正藏》第33卷，第685页。

② 钱穆：《灵魂与心》，广西师范大学出版社2004年版，第18、90页。

方面的研究，如探究心灵的本质、结构、奥秘、运作机制之类的问题；而东方智慧由于更为关注人伦道德之类的问题，因此在探究心灵时，更为重视的是寻觅心灵内所蕴涵的对于做人、修身、齐家、治国、平天下的无穷妙用。

尽管古往今来的哲人智者为破解原始人留下的这一世界之谜而殚精竭虑，但它至今仍是我们所知最少的领域，甚至断言有关认识仍停留于“前科学”水平也不为过。其原因当然很复杂，而主要的原因可能是我们的认识及方法犯了某种根本性的错误，如赖尔所说的“范畴错误”，没有真正超越二元论，对心灵作了错误的构想，对心理语言作了错误的理解。因此当务之急是在批判的基础上重构关于心理的地形学、地貌学、结构论、运动学和动力学。

常识和传统哲学在理解心灵时的确有“本体论暴胀”的偏颇，但矫枉过正，进而倒向取消主义又是不妥的。在特定的意义上，心灵不仅是存在的，而且具有无穷的妙用，真可谓体大、相大、用大，或者说，心既是体、宗，又是用。说心是体，意即心是一切现象的本体、基质，因为世界的被人认识到的相状、色彩等属性乃至向人显示出的各种各样的意义都离不开心的存在。心不仅是一切价值的载体，同时又是获得这些价值的价值主体。之所以说心相大用大，是因为人做得如何，是否有高质量的生活，是否是高尚有德之人，完全取决于心之所使。正如天台智者所说：“三界无别法，唯是一心作，心能地狱，心能天堂，心能凡夫，心能圣贤。”[①] 由此看来，心不仅有哲学本体论、科学心理学意义上的“体”、本质和奥秘，而且还有人生价值论意义上的体与用。正是这一体认，成就了中国从先秦开始就十分发达的特种形式的心灵哲学：从心里去挖掘做人的奥秘，揭示人之为凡为圣的内在根据、原理、机制和条件。这种学问从内在的方面说是名副其实的心学，我们不妨把它称作价值性心灵哲学，而从外在的表现来说，则是典型的做人的学问——圣学。

---

① 天台智者：《法华玄义》卷一上，《大正藏》第33卷，第685页。

在反思中国心灵哲学所走过的历史过程时，我们必然会碰到科学史上的所谓“李约瑟难题”。如同中国科学技术在17世纪以前远远超过同期的欧洲一样，中国的心灵哲学在同期也一直保持着绝对的领先地位，至少有自己的局部优势，然而在此以后，我们的差距却与日俱增。李约瑟也承认，中国人在智力上与他们西方人可能是一样的，但是为什么像伽利略、牛顿这样的伟大人物都是欧洲人，而不是中国人或印度人呢？为什么近代科学和科学革命只产生在欧洲呢？同样，具有现代性、后现代性的心灵哲学理论都是和西方人的名字连在一起的。正是带着这样的羞愧、困惑、觉醒意识和探索冲动，中国的一部分年轻的哲学工作者踏上了学习西方心灵哲学、构建中国自己的心灵哲学的征程。本丛书推出的作品就是其中的部分成果。它们尽管很稚嫩，但毕竟是从我们自己的沃土里生长出来的。只要辛勤耕耘、用心呵护，中国心灵哲学的壮丽复兴、满园春色一定为期不远。

高新民　刘占峰

2009年12月25日

目　录

在对话与阐释中探索哲学创新之路

（代前言）

哲学是时代精神的精华。创新和发展哲学既是哲学自身发展逻辑的必然要求，也是时代和公众对哲学和哲学研究者的殷切期待。因此，我们面对的问题不是哲学要不要创新，而是我们能不能创新、通过什么途径创新。近年来，随着国内创新哲学呼声的高涨，对话与阐释逐渐引起了人们的注意，成为哲学界关注的一个重要方向和路径。尽管大家对于怎样对话、如何阐释仍有较大分歧，但对话与阐释无疑会为哲学创新带来新的曙光，因为对话和阐释不仅贯穿于哲学发展史的全过程，而且也是马克思主义哲学创始人在开辟哲学新纪元时所采取的一个重要策略。

回顾马克思主义哲学创始人的创新历程，我们不难发现，其中有两条相互交织的线索：一条是对话，即与实践对话、与文本对话、与其他研究者对话，在实践中发现问题，在论战中明辨是非，在扬弃中推动创新；另一条是阐释，即对实践问题作出新的解答，对传统哲学作出新的解释，对科学成果作出新的概括。当然，阐释就是一种对话。对话为阐释提供了场景，阐释构成了对话的目的，对话与阐释是相互交织、不可分割的。因此，马克思主义哲学创始人是在对话与阐释的缠绕中推进哲学创新的。戴维·麦克莱伦（David McLellan）就曾指出："马克思喜欢通过批判性地分析其他思想者的思想来展开自己的思想。"[①] 这是符合事实的。一方面，

---

① 戴维·麦克莱伦：《马克思传》，王珍译，中国人民大学出版社 2006 年版，第 75 页。

马克思主义经典作家的很多重要论著都是在对话和阐释中形成的。例如，《1844年经济学哲学手稿》、《黑格尔法哲学批判》、《关于费尔巴哈的提纲》、《德意志意识形态》、《神圣家族》、《哲学的贫困》、《反杜林论》、《路德维希·费尔巴哈和德国古典哲学的终结》、《唯物主义和经验批判主义》等都是在与黑格尔、费尔巴哈、鲍威尔、施蒂纳、蒲鲁东、杜林、马赫等思想家进行批判性对话，对他们自己的思想作出创造性阐释而形成的，而《自然辩证法》、《家庭、私有制和国家的起源》等则是通过提炼、概括和解释物理学、化学、生物学、人类学等具体科学的新成果而形成的。另一方面，经典作家的很多新思想甚至整个哲学转型都是在对话和阐释中展开的。在对话中，经典作家深入挖掘其他学说中的合理因素，同时又紧紧抓住其内在的逻辑矛盾，加以剖析、促动、推进，引出其应有的趋向和意义。也就是说，按照其中蕴涵的逻辑，说出其他思想家没有意识到或没有说出的话，甚至是逼迫其他思想家说出他们本不想说但又不得不说的话来。例如，马克思在批判黑格尔劳动观时就指出，黑格尔把劳动看作是人的本质，看作人的自我确证的本质，这是其辩证法的伟大之处，因为“他抓住了劳动的本质，把对象性的人、现实的因而是真正的人理解为他自己的劳动的结果”①。但他只看到了劳动的积极的方面，没有看到它的消极的方面，从而把外化、异化、对象化看作是一个东西，而且他所理解的劳动也只是抽象的精神劳动，他的辩证法只是思辨的辩证法。但是，创新哲学不是要抛弃黑格尔的辩证法，而是要把这个“头脚倒立”的“合理内核”从唯心主义体系中解放出来，使之与唯物主义结合，重新实现用脚立地，变成“现实世界的辩证运动的自觉的反映”。恩格斯在解读黑格尔的著名命题（“凡是现实的都是合乎理性的，凡是合乎理性的都是现实的”）时更是将对话和阐释发挥到了极致。当时人们都认为黑格尔的命题是在把现存的一切神圣化。但恩格斯指出，如果按照黑格尔的辩证法，这个命题必然会

---

① 马克思：《1844年经济学哲学手稿》，人民出版社2000年版，第101页。

转向自己的反面，最终会变成另一个命题：凡是现存的，都一定要灭亡。根据辩证法的这一逻辑，恩格斯进一步得出了历史唯物主义的结论：在辩证法面前，除了生成和灭亡的不断过程、无止境地由低级上升到高级的不断过程，什么都不存在；一切依次更替的历史状态都只是人类历史长河中的暂时阶段，人类社会必然要由低级阶段向高级阶段发展。他说："黑格尔并没有这样清楚地作出如上阐述。这是他的方法必然要得出的结论，但是他本人从来没有这样明确地作出这个结论。"① 这就意味着，在对话和阐释中，我们用新的视角观照文本，对其中蕴藏的深层含义可以比作者认识得更清楚，比作者说得更透彻，能比作者本人更好、更深刻地理解他的作品。在马克思主义经典著作中，这种对话和阐释可以说俯拾即是。我们通常说马克思主义有三大理论来源，吸收了三大科学发现的成果，这都暗示了马克思主义哲学的创立和发展包含着对这些理论和发现的创造性阐释。因此，即便对话和阐释不是哲学创新的不二法门，也是一条重要途径。在此意义上，我们可以说马克思主义经典作家的创新之路就是一条对话与阐释之路。

从哲学解释学的视角看，一切对象都是主体解释的对象，在面对同一对象时，不同的解释方法不仅决定着最终解释结果的差异，而且甚至在一开始也决定着所呈现的对象本身的差异。因此，我们在推动哲学对话和阐释的过程中，即使面对的是同一个对象，但由于知识背景、兴趣和解读模式的差异，不仅产生的理论图景会迥然不同，而且对象呈现于各自面前的面貌也可能判然有别。对话和阐释实际上就是对话和阐释主体自身的视野、认识和创造性的敞开、提升和超越。对于怎样对话、如何阐释的问题，我们需要始终关注以下两个方面：一是要有很强的问题意识，对话和阐释要围绕共同的问题。发现问题是哲学创新的前提，深化对问题的理解和认识是哲学创新的方向。陈康先生说："问题是哲学的中心，论证是哲学的精髓。我们所要学者在此。学哲学的人必需训练自己怎样分析现

---

① 《马克思恩格斯选集》第4卷，人民出版社1995年版，第217页。

象，怎样陈述问题，怎样讨论问题，和怎样解答问题。”① 问题意识与哲学的对话、阐释是相互推动的，问题提供了共同的对话平台，对话创造了阐释的可能途径，阐释深化了对问题的理解。鲁宾斯坦在谈到马克思的1844年手稿时就曾指出：“如大部分同类的著作一样，马克思的这部著作间接地决定于他的反对者的立场，这是由于他是以这种反对者的立场作为出发点的。不论二者对于摆在他们面前的问题所作的回答是如何不同，但是他们据以出发的问题在某种程度上却是共同的。‘异化’这一概念是马克思的一切论断的出发点，马克思是把‘异化’这一概念作为黑格尔概念中的基本概念而划分出来的（这个概念也是费尔巴哈对宗教的批判的中心）。”② 只有围绕共同的问题，对话和阐释才能进行下去，否则就可能“下笔千言，离题万里”，变成没有对象的空谈。因此，推动哲学的创新和发展，就要发现并围绕一些重大的哲学问题，通过多领域的合作、跨学科的对话，从不同角度对它作出全景式的描述和阐释。二是要重视文本的内在逻辑。当代哲学解释学认为，文本的意义不是现成的、凝固于文本之中的，而是在解释者和解释对象的对话过程中逐步显现和生成的。伽达默尔说：“谁想理解某个本文③，谁总是在完成一种筹划。一当某个最初的意义在本文中出现了，那么解释者就为整个本文筹划了某种意义。”④ 也就是如储昭华先生所说：“意义不是‘在那里’等待发现，而是在解释者的理解过程中，通过理解活动的展开而生成、显现出来的。”⑤ 当然，这不是说解释者可以“指鹿为马”，随心所欲地“宰割”文本、“打扮”文本，而是说我们不能停留在文本的表面，寻章摘句，比拟附会，对具体的字句作“排列组合”，而是要透过文本的表层，

① 汪子嵩、王太庆：《陈康：论希腊哲学》，商务印书馆1990年版，第534页。

② 谢·列·鲁宾斯坦：《心理学的原则和发展道路》，赵璧如译，三联书店1965年版，第201—202页。

③ 这里的“本文”通常译为“文本”。

④ 伽达默尔：《真理与方法》上卷，洪汉鼎译，上海译文出版社2004年版，第345页。

⑤ 储昭华：《明分之道——从荀子看儒家文化与民主政道融通的可能性》，商务印书馆2005年版，第27页。

洞察深藏不露的思想之源，依据其内在的逻辑基点作出深层次的、创造性的解读，推出其中逻辑蕴涵的结论，实现解释者与解释对象的“视域融合”。因此，哲学的创新不是话语的翻新，而是遵循经典文本的内在逻辑，运用新的视角和思维方式，使其中潜藏的含义显现出来，在“视域融合”中推动哲学的创造性转化。

本书就是想依据上述学术信念，围绕心灵的本质问题，探讨当代西方心灵哲学中的一个重要流派，以此彰显当代西方心灵研究的借鉴启示意义，为当代中国哲学的对话与阐释洪流贡献一朵小小的浪花。

导 论

基调与挑战

心灵问题曾被称为“世界的纽结”、“人自身的宇宙之谜”，是一个千古之谜，甚至也是一个永恒之谜，似乎永远也无法被彻底破解，但却又像一个强大的磁场，吸引着一代又一代睿智之士，为之殚精竭虑、倾注心血，而这反过来又给这个千古之谜不断地穿上新的衣衫，使之青春长驻、弥久常新。不过，对于普通人来说，恐怕没有什么东西能比心灵更为我们熟悉和了解。我们在日常生活中都可以轻松自如地对自己、别人的心理和行为作出理解、解释和预测，而从事这种解释、预测实践时，不管是否学过心理学，我们都会使用各种心理语词。例如，在解释某人拿着雨伞出门这一行为时，我们通常会使用信念（他相信今天会下雨或他知道外面正在下雨）、愿望（他希望不被淋湿）等心理概念。同样，当我们看到一个人在喝水，我们通常会认为他现在感到口渴，并知道喝水可以解渴，他喝水的行为是由他的心理状态引起的。有时候，我们对动物也会使用这种解释策略，例如，“我家的狗认出我是它的主人”、“猫想抓住那只老鼠”。这些日常的解释实际上隐含着一种常识的心理概念图式[①]：人，甚至有些动物不仅具有肉体，还有心理；心

① “图式”（Schema）是心理学中常用的一个概念。通常它是指一种认知结构，“表示一个人对一个特定概念或刺激领域的一般性知识”。一个概念（如强盗）的图式既包括有关的属性（如面相凶狠、话语粗鲁、带有武器、奸淫掳掠等），也包括各种属性之间的关系（如带有武器与奸淫掳掠之间有一定联系）。“概念图式”（Conceptual Schema）也是当代分析哲学中广为流行的一个概念。一般认为，概念图式“是

理与行为之间有因果关系；使用表达心理的语词可以对行为作出正确的描述、解释和预言。

第一节 常识心理图式的内容及其问题

几千年来，尽管心灵解释的参照系和描述心灵的语词几经变革，但常识心理概念图式几乎没有什么变化。在普通人眼中，这幅心理图像大致有以下几个方面：第一，人不仅有肉体，而且也有心灵。人是一种有感性肉体组织和有意识的存在物，“人的有生命的肉体组织作为感性实体还负载着一个由各种复杂的意识因素构成的内部精神世界”①。心灵或意识是实在的过程、状态和属性，存在于精神世界之中。“人类的意识活动所创造的人的‘精神世界’，是‘地球上最美丽的花朵’。大千世界‘移入’人的脑海而成为‘意识界的存在’，万种情感‘汇聚’人的脑海而构成‘小宇宙的存在’。”②第二，人有自由意志，可以率“性”而行，随“意”而为，心理既是行为的原因和动力，心灵可以对外界的刺激

组织经验的方式”、“是对感觉材料赋予形式的范畴体系”、“是个人、文化和时代不受消逝着的具体时空场景之限制而据以延续的一些观点”。也就是说，它是从许多具体现象中抽象出来的一般性知识，就此而言，概念图式类似于我们通常所说的“世界观”。在心灵哲学的视野下，所谓心理概念图式，是指人们在描述、解释、预言心理和行为时所使用的概念框架、一般模式，在这种框架和模式中隐含着人们对心灵的最基本的、总体性的观念。任何概念图式都包括有解释目标（即要解答的问题）和解释模式（即解答问题的一般方法）两部分。就心理概念图式而言，其解释目标是：（1）为什么一个具有信念和愿望的人会去做某个特定的行为？（2）有某种行为的人通常有什么信念和愿望？其解释模式是：（1）这个人具有行为有助于实现愿望的信念，而这种信念导致了他的这一行为。（2）某个特定行为通常是由某些信念和愿望引起的，如果某人有该行为，他通常会有这些信念和愿望。参阅唐纳德·戴维森《真理、意义、行动与事件》，牟博编译，商务印书馆1993年版，第110页；菲斯克等：《社会认知——人怎样认识自己和他人》，张庆林等译，贵州人民出版社1989年版，第13页；保罗·萨加德：《病因何在——科学家如何解释疾病》，刘学礼译，上海科技教育出版社2001年版，第4—12页。

① 夏甄陶：《人是什么》，商务印书馆2000年版，第182页。

② 孙正聿：《属人的世界》，吉林人民出版社2007年版，第21页。

信息和内部的观念、思想进行加工，不同的心理状态之间有相互作用。第三，人们在描述、解释和预言心理和行为时，通常会使用“信念”、“愿望”、“理性”、“感觉”等心理语词，各种心理概念是相互联系的，具有整体性，从一个概念可以推知其他的概念。第四，心灵没有形体性，我们看不见、摸不着它。我们是“通过一种特殊的内眼来察知我们的意识状态的。我们‘向内省视’，也就是把具有‘观察’能力的内眼转向内部来观察我们自身的意识状态”[①]。因此，心灵具有直接性、私人性、主观性、权威性的特点。第五，有些心理状态会指向外部存在或不存在的事物，即具有意向性（intentionality）。

当代心灵哲学将这种心理概念图式称为民间心理学（folk psychology）。经过千百年的文化普及和传播，民间心理学已经成了我们心照不宣的“默认点”[②] 和日常生活的必要条件。丘奇兰德（P. M. Churchland）就曾指出：民间心理学“体现了我们对人的认知的、情感的和目的性本质的最基本的理解。……它构成了我们关于人是什么的概念”[③]。金在权（J. Kim）也说：“信念、愿望等命题态度构成了我们常识心理学实践的核心，给我们提供了一个规范、解释和预言我们和我们同类的所作所为的框架。对于理解和预言人的活动和行为而言，如果没有这个必要的工具，公共生活将是难以想象的。”[④] 贝克（L. Baker）也指出：“如果没有信念、愿望和意向，就不会有契约、共进晚餐的邀请或选举、死刑判决等。没有命题态度的归属，就不会有相互之间的证明、宽恕、赞扬和责备。没有这些态度的工具，日常的事情就根本无法想象。”[⑤]

但是，很多哲学家都指出这种常识的心理观实际上是一种二元

---

① 约翰·塞尔：《心灵、语言和社会》，李步楼译，上海译文出版社 2001 年版，第 69—70 页。

② 同上书，第 9 页。

③ P. M. Churchland, “Folk Psychology”, in P. M. Churchland et al (ed.), *On the Contrary*, The MIT Press, 1998, p. 3.

④ J. Kim, *Philosophy of Mind*, Colorado: Westview Press, 1996, p. 207.

⑤ L. R. Baker, *Explaining Attitudes*, Cambridge University Press, 1995, pp. 4—5.

论。丹尼特（D. Dennett）就说："如果我们仔细研究民间心理学的思想体系，就会发现它差不多是笛卡尔式的、彻头彻尾的二元论。"[①] 根据这种图式，我们通常总是把自己设想成某种与我们的身体、大脑不相同的东西，认为自我"不只是个有生命的身体（或有生命的大脑），而且也是灵魂或精神"[②]。因此，我们可能会说："我有一个身体"、"我有一个大脑"、"张三脑子活"，但绝不会说："我是一个身体"、"我是一个大脑"或"张三的心灵就是他的大脑"。既然"我"不是与身体或大脑相同的物理实在，那么，"我"究竟是什么呢？主宰身体和大脑的又是什么呢？一般人都会说：是精神或理性。那么，精神或心理是物质的还是非物质的？普通人的回答基本上都是后者。正是在这个意义上，鲁玛纳（R. Rumana）正确地指出："笛卡尔对于自我及其属性的理解，是大多数人所持有的关于自我的标准观点。"[③]

除了要考虑民间心理学的二元论倾向之外，更重要的是我们还得思考如何使它与科学相协调，因为它是我们日常重要的解释工具和策略，彻底否定和抛弃它是不可能的。现代科学告诉我们，世界上唯一存在的是物质及其运动。在你说感觉疼痛、快乐，体验痛苦、悲伤时，科学家只能看到你脑中的"神经细胞及其相关分子的集体行动"，根本找不到疼痛、快乐、痛苦等心理状态。那么，客观的物质世界如何能产生出主观的心理现象呢？我们所说的心理状态究竟是什么？心理语词有无指称？如果有，指称什么？是精神实体，还是大脑神经生理状态？如果是前者，你坚持的就是二元论；如果是后者，你坚持的就是还原论，但神经状态似乎缺少心理状态的一些属性，那么这些属性又是如何从神经状态中产生的？如

① D. Dennett, "Two Contrasts: Folk Craft versus Folk Science, and Belief versus Opinion", In J. Greenwood (ed.), *The Future of Folk Psychology*, Cambridge University Press, 1991, p. 137.

② 霍夫施塔特、丹尼特主编：《心我论》，陈鲁明译，上海译文出版社 1999 年版，第 5 页。

③ 理查德·鲁玛纳：《罗蒂》，刘清平译，中华书局 2003 年版，第 45 页。

果两者都不是，那它究竟是什么？还要看到，物质世界遵循质能守恒定律，因此，自然界的因果关系是封闭的，不可能有非物理的因果作用。那么，神经生理状态能否对行为作出充分解释？如果能，自由意志何以可能？心理现象有何作用？是副现象吗？如果不能，质能守恒定律错了吗？另外，动物有心灵吗？如果有，是什么样的心灵？如果没有，为什么我们能用心理语言来解释、预言它们？当然，普通人不必为这些问题烦恼，但如果要揭示心灵的本质，要寻找日常解释背后的根基，我们就必须对这些问题作出回答，就必须架设沟通常识与科学的桥梁。

第二节　马克思主义意识论的基调与面对的挑战

马克思主义哲学创始人没有就心灵或意识①问题写过专著，也没有建构独立的意识论或心灵哲学。但由于心灵问题本身的重要性，他们在建构“新唯物主义”的过程中，也对意识与大脑的关

① 马克思主义哲学中的“意识”与心灵哲学中的“意识”含义不同。在马克思主义哲学中，“意识是人所特有的精神活动。它包括感性的和理性的认识，以及感情、意志等一系列心理活动形式”（韩树英主编《马克思主义哲学纲要》，人民出版社2004年版，第66页）。“意识是概括人的心理、概括属人的精神现象的统称”（夏甄陶：《人是什么》，商务印书馆2000年版，第205页）。马克思主义哲学创始人经常将意识、精神、思维、观念、思想作为同义词使用（参阅肖明、李培松《现代科学意识论》，经济科学出版社1993年版，第21—25页）。当代心灵哲学在述说心理现象时通常使用的是“心灵”。“心灵”的含义很宽泛，“不仅可以用它表示各种心理现象包括带有智慧特性的高级心理现象，而且在必要的时候如在介绍唯心主义和二元论的有关思想时，可以用它表示作为心理现象之主体或支托或支撑物的心灵、灵魂或精神实体”。总之，心灵是表示“一切心理现象以及作为其主体、支托的东西”（参阅高新民《现代西方心灵哲学》，武汉出版社1996年版，第2页）。依据与命题内容、经验两个维度的关系，心灵哲学将心灵分为两类：一是命题态度，通常称为意向状态。二是“质的状态”，即贯穿于人的各种有意识心理现象中的共同的“觉知”、“知晓”、“察觉”特征，通常称为现象学状态或现象学心灵。心灵哲学中的“意识”表示的就是这种现象学状态。为了避免混淆，除了引用马克思主义著作外，本书一般将“心灵”与马克思主义哲学中的“意识”作为同义词，而用“意识”专门表示现象学心灵。

系、意识的社会本质、意识的内容和结构、意识的进化、意识的作用、人的意识与动物心理的区别等作出了明确的阐述，因此，我们可以说在马克思主义哲学的总体框架中包含有一种意识论或心灵哲学理论。大致来说，马克思主义意识论主要有如下六个方面：

- 从意识与大脑的关系看，意识是人脑的机能和属性。“我们的意识和思维，不论它看起来是多么超感觉的，总是物质的、肉体的器官即人脑的产物。物质不是精神的产物，而精神本身只是物质的最高产物。”①

- 从意识的社会本质看，意识是社会实践的产物。“意识一开始就是社会的产物，而且只要人们存在着，它就仍然是这种产物。”②“人们头脑中发生的这一思想过程，归根到底是由人们的物质生活条件决定的。”③“工业的历史和工业的已经生成的对象性的存在，是一本打开了的关于人的本质力量的书，是感性地摆在我们面前的人的心理学。……如果心理学还没有打开这本书即历史的这个恰恰最容易感知的、最容易理解的部分，那么这种心理学就不能成为内容确实丰富的和真正的科学。”④“社会的人的感觉不同于非社会的人的感觉。只是由于人的本质客观地展开的丰富性，主体的、人的感性的丰富性，如有音乐感的耳朵、能感受形式美的眼睛，总之，那些能成为人的享受的感觉，即确证自己是人的本质力量的感觉，才一部分发展起来，一部分产生出来。因为，不仅五官感觉，而且连所谓精神感觉、实践感觉（意志、爱等），一句话，人的感觉、感觉的人性，都是由于它的对象的存在，由于人化的自然界，才产生出来的。五官感觉的形成是迄今为止全部世界历史的产物。”⑤

---

① 《马克思恩格斯选集》第 4 卷，人民出版社 1995 年版，第 227 页。

② 《马克思恩格斯选集》第 1 卷，人民出版社 1995 年版，第 81 页。

③ 《马克思恩格斯选集》第 4 卷，人民出版社 1995 年版，第 254 页。

④ 马克思：《1844 年经济学哲学手稿》，人民出版社 2000 年版，第 88—89 页。

⑤ 同上书，第 87 页。

• 从意识的内容和结构看，意识是对客观实在的“复写、摄影、反映”[①]。“观念的东西不外是移入人的头脑并在人的头脑中改造过的物质的东西而已。”[②]“意识在任何时候都只能是被意识到了的存在，而人的存在就是他的现实生活过程。……甚至人们头脑中的模糊幻象也是他们的可以通过经验来确认的、与物质前提相联系的物质生活过程的必然升华物。”[③]“我们的感觉、我们的意识只是外部世界的映象。”[④]“外部世界对人的影响表现在人的头脑中，反映在人的头脑中，成为感觉、思想、动机、意志。总之，成为‘理性的意图’，并且以这种形态变成‘理想的力量’。”[⑤]根据内容结构，意识可以分为自然的意识、社会的意识（以上两者合称为对象意识）和自我的意识；根据功能结构，意识可以分为认知性意识、价值性意识和实践性意识；根据形式结构，意识可以分为理性意识与非理性意识、显意识与潜意识、形象意识与抽象意识、经验意识与理论意识。

• 从意识的起源和进化看，意识是物质世界长期进化发展的结果。“如果进一步问：究竟什么是思维和意识，它们是从哪里来的，那么就会发现，它们都是人脑的产物，而人本身是自然界的产物，是在自己所处的环境中并且和这个环境一起发展起来的；这里不言而喻，归根到底也是自然界产物的人脑的产物，并不同自然界的其他联系相矛盾，而是相适应的。”[⑥]“首先是劳动，然后是语言和劳动一起，成了两个最主要的推动力，在它们的影响下，猿脑就逐渐地过渡到人脑……随着脑的进一步的发育，同脑最密切的工具，即感觉器官，也同步发育起来。正如语言的逐渐发展必然伴随有听觉器官的相应的完善化一样，脑的发育也总是伴随有所有感觉

---

① 《列宁选集》第2卷，人民出版社1995年版，第89页。
② 《马克思恩格斯选集》第2卷，人民出版社1995年版，第112页。
③ 《马克思恩格斯选集》第1卷，人民出版社1995年版，第72—73页。
④ 《列宁选集》第2卷，人民出版社1995年版，第66页。
⑤ 《马克思恩格斯选集》第4卷，人民出版社1995年版，第232页。
⑥ 《马克思恩格斯选集》第3卷，人民出版社1995年版，第374—375页。

器官的完善化。……脑和为它服务的感官、越来越清楚的意识以及抽象能力和推进能力的发展，又反作用于劳动和语言，为这二者的进一步发育不断提供新的动力。”① 在意识的进化中有三个决定性的环节：由一切物质所具有的反应特性到低级生物的刺激感应性；由刺激感应性到高级动物的感觉和心理；由一般动物的感觉和心理到人的意识。

• 从意识的功能和作用看，意识对物质世界具有能动的反作用。“人的思维的最本质的和最切近的基础，正是人所引起的自然界的变化，而不仅仅是自然界本身；人在怎样的程度上学会改变自然界，人的智力就在怎样的程度上发展起来。”② “人的意识不仅反映客观世界，并且创造客观世界。”③ “在社会历史领域内进行活动的，是具有意识的、经过思虑或凭激情行动的、追求某种目的的人；任何事情的发生都不是没有自觉的意图，没有预期的目的的。”④ “就单个人来说，他的行动的一切动力，都一定要通过他的头脑，一定要转变为他的意志的动机，才能使他行动起来……”⑤ “通过实践创造对象世界，改造无机界，人证明自己是有意识的类存在物，就是说这样一种存在物，它把类看作自己的本质，或者说把自身看作类存在物。”⑥

• 从人的意识与动物心理的区别看，人的意识是一种反思的意识或自我意识，而动物只有感觉。用心灵哲学的话说，就是人不仅有一阶意识还有二阶意识，而动物只有一阶意识。人的意识“是和现存实践的意识不同的某种东西；它不用想象某种现实的东西就能现实地想象某种东西”⑦。“一个种的整体特性、种的类特性就在于生命活动的性质，而自由的有意识的活动恰恰就是人的类特

---

① 《马克思恩格斯选集》第 4 卷，人民出版社 1995 年版，第 377—378 页。
② 同上书，第 329 页。
③ 《列宁全集》第 38 卷，人民出版社 1959 年版，第 228 页。
④ 《马克思恩格斯选集》第 4 卷，人民出版社 1995 年版，第 247 页。
⑤ 同上书，第 251 页。
⑥ 马克思：《1844 年经济学哲学手稿》，人民出版社 2000 年版，第 57 页。
⑦ 《马克思恩格斯选集》第 1 卷，人民出版社 1995 年版，第 82 页。

性。……动物和自己的生命活动是直接同一的。动物不把自己同自己的生命活动区别开来。它就是自己的生命活动。人则使自己的生命活动本身变成自己意志的和自己意识的对象。他具有有意识的生命活动。这不是人与之直接融为一体的那种规定性。有意识的生命活动把人同动物的生命活动直接区别开来。"① "蜘蛛的活动与织工的活动相似，蜜蜂建筑蜂房的本领使人间的许多建筑师感到惭愧。但是，最蹩脚的建筑师从一开始就比最灵巧的蜜蜂高明的地方，是他在用蜂蜡建筑蜂房以前，已经在自己的头脑中把它建成了。劳动过程结束时得到的结果，在这个过程开始时就已经在劳动者的想象中存在着，即已经观念地存在着。"②

当然，上面的理论重构还不够全面，经典文本的引证也挂一漏万。即便如此，从我们现代人的视角看，这些论断也非常深刻。马克思主义哲学创始人运用唯物辩证法和唯物史观，系统地阐述了意识的起源、进化、本质、内容、结构、作用和独特性等，既坚持意识统一于物质，贯彻了世界的物质统一性原则，又肯定意识的相对独立性和能动反作用，坚持了辩证法；既继承了以往理论的精华，吸收了科学研究的成果，又在新的起点上有所超越。可以说，马克思主义意识论在人类心灵认识史中是一个重要的里程碑，也是我们进一步探讨心灵问题的理论基础和方法论背景。但也要看到，马克思主义哲学的生命力在于不断地发展和创新，而且历史和现实也提出了发展马克思主义意识论的紧迫要求。

首先，由于经典作家在论述意识问题时吸收了民间心理学的因素，因此民间心理学遇到的问题也是马克思主义意识论必须回答的问题。另外，由于后人在阐释马克思主义意识论时对此缺乏清醒的认识，因此往往作出了不符合唯物主义精神的解读，甚至在不知不觉中倒向了二元论。例如，有的学者说："我们的'意识'的最基本的功能，就在于它把'看'、'听'、'嗅'、'尝'、

---

① 马克思：《1844年经济学哲学手稿》，人民出版社2000年版，第57页。

② 《马克思恩格斯选集》第2卷，人民出版社1995年版，第178页。

'摸'的'对象'变成人的'脑海'中的存在——感觉和知觉形象的存在。"[①] 人的世界"既包括人的感性世界，也包括人的精神世界"，人"能通过意识的活动形成人的内心世界"[②]。这里的"脑海"、"内心世界"是什么？是物理空间还是非物理空间？存在于"脑海"或"内心世界"中的"感觉和知觉形象"也有空间性吗？"感觉和知觉形象"是完整地、独立地存在于"脑海"中的吗？如果不是，它们是怎样存在的？只有把这些问题回答清楚，上述的论断才有意义，否则，就有二元论的嫌疑。还有的学者根据与光的波粒二象性的类比，提出了"物质精神二象性"[③]，尽管他本人认为"人的物质精神二象性不是二元性"。但由于类比的失当，最终的结果实际上就是二元性。因为波粒二象性中的"波"和"粒"都是客观的物理现象，是光的两种表现形态，波粒二象统一的光仍然是物理的现象，但他坚持"物质与精神是两种很不相同的存在"，那么，两者统一的人就不是"二象"的而是"二元"的。应当说，这类问题在当前的意识研究中还比较普遍。

其次，马克思主义哲学创始人在意识问题上有自己的研究重点和独特视角[④]。他们的重点是"进一步克服旧唯物主义在物质和意识关系问题上的缺陷，彻底批判主张意识第一性、物质第二性的唯心主义，坚持科学的唯物主义世界观"[⑤]，因此，他们关注的是物

---

① 孙正聿：《属人的世界》，吉林人民出版社 2007 年版，第 22 页。

② 夏甄陶：《人是什么》，商务印书馆 2000 年版，第 181—182、198 页。

③ 林德宏：《人：物质精神二象性》，《自然辩证法研究》2001 年第 9 期。

④ 马克思、恩格斯曾经说过，由于研究重点不同，他们不能深入研究人的生理特性，也不能深入研究人们所处的各种自然条件，如地质条件、山岳水文地理条件、气候条件等。但是，这些条件不仅决定着人们最初的、自然形成的肉体组织，特别是他们之间的种族差别，而且直到如今还决定着肉体组织的整个进一步发展或不发展。恩格斯后来在谈到人们对唯物史观的误解时也提到，他们"首先是把重点放在从基本经济事实中引出政治的、法的和其他意识形态的观念以及以这些观念为中介的行动，而且必须这样做。但是我们这样做的时候为了内容方面而忽略了形式方面，即这些观念等是由什么样的方式和方法产生的。"参阅《马克思恩格斯选集》第 1 卷，人民出版社 1995 年版，第 67 页；《马克思恩格斯选集》第 4 卷，人民出版社 1995 年版，第 726 页。

⑤ 韩树英主编：《马克思主义哲学纲要》，人民出版社 2004 年版，第 66 页。

质和意识的关系问题，并从人的社会性、从社会历史发展来考察意识，说明意识的起源和本质，但由于受科学发展水平的限制，他们对有些问题的论述还不够清晰。一是对“机能”的理解问题。从“意识是人脑的机能”我们能否推出马克思主义意识论是一种功能主义意识论？如果是，那么，功能主义遇到的难题，如“颠倒光谱问题”（inverted spectrum）、“无心人问题”（zimbie），就是我们在坚持和发展马克思主义意识论时必须回答的问题[①]。如果不是，理由何在？我们如何理解意识这种“机能”？从语言分析的角度看，这里的“机能”（function）指称什么？是数学上的“函数”[②]、功能主义心灵理论的“因果作用”，还是目的论心灵理论的“专有功能”（proper function）？二是意识的内容问题。意识不仅是一种机能和属性，而且还具有意识内容。意识在发挥功能作用时，具有指向性，即总是指向、“关于”某个对象。任何意识形式，如相信、期望、思考、知道等都是一种态度，而态度都有其内容，即每个态度之后都带有一个命题，如相信“天在下雨”，心灵哲学称之为“命题态度”（propositional attitudes）。无论是指向性还是命题态度，研究的都是意识的内容问题。如前所述，经典作家也提到了意识的内容问题，认为“意识是对客观实在的反映”。但仍有许多问题需要深入探讨，例如，意识反映客观实在何以可能？意识何以能关于、指向、表征它之外的事物？纯物理的大脑如何能产生意向性？再如，按通常的理解，意识内容之所以是客观的，是因为它来自于客观的“对象”。但“心理映象”不是“对象”，而是被意识到的“对象”，是“在人的头脑中改造过”的“对象”，是主观的东西，那么，这种主观“映象”在大脑中是以什么形式存在的？显然，仅仅说“反映”还不能回答这些问题。三是意识的作用问

① 已有学者指出，唯物主义的逻辑终点要么是一元论，要么是还原论，要么是取消论，三者必选其一，没有其他的出路，但每种选择都有其自身的“陷阱”，因此，马克思主义意识论要避免这三种选择，就要研究新的方案。参阅高新民《现代西方心灵哲学》，武汉出版社1996年版，第32—33页。

② 在英语中生物或机械的功能与数学中的函数都是“function”这个词。

题。作用和反作用以物质、能量的消耗和转化为前提，而意识不具有物质和能量，那么意识的反作用何以可能？这也绝非一句“通过认识和实践”就能解答的。正如刘景钊先生所说，认识和实践“是人的行为方式，人的行为又往往需要从人的心理上找原因。因为人的认识和实践活动的动力来自于人的生存和物质需求，而这种需要和需求恰恰是心理现象”①。恩格斯也曾指出：“推动人去从事活动的一切，都要通过人的头脑甚至吃喝也是由于通过头脑感觉到的饥渴引起的，并且是由于同样通过头脑感觉到饱足而停止。”②这些论断比仅仅求助于“实践和认识”要深刻得多，但也还没有回答自笛卡尔以来就一直困扰着人们的难题：心身的相互作用何以可能？意识反作用的中介和途径是什么？

最后，当代心灵研究提出了一些经典作家没有涉及的新问题③。一是感受性（qualia）问题，即人们在经历某种躯体感觉（如疼、痒）、感知外物（如看成熟的西红柿）时所体验到的东西（如疼、痒、红的感觉）。当代一些著名哲学家如内格尔（T. Nagel）、杰克逊（F. Jackson）等通过一些事例或思想实验指出，唯物主义或物理主义不能解释感受性，因此唯物主义必有遗漏。根据利康（W. Lycan）的统计，基于感受性对唯物主义的非难已达8种之多④。还有些人因此而倒向了二元论、副现象论。二是思想语言或心语（mentalese）问题。根据心灵的表征理论和计算理论，心灵直接把握、理解、加工、操作的不是自然语言，而是心灵语言，即使没有这种语言，也必然是某种不同于原子、分子或神经结构的心理表征，因为自然语言有形体、声音等物质载体，不能由心灵直接加工。这个问题对马克思主义意识论来说是一个全新的课题，因为我们以前只涉及思想

---

① 刘景钊：《意向性：心智关指世界的能力》，中国社会科学出版社2005年版，第15页。

② 《马克思恩格斯选集》第4卷，人民出版社1995年版，第232页。

③ 高新民教授对此有更详尽的概括，参阅高新民《现代西方心灵哲学》，武汉出版社1996年版，第33—37页。

④ W. Lycan (ed.), *Mind and Cognition: A Reader*, Cambridge, Mass: Basil Blackwell, 1990, pp. 441—443.

与自然语言的关系问题，没有考虑“思想语言”问题。那么，究竟有没有思想语言？如果有，它是如何存在的？如果没有，意识又是以什么媒介提取和加工内容的？三是意识与语言的关系问题。马克思主义意识论的基本观点是两者密不可分。“思想、观念、意识的生产最初是……与现实的语言交织在一起的。”“‘精神’一开始就很倒霉，受到物质的‘纠缠’，物质在这里表现为振动着的空气层、声音，简言之，即语言。语言和意识具有同样长久的历史；语言是一种实践的，既为别人存在因而也为我自身而存在的、现实的意识。”①“语言是工具、武器，人们利用它来互相交际，交流思想，达到相互了解。语言是直接与思维联系的，它把人的思维活动的结果，认识活动的成果，用词及词组成的句子记载下来，巩固起来，这样就使人类社会中思想交流成为可能的了。”② 因此，人们经常说“语言是思维的外壳、是思维的工具”。当代心灵哲学中有两种与此对立的观点：一种认为语言和思维可以分离，既有无思想的语言，也有无语言的思想。例如，胡言乱语、乱写乱画等就是无思想的语言，言不达意、得意忘言等说的就是无语言的思想。另外，从相关科学研究看，思维和语言也不是同源的，各有其独特的发展规律。例如，黑猩猩在学习人类语言过程中，有一个前语言阶段，这时它们的“语言”表现为没有思想的纯语言；它们的有声语言发展中有一个前思维阶段，这时它们的思维是没有语言外壳的纯思维。有些研究者由此推论：在人类进化过程中，思维和语言不是同时产生的，思维先于语言。另一种观点认为语言支配着思维、决定塑造着思维，语言是表达思想的一种再生产工具。例如，杰恩斯（J. Jaynes）就提出，意识是以语言为基础的，“是由一种语汇或词汇域建构起来的”，“如果意识是在语言的基础上、经过训练而习得的一组操作，那么就可以说，只有具有语言的物种才是有意识的；尽管近年来对黑猩猩的符号语言和动物的交流系统作过一些有争议的探讨，但那意思不过

---

① 《马克思恩格斯选集》第1卷，人民出版社1995年版，第72、81页。

② 斯大林：《马克思主义与语言学问题》，人民出版社1957年版，第20页。

是说，只有人类才有意识，意识仅仅始于语言进化出来之后的某一时刻”[①]。随附性（supervenience）问题、心理语言的语义学问题等，马克思主义意识论也都很少述及。因此，要发展马克思主义哲学就要关注这些新问题，通过深入细致的研究来化解挑战，取得创新和突破。

基于上述分析，我们认为，马克思主义意识论没有穷尽所有的心灵问题，其中的论断也不是一些含义永远固定的命题，而是指引我们深入研究的线索，是要随着科学和人类认识的发展而不断加以解释和充实的研究纲领或计划。因此，要发展马克思主义意识论，我们就不能满足于常识理解，拘泥于表面字句，固守于具体论断，而要吸收心灵研究的最新成果“接着讲”，为常识寻找合理性根据，对相关问题作出新的回答，使马克思主义意识论的内容更加丰富、意义更加清晰、论述更加准确。

第三节 丹尼特心灵哲学的主要特点

20世纪下半叶以来，随着神经科学、计算机科学、生物学、心理学以及认知科学等对大脑结构、内部机制、运动学、动力学以及智能模拟、心灵进化等认识的深化，英美哲学界发生了一场“认知转向”，哲学家和科学家越来越关注心灵的本质问题，从而使心灵哲学成为西方哲学特别是英美哲学中的“第一哲学”[②]。各领域的专家围绕心灵的本质问题进行了深入的对话、激烈的辩论，在一些重大问题上取得了许多新成果，为我们在新的起点上丰富和发展马克思主义意识论提供了很多有意义的借鉴。

美国著名心灵哲学家、塔夫茨大学认知研究中心主任丹尼尔·丹尼特是当代哲学和认知科学领域最杰出的人物之一，被誉为当代

---

① 朱利安·杰恩斯：《关于心灵起源的四个假说》，载高新民、储昭华主编：《心灵哲学》，商务印书馆2002年版，第466、469—470页。

② 约翰·塞尔：《心灵、语言和社会》，李步楼译，上海译文出版社2001年版，第1页。

心灵哲学中的一位“巨人”[①]。他不仅在哲学界有巨大影响，而且在科学界也备受关注。在哲学界，“他在改变我们对哲学问题的本质、哲学的本质以及哲学与科学之间关系的理解中起着核心作用。丹尼特将哲学、心理学和人工智能研究结合起来的能力，为当代心灵哲学奠定了基石和方向”[②]。罗杰·单克（Roger Schank）说：“丹尼特是人工智能领域里的人的梦中的哲学家。……丹一直在努力地理解人工智能和认知科学，而且，他还是我们这个世界上最有成就的哲学家。听他讲话是我的享受，他总是在谈一些很机智的事情，他是我们这个领域最有意思的人之一。”[③] 在英国著名生物学家理查德·道金斯（Richard Dawkins）眼中，丹尼特就像一个巨大的“思想喷泉”，“他一直就像一场焰火表演。读他的书，得不停地在每一页的页边做记号。……我非常佩服他的思考方式，佩服他为了让别人理解他的观点而引用的比喻的方式。这些比喻都很优雅，让你觉得切中要害。我对他的抱怨就是，他的书让你陷入深深的思考之中，每一次翻动书页都无比艰难，因为你正忙于思考这一页的内容”[④]。在科学界，他的研究对发展心理学、认知生态学、人工智能、进化生物学等都起着积极的推动作用。美国人工智能领域的领军人物马文·明斯基（Marvin Minsky）对丹尼特推崇备至。他说：“丹尼特是当今最好的哲学家，他是柏特兰·罗素第二。丹不像传统的哲学家，他学过神经科学、语言学、人工智能、计算机科学和心理学。他在重新定义、重新塑造哲学家的形象。”[⑤] 布鲁克（Andrew Brook）等人指出，丹尼特在当代认知革命中发挥着核心作用[⑥]。

---

① H. Clapin（ed.），*Philosophy of Mental Representation*，Oxford：Clarendon Press，2002，p. 63.

② J. Symons，*On Dennett*，Wadsworth，2002，p. 8.

③ 转引自约翰·布罗克曼《第三种文化》，吕芳译，海南出版社2003年版，第179—180页。

④ 同上书，第187页。

⑤ 同上书，第178页。

⑥ A. Brook and Don Ross，*Daniel Dennett*，Cambridge University Press，2002，p. 3.

丹尼特的思想非常复杂。这一方面是由于他涉足的领域太多。巴斯摩尔（J. Passmore）就指出："在丹尼特的工作中……汇合了五条研究线索：人工智能、语言学、认知心理学、进化生物学、心灵哲学——心灵哲学被设想为科学哲学里的这样一部分，它研究'心灵科学的概念基础和问题'。"[①] 另一方面是由于他抵制用正规的命题来表达自己的思想。他说："填充（x）（x 是一个有意识的经验，当且仅当……）这个公式，并依靠提出的反例来支持它，不是提出一种意识理论的好方法。"[②] 他也反对用通用的"主义"称呼自己的理论。尽管他本人曾用过目的论功能主义、文雅的证实主义、工具主义、温和的实在论等，但最终都因认为不能完全表达自己的理论而放弃了。研究者们给他指派的"主义"更多，有唯名论、建构论、整体主义、激进的行为主义、反本质主义、解释主义、紧缩论（deflationism）、乐观主义等数十种之多[③]。埃尔顿（M. Eltion）对丹尼特拒斥"主义"的原因作了这样的推测："丹尼特关注的是：心灵的实现作为一个问题要由科学来解释，而不是由形而上学来解释。因此，他不参与他所说的口号操练（slogan-honing）式的形而上学心灵哲学。这不意味着他没有认识到心身问题的深奥和意义……相反，丹尼特认为最近心灵哲学的许多争论都离真正的经验问题太远，而这里恰好最有可能取得进展。"[④] 不过，总的来看，丹尼特比较认可目的论功能主义（teleo-functionalism），并且说他自己可能是最早的目的论功能主义者，但他又强调自己的心灵理论与一般的目的论功能主义不同，因为他反对根据生物学功能来定义心灵[⑤]。因此，我不打算草率地给丹尼特的理论命名，而是重点分析他的心灵研究的特征。总体而言，他的心灵研究主要有

---

① 约翰·巴斯摩尔：《哲学百年·新近哲学家》，洪汉鼎等译，商务印书馆 1996 年版，第 718 页。

② D. Dennett, *Consciousness Explained*, Little, Brown and Company, 1991, p. 459.

③ 参阅 Bo Dahlbom (ed.), *Dennett and His Critics*, Blackwell, 1993, pp. 3—7。

④ M. Eltion, *Daniel Dennett: Reconciling Science and Our Self-Conception*, Polity Press, 2003, p. 12.

⑤ D. Dennett, *Consciousness Explained*, Little, Brown and Company, 1991, p. 460.

以下四个特征：

一是把协调常识与科学的关系作为重要研究目标。丹尼特认为，任何心灵理论都应当对涉及心灵的重大问题作出回答，如心灵是什么、我们如何认识心灵等本体论和认识论问题。但哲学的心灵研究并不是与科学研究不相容的，它不是“与神经生理学或心理学理论相竞争的或者要取代它们，而是以这些理论为基础并补充它们。通过为这些理论必然要提出的基本的形而上学假设提供证明，它可以把这些理论作为基础。通过回答科学理论用其自身的资源无法解决的问题，它可以补充这些科学理论”①。在他看来，好的心灵研究策略应当充分吸收经验研究的成果，把心理学理论、大脑功能模型等作为灵感之源，在科学与哲学的交界面上刻画心灵。因此，他在心灵研究中，借助语言哲学、认知心理学、人工智能、认知生态学、进化生物学等，对意向性、意识、感受性、自我、自由意志、心灵的进化等心灵哲学的核心问题进行深入细致的研究，通过对心灵的“自然化”，协调了常识心理观与科学世界观的关系。埃尔顿就指出：“贯穿于丹尼特学术生涯始终的使命是：证明科学与我们的自我概念何以能够协调一致，实际上是证明两者的关系如何能够通过重建而更加牢固。”② 他追求的是证明我们如何能既信奉科学，又保留一些常识概念，“他想证明我们的自我概念如何能被自然化，即如何能与科学世界观相一致”③。席蒙斯（J. Symons）也说：“丹尼特的研究开启了通向科学研究的大门，他运用普通科学研究的技术，展示了理解知觉、意志和意识等困难现象的途径。”“丹尼特的研究展示了如何将关于身体的科学研究与关于心理生活的常识描述……联系起来。”④ 更难能可贵的是，丹尼特认识到，破解心灵之谜不仅需要自我实现哲学与科学的融通，更要推

---

① D. Dennett, *Brainstorms*, The Harvester Press, 1981, p. xii.

② M. Eltion, *Daniel Dennett: Reconciling Science and Our Self-Conception*, Polity Press 2003, p. xii.

③ Ibid., p. 4.

④ J. Symons, *On Dennett*, Wadsworth, 2002, p. 1.

动哲学界与科学界的对话。他在谈到心灵的研究状况时说："对很多人来说，谈论心灵很像谈论性，有一点不雅、令人难堪，甚至可能名誉扫地。"[①] 许多科学家因此都刻意回避心灵和意识问题，认为这个最后的神秘"堡垒"最好留给哲学家，供他们自娱自乐、自我愚弄。为此，丹尼特身体力行，通过自己的研究找到了哲学界与科学界对话的平台，激发了科学家对心灵问题的兴趣，也赢得了他们对哲学的尊重。席蒙斯就曾指出："丹尼特对心理生活研究的最大贡献，是他将哲学与科学结合起来的能力。他的第一步是让科学家相信，传统的哲学问题如意识问题是值得研究的。"[②] "他关于心灵的提问方式对传统哲学的教条提出了挑战，并导致了对心理生活与自然界之间关系的根本性反思。"[③]

二是把意向系统理论作为洞察一切心理现象的"普照之光"。丹尼特多次提到，他始终关注的两大问题是内容（意向性）和意识。在二者的关系上，内容或意向性独立于意识并且比意识更根本；在研究的顺序上，首先要提出一种内容理论（即意向系统理论特别是其中的意向立场），然后在此基础上建立意识理论（即多草稿模型）[④]。因此，意向立场是其心灵理论的基石，也是他用来解释意识现象的重要工具。不仅如此，他还将意向系统理论用于解释自由意志、责任、自我、进化、宗教等道德哲学、宗教哲学、人学、生物学等的重大问题，因此可以说他是把意向系统理论作为照射一切的"普照之光"，用它来解释各种重大的哲学问题。意向系统理论展示了丹尼特崭新的思维方式，也反映出其心灵观的"激进"之处。他认为，破解心灵之谜关键看我们采取什么样的思维方式。祛除心灵的神秘性，首先要在我们的思维领域发动一场颠覆

---

① D. Dennett, *The Intentional Stance*, The MIT Press, 1987, p. 1.

② J. Symons, *On Dennett*, Wadsworth, 2002, p. 65.

③ Ibid., "preface".

④ 参阅 D. Dennett, *Consciousness Explained*, Little, Brown and Company, 1991, p. 457. D. Dennett, "Daniel Dennett", In S. Guttenplan (ed.), *A Companion to the Philosophy of Mind*, Blackwell, 1994, p. 236. D. Dennett, *Brainchildren*, Cambridge, Mass: MIT Press, 1998, p. 355。

笛卡尔二元论的汪达尔运动，因为“自我（人或灵魂）不同于大脑或身体这种观念深深扎根于我们的话语方式，从而扎根于我们的思维方式”①。因此，“提出更好的问题、打破旧的设问习惯与传统是人类认识自身、认识世界这一宏伟事业中非常困难的一部分。哲学家们如果保持开放的心灵，管住自己不要从‘显而易见’的第一原理去回答所有问题，那么凭着其作为问题评论员那久经磨砺的职业专长，就能够为这一探索作出优异的贡献”②。因此，他给自己设定的任务就是提供一种看待心灵的新视角。丹尼特认为，心灵哲学的核心任务是解决心灵和意识的主题（subject）问题，即弄清楚大脑如何能产生心灵，回答“‘傻乎乎的’神经元的机械反应如何能够被织入实际的意义分辨活动的组织？”③ 但心灵的主题只有在采取意向立场或者把意向立场作为背景时才存在，放弃意向立场，也就放弃了心灵的主题，因为大脑中存在的只有神经元、神经活动和状态，根本没有笛卡尔等人所说的拟人化的心理事件、“小人”式的心理机制、拟物化的心理空间和心理运动，不存在“机器中的幽灵”，心灵和意识是解释的产物，是我们对大脑和行为中的某种“真实模式”的描述和解释。正如我们在研究闹钟时那样，如果不把闹钟这个系统作为背景，我们研究的就只是弹簧、发条等零件，而不是钟表，因为钟表是我们根据它的功能进行解释的产物。同样，即使我们完全掌握了大脑和中枢神经系统的解剖学、生物化学过程，也不一定会认识心灵。只有借助意向立场这个桥梁，我们才能把大脑研究与心灵主题联系起来，因为意向立场描述的是我们从人的立场体验到的经验、认识到的信念等，而微观的大脑活动只是“傻乎乎的”神经元及其活动，我们研究它们所采取的是设计立场或物理立场，只有从物理立场或设计立场转换到意向立场，我们才能说有心灵、有意识。因此，他说：“不管我们的唯物

---

① D. Dennett, *Consciousness Explained*, Little, Brown and Company, 1991, p. 29.

② 丹尼尔·丹尼特：《心灵种种》，罗军译，上海世纪出版集团 2010 年版，“序”。

③ D. Dennett, *Brainchildren*, Cambridge, Mass: MIT Press, 1998, p. 356.

主义理论能解释别的什么，如果我们不理睬我们‘从内部’亲知到的经验事实，它们就没有解释意识。”[①] 要特别注意，丹尼特的激进立场不是取消主义，也不是还原论，他并不否认人有心灵和意识，他否定的只是某些心理现象和属性，他只是说心灵和意识并不像我们通常认为的那样；他批判二元论和笛卡尔式的唯物主义，但也不赞成将心灵与大脑等同。质言之，他的激进立场针对的主要是传统的和常识的心灵观念。就此而言，他的目的与维特根斯坦、蒯因、赖尔等人类似，都是致力于诊断并治疗传统哲学对心灵的误解。他说：“他们对我们这门所谓的学科的传统方法和预设也都表现出一种健康的怀疑主义态度，这种态度总是引起我的共鸣。我已经详细陈述了这些观点，并打算在自己的著述中把他们作为楷模。”[②] 埃尔顿也指出，丹尼特“是打算寻找一条道路，突破并帮助他的读者突破一些根深蒂固的思维模式……他实际从事的是所谓的哲学‘治疗术’。……目的是要改变我们的理解，是要解决问题而不是寻找一个与以前存在的模板（template）相符合的解决办法，这明显是维特根斯坦的精神”[③]。当然，意向系统理论特别是意向立场也有其自身的问题，但从后面的分析我们可以看到，它解决的问题比引发的问题要多，而且它为我们探索心灵的本质提供了一种极富创造性的思维方式。

三是把进化论作为消融一切奥秘的“万能酸”。揭示心灵的本质，需要坚持的一个原则是不能根据心灵来解释心灵（就像笛卡尔那样设想内部有一个智慧的小人），因为这会导致无限后退，也不能求助于全能的上帝，因为这与唯物主义原则相悖。丹尼特认为，进化论是唯一不以假定为前提的理论，它就像能够溶解一切的“万能酸”（universal acid），可以吞噬一切传统概念，消融一切高深莫测的神圣，为协调心理与物理、常识与科学的关系提供一个革

---

① D. Dennett, *Consciousness Explained*, Little, Brown and Company, 1991, pp. 41—42.

② D. Dennett, *Brainchildren*, Cambridge, Mass: MIT Press, 1998, p. 366.

③ M. Eltion, *Daniel Dennett: Reconciling Science and Our Self-Conception*, Polity Press, 2003, p. 84.

命性的世界观[①]。他还通过对比心灵研究的两种方法揭示了进化论的革命性意义。一种是吊车型（skyhoods）方法，即在没办法时求助于上帝来收场，这种解释很方便，但不彻底。另一种是举重机型（cranes）方法，即从最低级的心灵一步一步向上推，每一步都建立在可靠的基础之上。这两种方法最后都会上升到人类的心灵，但过程和根据是不同的。由于举重机型方法不需要太多假设，因而更彻底、更有效。丹尼特认为，举重机式的进化论（即适应主义的进化论而不是古尔德等人的“间断平衡学说”[②]）是唯一能够“从混乱中创造出秩序而不需要心灵帮助的图式”[③]。因此，他沿着进化的阶梯，分别考察了遗传进化、大脑进化和文化进化这三个相对独立但又相互重叠的过程，揭示了心灵和意识的起源和演化历程。适应主义的进化论实际上为丹尼特的心灵哲学提供了理论根据。由于意向立场把“合理性原则”作为核心预设，因此，丹尼特就要回答合理性从何而来、为什么我们经常会发现不合理的东西等问题。这些问题不解决，他的理论基础就不牢固。他解决的办法就是诉诸进化。根据他的解释，不仅合理性在进化中得到了保证，而且在我们眼中看似不合理的东西在进化过程中实际上是合理的，这就是其能够存在的理由。另外，意向立场不仅适用于人，还适用于动物、计算机等意向系统。那么，其他意向系统的心灵与人的心灵有无区别？如果有，区别何在？从哪里看到区别？对于这些问题，丹尼特同样求助于进化。他认为，意向立场是利用相似以发现差别的方法，但把各种心灵之间的区别分辨出来，需要从心灵进化的过程来看，从进化中我们可以看到不同心灵遵循同一个机制（进化的机制）依次演进的进程，可以看到不同心灵之间存在的认知能力方面的差别。可以说，进化论在丹尼特的心灵哲学中起着“顶梁

---

① D. Dennett, *Darwin's Dangerous Idea*, New York: Simon & Schuster, 1995, p. 63.

② 参阅斯蒂芬·古尔德的三本著作《自达尔文以来：自然史沉思录》，田洺译，三联书店 1997 年版；《熊猫的拇指：自然史沉思录》，田洺译，三联书店 1999 年版；《生命的壮阔：古尔德论生物大历史》，范昱峰译，三联书店 2001 年版。

③ D. Dennett, *Darwin's Dangerous Idea*, New York: Simon & Schuster, 1995, p. 50.

柱”的作用，是其心灵理论的终极根据。

四是把“直觉泵”作为主要的论证手段。丹尼特的哲学风格主要得益于蒯因和赖尔。他说：“蒯因和赖尔不曾有一句话是枯燥乏味的，他们的著作总是显示出向非哲学家读者作论述的重要性，尽管他们知道他们实际的和寻求的读者可能95%都是哲学家。……但我对哲学方法及其成果也有自我意识，并在各种元层次（meta-levels）的题外话中提出我的反思，特别是对直觉泵在哲学中的作用和哲学家们经常犯的毛病：把想象的失败误认为是洞察到了必然性。”① “直觉泵”（intuition pumps）是丹尼特创造的一个概念，最初是一个贬义词，专指塞尔的“中文屋（Chinese Room）思想实验”，后来用它来指称一切有趣的思想实验。他认为，直觉泵不是论点，而是故事，它们没有得出结论，而是泵出了直觉。“直觉泵不是一种关于发现的发动机，而是一种劝说者（persuader）或教学工具——一种一旦你看到了真理就会使人们像你那样看待事物的方法。”② 在他看来，哲学史上有许多影响深远的直觉泵尽管千疮百孔，但都生动鲜明、令人难忘。如柏拉图的洞穴隐喻、笛卡尔的恶魔、蒯因的翻译“Gavagai”的语言学家、罗尔斯的原初状态、普特南的孪生地球等，它们对于哲学观念的传播和发展起着极其重要的推动作用。丹尼特说：“对哲学史的反思表明，伟大的直觉泵一直是主要的推动者。”“这些思想都是些奇妙的想象力的攫取者，是锻炼想象力的丛林体操馆。它们构成了我们思考问题的方式。这些思想才是哲学史的真正遗产。”丹尼特对直觉泵也宠爱有加。他曾明确指出：“哲学家在高谈阔论之前，需要在相关科学方面有所准备，我拒绝用传统的定义和形式论证方法进行研究，这些都使我成了一个特立独行的、不纯粹的心灵哲学家。”③ 他也确实是一位创造直觉泵的大师，提出了许多生动有趣、富有启发性的直

---

① D. Dennett, *Brainchildren*, Cambridge, Mass: MIT Press, 1998, p. 366.

② D. Dennett, “The Milk of Human Intentionality,” *Behavioral and Brain Science*, 3 (1980): 429.

③ D. Dennett, *Brainchildren*, Cambridge, Mass: MIT Press, 1998, p. 366.

觉泵，如虚拟机器、玛丽莲·梦露壁纸、叙述引力中心、两角五分机（Two-bitser），等等[①]。达尔鲍姆（Bo Dahlbom）对此描绘得非常形象、逼真："在其他哲学家使用定义和论证时，丹尼尔·丹尼特却用讲故事来提出观点。因此，如果你询问他对一个具体问题的看法，他会捋着胡子，支支吾吾，但只要几秒钟，他就会进入叙事模式，提出一个妙不可言的故事。他的哲学就在他的故事之中。"[②]丹尼特认为，他的故事比定义和原则更能反映他的主张，这也许是因为故事包容性更大，相对于论证来说，对其意义的阐释空间更加开阔，从而也更符合他一直倡导的关于意义的不确定性和整体论思想。无论如何，由于他的论著中充满了故事、典故、轶闻趣事，因此文笔流畅优美、机智风趣。当然，这对于我们母语不是英语的人来说，也增加了准确把握、理解其思想的难度，这或许是它带来的"副现象"吧。

从哲学立场看，丹尼特走的是中间路线。他既要批判笛卡尔二元论，又要揭露各种笛卡尔式唯物主义的真实面目；既要面对福多（J. Fodor）等大写实在论者（Realism）的"明枪"，又要防备丘奇兰德等取消论者的"暗箭"，还要与罗蒂等相对主义者、视角主义者"划清界限"。可以说，丹尼特的心灵哲学是当代心灵哲学的一个缩影，透过丹尼特这个"小孔"，我们"前瞻后顾"、"左顾右盼"就可以窥探当代心灵研究的"全貌"。其次，丹尼特所涉及的很多问题也是马克思主义意识论关注的问题，而且两者的本体论取向、看待问题的视角和解决问题的思路有相近之处。例如，丹尼特把解决"物理的大脑如何能产生奇妙的心灵"作为研究的总问题，实际上也是要维护世界的物质统一性，而且在解决这个问题时也考虑了进化、社会文化等因素。当然，他的研究比马克思主义意识论更具体，有些问题阐述得更周密，而且他批判的一些问题也曾经或

---

① 参阅 D. Dennett, *Elbow Room: The Varieties of Free Will Worth Wanting*, Cambridge, Mass: MIT Press, 1984, pp. 17—19。丹尼尔·丹尼特：《直觉泵》，约翰·布罗克曼：《第三种文化》，吕芳译，海南出版社 2003 年版，第 171 页。

② Bo Dahlbom（ed.），*Dennett and His Critics*, Blackwell, 1993, p. 14.

仍然在国内哲学界存在。第三，心灵和意识问题既是一个哲学问题，也是一个科学问题，需要哲学界与科学界的密切合作。丹尼特既是一位思想睿智的哲学家，也是一位成果丰硕的认知科学家。他不仅可以在不同的哲学研究领域纵横捭阖、游刃有余，而且还经常“卷起袖子与科学家一起走进实验室”，并根据自己的研究对人工智能的“框架问题”（the frame problem）、神经科学的“捆绑问题”（binding problem）、“填充（filling in）问题”等“指手画脚”、“说三道四”，而且“竟然”还能得到科学界的认可和尊重，这种跨学科的方法论视野和实践取向，对于校正国内哲学界与科学界之间长期“老死不相往来”的状况（甚至哲学内部的“中西马”之间也是如此），推动国内不同哲学分支之间、哲学与科学之间的对话无疑具有重要的启示意义。

本书不打算系统研究丹尼特的全部思想，而是想以丹尼特始终关注的内容和意识两大问题为切入点，围绕丹尼特和国内哲学界共同关心的问题，系统考察丹尼特的基本主张和主要论证，梳理当代心灵哲学中的一些重要论争，为国内的心灵研究提供借鉴。

第一章

心灵研究的方法论

著名科学家弗朗西斯·克里克（F. Crick）曾经指出，心灵研究是一个科学问题，对“心/脑”问题的研究，唯一的方法是进行详细的科学研究，其他途径都不过是“吹口哨给自己壮胆罢了”[①]。这种看法当然过于偏激、过于极端。对于心灵问题，单靠科学是不够的，而是需要多学科的共同参与，当代认知科学的跨学科方向才是正确的方向。不过，尽管科学不是唯一的方法，但肯定是一个选项。丹尼特也一直很重视经验的心灵研究，非常关注科学界在心灵研究上的进展。他甚至认为，关注科学细节并用以解释心灵，会对一些持久的哲学难题有深刻的建树。但他认为仅靠科学并不能破解心灵之谜，因为心灵问题在很大程度上与我们长期坚持的传统观念有关。尽管不断增加的科学事实有助于扩展我们的想象力，但如果不转换思维方式，不挣脱错误观念的束缚，心灵之谜就永远也无法破解。目前的心灵研究之所以不尽如人意，一个重要原因就是我们坚持了错误的思维方式，形成了不良的思维习惯，从而没能提出公认的、正确的研究方法。因此，攻克心灵这个人类“最后的圣殿”，需要在我们的思维习惯内发动一场革命，转换思维方式，确立正确的方法论。

---

① 弗朗西斯·克里克：《惊人的假说——灵魂的科学探索》，汪云九等译，湖南科学技术出版社 2000 年版，第 270 页。

第一节　第一人称方法与第三人称方法

从认识上说，心灵与世界上其他事物的最大区别可能就是它的直接性、私人性了。如笛卡尔所说，我们的心理状态在心灵面前是透明的，每个人对自己的心灵拥有“直接知识”，我们了解自己的心灵不需要通过中介，因为我们具有到达自己心灵的“优越通道”(privileged access)。就此而言，心灵是“私人的”，它只能为拥有者“直接观察”：我的高兴是我的心灵状态，你也知道你自己是否高兴，但你不可能直接了解我高兴不高兴，你顶多能通过我高兴时的脸部表情、发出的声音以及手舞足蹈的行为来推测我是否高兴。正因如此，我们对自己心灵的认识拥有第一人称的权威：我高兴不高兴，只有我知道，你认为我高兴时，可能我正在伤心。

基于此，当代许多哲学家认为，心灵（至少是感受性）问题不可能由客观的、第三人称的科学方法来解决，我们只能用第一人称的方法。如内格尔所说：

> 有些关于世界、生命和我们自己的事情，是不能从最客观的立场予以充分理解的，不管这种立场让我们的理解力从我们由此出发的那一点走出多远。与一个或一类观点有本质联系的东西是很多的，试图摆脱这些观点、用客观的术语对世界作出一种完整的说明，必然导致错误的还原，或者彻底否认某些显然为真的现象的存在。①

在他看来，这与身心问题有直接的关系：

> 如果经验的事实——关于成为经验着的有机体可能是什么的事实——只能从一种观点出发才能得到理解，那么经验的真

---

① T. Nagel, *The View form Nowhere*, Oxford: Oxford University Press, 1986, p. 7.

> 实特征怎么可能在那有机体的物理运作中显现出来，就是个难解之谜。……就经验而言，与独特观点的联系似乎更加密切。撇开主体借以理解经验的客观特征的独特观点，就难以理解经验的客观特征可能具有什么意思。[①]

丹尼特认为，内格尔的推论前提并未得到证明，而且既然某种观点至关重要，而男人和女人、左利手与右利手等的观点是不同的，那么男人或左利手是否也有一些女人或右利手不能经验的东西？如果有，那么由此推衍下去必然会得出唯我论的结论。内格尔当然不会赞成这种推理，他提出“我们”都知道对“我们”来说经验某物是什么样子，也就是说，他的主张“求助于人们、求助于我们。我们知道我们的意识，是因为我们无时无刻不在交流意识。在我们日常的相互交往中，我们假定了共同分享着对我们一切公开的意识表征的理解，而且随着我们对这个共同的宝藏有所贡献，我们的假定表面上得到了证实”[②]。但这种民间的交往实践与其他的民间理论一样，都会有许多难解之处。例如，天生的盲人会理解“我们”的颜色吗？色盲病人能理解吗？对这些问题，求助于第一人称方法是不可能作出回答的。

丹尼特承认，第三人称的研究方法会遗漏掉一些东西，但是无关紧要，因为任何科学方法都会遗漏一些无关紧要的东西。例如，科学家研究一粒沙子，无论他们研究多久，总会发现更多的东西，在最终的计算数据中总会有一些不确定性，但这不会影响理论的科学性。同样，尽管“意识非常奇妙，但也不是那么奇妙——奇妙得不能使用与在生物学的其他领域起作用的相同概念和视角来解释”[③]。“自然科学的第三人称方法足以完整地研究

---

① 托马斯·内格尔：《成为一只蝙蝠可能是什么样子》，高新民、储昭华主编：《心灵哲学》，商务印书馆2002年版，第113—114页。

② D. Dennett, *Sweet Dreams*, The MIT Press, 2005, pp. 30—31.

③ Ibid., p. 6.

意识，就像自然界的其他现象一样，不会有任何重要的遗漏。”①

他认为，人们之所以反对用第三人称方法研究心灵是受了笛卡尔传统的影响。他将这种传统称为“第一人称复数假设”（first-person-plural presumption）。根据这一假设，我们认为无论意识拥有什么，我们都可以“向内看”自己的心灵，都会发现相同的东西。例如，笛卡尔在以第一人称独白的方式撰写《第一哲学沉思录》时，他显然是期望读者在阅读时，也会在自己的心灵中进行同样的考察，并得出相同的结果。洛克、贝克莱、休谟等也依赖于这个假设，他们都在进行内省，而且也相信他们的内省可以为读者重复。对于他们来说，不需要进行什么深奥的演绎或先天的理论推导，只要记下向内观察到的事实，使读者认识到他们所看到的都是清楚明白的就行了。事实上，我们日常交流所借助的也是这个假设。但是，“常识告诉我们的东西是不够的。它不仅留下了太多紧迫的问题没有解释，而且还经常产生许多相互冲突但同样有说服力的直觉”②。

首先，内省是不可靠的。自笛卡尔以来，我们就认为自己的内省是完全可靠的，要么是“不会错的”，即总是正确的，要么是“不可校正的”：即使错了，别人也不能纠正。但这是错误的，因为现在人们普遍认为，有的时候我们并不能意识到自己的心灵状态。如果像笛卡尔等人所说，心灵状态在本质上是透明的，那就无法为无意识的心灵状态留下空间。

其次，内省不仅仅是“看”的问题，我们在进行这种向内省视时，实际上是在从事一种即兴的理论化，而且我们都是容易上当的推理者。丹尼特说，我们在内省时，所处的地位与盲人摸象寓言中盲人的地位一样。例如，通常我们都认为能够直接觉知到视野边缘区域的内容。但实验证明远非如此。假如你的目光保持正视，然后将一张扑克牌从视野的边缘逐渐向中心移动，最初你甚至说不出牌是红色还是黑色，面是向上还是向下，这时你只能

---

① D. Dennett, *Sweet Dreams*, The MIT Press, 2005, p. 29.

② D. Dennett, *The Intentional Stance*, The MIT Press, 1987, p. 3.

觉察到牌的运动。后来你才能觉察到牌的形状、颜色，最后在接近注视的中心时，你才能辨认出牌是J、Q还是K。人们之所以认为自己看到了视野中的所有内容，是因为进行了推理。在正常情况下，由于我们没有注意到视野中有间断的裂隙，也没有注意到不正常的颜色，而且在需要时，眼睛还可以快速扫视以了解详情。那么，如果我们认为自己的主观视野就是一幅由各种有颜色的东西构成的内部图画，就会进行这样的推理：外部视野的各个部分肯定都有某种颜色、形状等。因此，这只是推理的结论而不是直接观察的结果。①

这里要注意两个问题：首先，丹尼特并不否认我们对自己的意识经验具有优越通道，他声称自己的异己现象学对第一人称观点是中立的，事实上如我们后面要分析的，他的第三人称的异己现象学方法还依赖于解释对象的内省报告。他只是提醒我们不能对自己的内省过于自信，他说："我的论点……不是你对你的意识经验的本质或内容没有优越通道，而是我们对在这一点上非常诱人的过分自信应保持警觉。"② 我们可以真诚地报告自己的意识状态，但不能据此来断定它们的本体论地位，因为这超出了内省的能力，很多关于意识的幻觉都是由此产生的。其次，就心灵研究的方法论而言，第一人称方法必须超越，因为它是一种靠不住的"错误孵化器"，严重阻碍着科学的心灵研究。"如果你的出发点是忠于自然科学和第三人称观点，那么，从外部（而不是从内部）做启发式的猜想是达到内容的最佳途径，这个想法似乎不只是直觉上可接受，而且是不可避免的，令人满意的，自然的。另一方面，如果你的出发点是像传统哲学那样忠于心灵和内省的释放，那么这个想法就显得狂悖。"③ 在心理学史

---

① 塞尔对内省的不可错性、不可校正性有精彩的批驳，指出了哲学文化中常见的三种病症。参阅约翰·塞尔《心灵、语言和社会》，李步楼译，上海译文出版社 2001 年版，第 67—71 页。

② D. Dennett, *Consciousness Explained*, Little, Brown and Company, 1991, p. 69.

③ 丹尼尔·丹尼特：《我的哲学研究综述》，朱志方译，欧阳康主编：《当代英美著名哲学家学术自述》，人民出版社 2005 年版，第 103 页。

上，正是由于人们认识到内省的不可靠，才导致了内省主义的瓦解和行为主义的兴起。当前第三人称方法论已经成为科学界的主导性原则。人们认为，我们不能直接看别人的内心，只能从外部进行推测，因此任何关于心理事件的事实都不在科学材料之列，因为它们不能由客观的方法证实，但由此他们却得出了不可靠的结论，如有的否认心理事件的存在，有的认为虽然心理事件存在，但它们是没有任何作用的副现象，还有的认为心理事件存在，也有作用，但这些作用不能由科学来研究，科学只能研究大脑的作用和过程。丹尼特认为，这实际上是二元论，因为他们与笛卡尔一样，都认为心灵不是大脑。实际上，即使心理事件不在科学的材料之列，也不意味着我们不能对它们作科学的研究。黑洞和基因也不在科学的材料之列，但我们已经提出了好的黑洞和基因理论，挑战在于如何使用科学方法允许的材料，构建一种关于心理事件的理论。因此，“在我们看到一个理论实际上说了什么之前，争论它能够解释什么是不成熟的。但是如果我们要公正地对待一种理论，在面对这样的怀疑时，就需要一种中立的描述材料的方法——不过早对问题作出判断的方法”①。这种方法必须是第三人称方法，因为所有科学都是从这种方法建构起来的。他说：“我提议要从当代科学的第三人称的、唯物主义观点来看心灵是什么样子。我敢说：如果我们从此时此地出发，那么我们将比尝试用别的方法看到更多的东西，而且看得更好。”②“我们完全可以断定，自然主义的、机械论的意识解释不仅是可能的，而且很快就会变成现实。”③

第二节　通向心灵的两条途径

尽管丹尼特坚持第三人称的方法，但他并不认为只研究大脑、

---

① D. Dennett, *Consciousness Explained*, Little, Brown and Company, 1991, p. 71.

② D. Dennett, *The Intentional Stance*, The MIT Press, 1987, p. 7.

③ D. Dennett, *Sweet Dreams*, The MIT Press, 2005, p. 7.

确定心灵的生理物理基础就能解决心灵问题。对他来说，心灵问题的关键是“意识的主题问题”（the topic-of-consciousness question），即不仅要揭示大脑的构成要素、微观结构，更要回答“细胞（即使是有意识的细胞）……怎么能形成……有意识的思想”[①]。也就是说，要把大脑研究与心灵研究结合起来，就要克服神经解剖学和神经生理学的局限性，进入心灵哲学、认知科学领域。为此，他在考察有关心理意象（mental image）的研究时，对通向心灵的科学途径和现象学途径进行了区分。

在心理意象的本质问题上，哲学界和心理学界围绕心理意象类似于句子还是类似于图像或地图分成了两大派：图像爱好者（iconophile）和图像恐惧者（iconophobe）。我们用一个例子来说明两者之间的分歧。假如我请画家画一幅风景画，他大致要经历如下步骤：

(A) 听到我的声音。

(B) 理解我的请求。

(C) 准备为我画。

(D) 形成画的构思（一个心理意象）。

(E) 理解这个心理意象，即具有“这就是他想要的画”的信念。

(F) 形成我画的愿望。

(G) 形成画的意向，这个意向促使他拿起画笔开始创作。

以心理意象的出现为标志，我们可以将上面的七个步骤分为两个阶段：(A) — (C) 是心理意象的原因，(E) — (G) 是心理意象造成的结果。为了突出心理意象的地位，我们用 α 来表示它，而它引发的信念、愿望很多，我们用 β 这个集合来表示这些信念、

---

① D. Dennett, *Sweet Dreams*, The MIT Press, 2005, p. 11.

愿望，这样上面的步骤就可以这样来表示：

A→B→C→α→β（=关于α的各种信念、愿望等）

图像爱好者与图像恐惧者的分歧主要是对α（即β集合的原因）的本质有不同的看法。长期以来，双方围绕α是不是图像进行了激烈的争论，但一直没有共同认可的解决问题的方法。丹尼特认为，这个问题之所以难以解决，是由于人们持有一种错误的观念。“我们大多数平民百姓非常乐意承认在头皮屑、通货膨胀、地震和精神分裂的正常原因上的无知，并对之不发表意见。我们会让科学告诉我们……但人们通常会说：我的β集合的正常原因——那意思是说我现在有一个x类的心理意象——（当然）是一个x类的心理意象，而且只是由于拥有它，我对我的那个心理意象的认识就比科学告诉我的要多。”① 丹尼特指出，人们对自己内省的自信是这种错误观念的核心，要排除这种错误观念，就要区分通向心理意象的两条途径。

第一条途径是科学的途径，它把心理意象定义为β集合的正常原因。“这条途径将意象拥有者的暗示、表白和断言看作是以正常方式从他们的β集合中产生的。人们在对其内部发生的事情具有了各种各样的信念后，就开始讲述各种各样的事情，这些话语是关于心理意象本质的有用信息。根据这条途径，主体对自己的心理意象的本质就像对基因或病毒的本质一样没有特殊的权威性。”② 将心理意象定义为β集合的正常原因，科学的途径实际上就保证了心理意象的存在，因为β集合的产生不是空穴来风，而是必然有原因的。接下去就是要通过研究来确定心理意象的命名是否正确，判断它是不是内部的某种图像。这就像对原子的科学研究一样，最初原子被定义为物质的最小单位，但后来证明原子仍是可分

---

① D. Dennett, *Brainstorms*, The Harvester Press, 1981, p. 179.

② Ibid..

的，因此“原子”的名称是不恰当的。同样，“通向心理意象的科学途径就像物理学准备发现可分的原子一样，准备发现非图像的心理意象”[①]。

科学的途径对主体的话语有两种处理办法。第一种办法是为了研究它们的原因，只把它们当作纯粹的声音，而不作为有语义的话语，就像对待鼾声一样。但是如果以这种非语义的方式对待人类的话语，就不可能对它们的原因作出令人信服的解释。第二种办法是把人说话时发出的声音作为有意义的话语。但这样一来，就要承认对其原因的意向主义解释，“因为人们已经决定把这些声音看成是交流意图的产物，看成是信念的表达或看成是谎言、请求、问题和命令，等等”[②]。科学途径至少在研究之初是采取第一种办法，即不一开始就承认主体所表达的信念为真。因为由心理意象所产生的信念与自然物所产生的结果不太相同。例如，通常使人们相信太阳发光的就是太阳正在发光，但是心理意象所导致的信念可能只是一种错觉。因此，通向心理意象的科学途径不回避这样的可能：对 β 集合（即心理意象所产生的信念）可能有一种解释，但这种解释与正常视知觉的解释相比，可能更像是对错觉的解释。

第二条途径是现象学途径。它“不是将心理意象定义为 β 集合的正常原因，而是定义为 β 集合的意向对象”[③]。由于它把心理意象定义为意向对象，因此也承认心理意象的存在，但这种存在只是一种逻辑构造。也就是说，现象学途径承认主体对其信念（即 β 集合）具有权威性，但它不考虑这个集合是否为真，这个集合只是构成了一个观念世界或逻辑构造，它所涉及的对象的实在性就像孙悟空、圣诞老人的实在性一样。这与科学的途径是不同的。丹尼特说：“可以看出，科学的途径明显不承诺 β 集合为真；它的心理

---

① D. Dennett, *Brainstorms*, The Harvester Press, 1981, pp. 179—180.

② Ibid., p. 180.

③ Ibid., p. 181.

意象（这些正常的原因）确实存在一些特征，无论人们关于这些特征的信念是否为真。第二条途径似乎也……不考虑β集合为真；它的心理意象——这些逻辑构造或意向对象——也存在一些被相信具有的（作为逻辑构造而存在的）特征——无论这些信念是否为真。”①

在收集到β集合以后，现象学途径就开始通过描述它的意向对象来对它进行合理化。合理化的过程就是对主体的信念报告进行整理的过程。整理的对象是“文本”或记录，即主体或意象拥有者的内省报告、表白等。在整理过程中不研究β集合的原因，也不考虑反应时间、中间结果等实验数据，而是“将这些报告……看作是权威性的，看作是构成了所研究的意向对象的特征。在这样看待这些报告时，现象学家采取了一种态度，这种态度与主体本人的态度……不同，因为现象学家必须将心理意象……只看成是纯粹的意向对象，尽管主体相信这些心理意象是真实的”②。在整理过程中，对于主体报告中的不一致，则参照主体的其他报告，排除错误的话语，但如果仍有难以排除的不一致之处，现象学家不会强求一致，而是原样保留。

丹尼特提到，有的人根据上面的两条途径（一条途径认为心理意象是由β集合“权威性地”构成的，另一条途径认为心理意象是β集合的真正原因）提出了第三条途径，即人们对心理意象的认识既是权威的，同时心理意象也是因果有效的。丹尼特认为，这是不可能的。因为“如果心理意象最终被证明是真实的，它们就可以相当舒服地居住在我们大脑的物理空间中，如果最终被证明不是真实的，它们可以——与圣诞老人一起——居住在虚构的逻辑空间中”③。不可能存在供它们居住的比物理空间更透明、比逻辑空间更具体的现象学空间。在他看来，如果允许现象学空间的存

① D. Dennett, *Brainstorms*, The Harvester Press, 1981, pp. 181—182.

② Ibid., p. 185.

③ Ibid., p. 186.

在，就要承认心理意象不是大脑中的物理事件或结构，而是某种超自然的东西，它具有自主认知的特征，遵守的是超自然的逻辑。他认为，这不是一个经验问题，因为科学不可能证明它是否正确。对这个问题需要从哲学上进行反驳，哲学的任务就是要清除这些没有希望的学说。相反，如果我们采取现象学途径，不考虑主体的信念是否为真，但相信心理意象是携带信息的大脑结构，我们就可以通过科学研究对信念的真假进行判断。如果发现心理意象是大脑中的某种结构或功能属性，那么我们可以把这些意向对象同一于其原因。这样一来，意象就像通常的知觉一样真实，正如狗会使人看见狗，奶牛会使人看见奶牛一样，意象也会使人相信他有一个意象。如果最终证明大脑的结构没有这种意象的特征，我们就可以说β集合是假的，它是由错误的信念构成的。在这种情况下，我们就可以使这个意象的拥有者相信他关于意象的信念是错误的。因此，这种方法若取得成功，就会“治愈”我们日常对心灵所持有的幻觉，并根除心理意象。

从上面的分析看，丹尼特的用意是想在常识与科学之间架设桥梁。但如果坚持第一人称的描述方式，那么由于科学无法到达人的心灵，因此也无法作出研究。相反，通过现象学的方法，收集人们关于心灵的内省报告，就可以为科学提供研究的材料。然后，通过科学研究，就可以确认我们信念的真假。

第三节　异己现象学方法

尽管丹尼特在“通向心理意象的两条途径”等论文中提出了用现象学方法研究心灵的设想，但论述得还不够详尽，还有许多问题没有作出明确回答，如他的现象学与胡塞尔等人的现象学有何区别？这种现象学方法如何操作、要经过哪些步骤？这种现象学描述所得到的东西的实质是什么？它的目的是什么？后来，在《超越信念》、《意识的解释》、《甜蜜的梦》等著作中，他明确将自己的现象学称为异己现象学（hetero-phenomenology)[①]，并对相关问题作了澄清和细化。我们先看丹尼特的两段论述：

> 这里描述的这种方法同与现象学相联系的传统道路之间有一个重大区别。虽然心理学家们提出人们通过某种内省主义的心理技巧——有人称之为现象学还原——可以了解自己的观念世界，但我们考虑的是从外部确定另一个人的观念世界。布伦塔诺和胡塞尔的传统是自我现象学，我现在提出的是异己现象学。虽然结果有很大的相似性，但起作用的假设是非常不同的。[②]
>
> 这是一条从客观的物理科学及其在第三人称观点上的坚定立场通向一种现象学描述方法的中立道路，它（原则上）可以公正地对待最私密的、最难以言表的主观经验，但也不放弃科学的方法论原则。[③]

对上述看法，我们可以作如下分析：首先，这里的自我现象学（auto-phenomenology）和异己现象学都是一种描述现象学，但就描述的主体和对象来说，自我现象学是对主体（对象）自身经验的描述，因此实施的主体和解释的对象是统一的，是主体从内部对自身经验的直接描述或亲知，运用的是第一人称的内省方法。异己现象学是从外部描述别人的经验，因此实施主体和解释对象是分离的，主体是异己现象学家，对象是别人，主体借助于对象的内省报

---

① 高新民教授最初将“hetero-phenomenology”译为“异种现象学”，后又译为“异源现象学”。我觉得，“异源现象学”这个译名突出了“hetero-phenomenology”的材料来源，但没有涉及这种现象学与胡塞尔现象学在实施主体和解释对象方面的区别。相比较而言，“异种现象学”比“异源现象学”更全面，但它也只表示出这是另一种现象学，还没有把它的独特特点包含进来。我认为，把它译为“他人现象学”或“异己现象学”可能更好一些。一方面，可以与胡塞尔的“自我现象学”对应起来；另一方面，可以兼顾到材料来源、实施主体和解释对象等方面的特点。因此，我这里把它试译为“异己现象学”。

② D. Dennett, *The Intentional Stance*, The MIT Press, 1987, p. 153.

③ D. Dennett, *Consciousness Explained*, Little, Brown and Company, 1991, p. 72.

告来描述对象的经验，现象学家运用的是第三人称方法，报告者运用的是第一人称方法。异己现象学家的材料来源于解释对象，是解释对象通过内省提供的经验报告，因此，解释对象的自我现象学是实施主体的异己现象学的前提和基础。其次，就描述结果的真实性来说，自我现象学家认为自己的描述是权威的、绝对真实的，而异己现象学对对象描述的真实性持中立态度。“异己现象学方法既不挑战也不接受被试的断言是完全真实的，而是保持一种建设性的和同情的中立，希望根据这些被试而汇集出关于世界的清晰的描述。”① 丹尼特认为，异己现象学的这种中立性是其最大的特色。自我现象学家虽然也想通过“加括号”、“悬置”等技术对各种预设保持中立，但他们无法既坚持自己的信念，又研究它们，因为如果他们悬置自己的信念，使之与自己分离，那么，他们所研究的对象就已经不是他们的信念了。也就是说，他们在悬置的同时，已经改变了研究的对象②。最后，异己现象学只收集并整理对象的内省报告（包括说、写、皱眉等），但不考虑大脑过程。“异己现象学明显不是第一人称的方法论……但它也不直接涉及‘大脑过程之类的东西’，它是从可在被试的行为（特别是包括他们产生文本或进行交流的行为）中辨认的模式进行合理的、客观的推理，因此，准确地说，它关涉的是高层次的倾向——既有认知的，也有情感的——这些倾向使我们确信我们的同类人是有意识的。”③ 这实际上是在人的层次或用意向立场收集科学研究的素材，为下一步建构模型、提出理论奠定基础。

丹尼特对异己现象学方法的操作过程也作出了具体规定，他说：

> 我们提出了一种研究和描述现象的中立方法。它涉及从

---

① D. Dennett, *Consciousness Explained*, Little, Brown and Company, 1991, p. 83.

② D. Dennett, *Brainstorms*, The Harvester Press, 1981, p. 185.

③ D. Dennett, *Sweet Dreams*, The MIT Press, 2005, p. 149.

> (似乎)会说话的被试抽取和提炼文本,并用那些文本生成一个理论家的虚构物(fiction),即被试的异己现象学世界。这个虚构的世界中居住着被试(似乎)真的相信存在于他或她(或它)的意识流中的一切意象、事件、声音、气味、直觉、预感和感情。极而言之,它是关于成为那个被试究竟是什么样子——用被试自己的词语,根据我们能调用的最好解释——的一种中立的描述。[①]

可以看出,异己现象学方法有三部曲:原材料(raw data)→文本→异己现象学世界。

第一步,收集原材料。原材料的提取与心理学、神经科学等领域的方法类似,就是收集被试的内部和外部正在发生的一切物理事件,它“涉及发生在被试身上的一切化学的、电的、内分泌的、声的……以及其他物理事件”[②]。

第二步,将原材料转换成文本。丹尼特指出,对于收集到的各种材料,我们会挑出其中的一些(被试发出的声音、书写的符号、按压按键等)进行处理。以被试说话时发出的声音为例。这些声音是由物理的方式形成的,因此我们可以根据物理学进行解释和预测,使用的原理、规律和模型与在解释、预测汽车发动机的噪音时所用的原理、规律等相同。当然,由于这些声音也是通过生理的方式产生的,我们也可以用生理学的原理对它们加以解释。但更重要的是,被试发出的声音是话语,而不是纯粹的噪音,因此我们会对这些声音进行提炼,排除掉打哈欠、打喷嚏等噪音,只关注可以进行语言学或语义学分析的声音。然后,我们可以让训练有素的速记员将它们整理成文本。这样,“我们就从一个世界(纯物理声音的世界)进入了另一个世界(词语和意义的世界、句法和语义的世界)。这个步骤会对这些数据进行彻底的重新解释,即从其声音的

---

① D. Dennett, *Consciousness Explained*, Little, Brown and Company, 1991, p. 98.

② D. Dennett, *Sweet Dreams*, The MIT Press, 2005, p. 37.

和其他的物理属性抽取出词语串"[1]。为了保证文本的准确无误，在转换过程中可能会让多个速记员进行整理，然后进行比对，尽可能消除不一致之处。由此看来，所得到的文本经过了一个初步解释的过程。但在整理过程中，不要求过度解释，而且对于被试是不是人也持中立态度。

第三步，从文本建构异己现象学世界。得到文本之后，我们还要超越文本，把它解释为言语行为的记录。因为文本是被试在"断言、提问、回答、承诺、评论"，等等。而对文本进行解释就要采取意向立场，"我们必须将发出声音者看成是一个自主体，实际上是看成一个有理性的自主体，他具有表现出意向性或'关于性'的信念、愿望和其他心理状态，他的行动可以根据这些状态的内容进行解释（或预言）"[2]。我们以阅读虚构小说为例来说明从文本建构异己现象学世界的过程。假如我们读《西游记》，我们知道它描述的世界是不真实的，但从小说中我们也可以确定一些真实的东西。比如，孙悟空当过弼马温，曾经大闹天宫，会七十二变，等等。事实上，小说中包含的真实的东西比文本中实际说的要多得多，比如，花果山上没有索道，唐僧没有坐过汽车等。总之，通过这样的解释，我们可以得到一些结果。例如，通过小说所描述的世界，我们可以对小说、它的文本、作者甚至是小说产生时的现实世界有更多的了解；我们还可以积累小说描绘的世界中的很多客观事实（如猪八戒好吃懒做，但比较忠厚等）；对于小说所描绘的世界，我们甚至不看小说也能了解，如通过看电视连续剧或听评书，我们就可以知道那个世界上发生的事情。不难看出，我们在建构作品描绘的世界时，是在纯语义层面进行的，不依赖于文本的句法。因此，尽管拍摄的电视剧与印刷的小说不同，但我们了解的是同一个世界。把这一点推广到被试的文本，就是尽管文本是第三人称的、间接的材料，但我们通过解释它的语义，就可以建构被试的异

---

① D. Dennett, *Consciousness Explained*, Little, Brown and Company, 1991, pp. 74—75.

② Ibid. , p. 76.

己现象学世界。丹尼特说：

> 小说的读者让文本构成了一个（虚构的）世界，即一个根据规则由文本决定的世界，然后进行无穷的推理，直到推理进行到不能确定为止；我们的实验者、异己现象学家让被试的文本构成了被试的异己现象学世界，即一个根据规则由（作为被解释的）文本和其他不确定的东西确定的世界。这使异己现象学家暂时回避了这个（虚构的）世界与真实世界之间是什么关系的棘手问题。这会使理论家们在被试的异己现象学世界是什么上取得共识，但对异己现象学世界如何反映大脑（或灵魂）中的事件作出完全不同的解释。被试的异己现象学世界将是一个可靠的、主体间可以证实的理论假设。①

这里有两个问题需要探讨：一是异己现象学的实在性问题，二是信念能否反映经验。对于第一个问题，丹尼特说："异己现象学的存在就像小说和其他虚构故事的存在一样不容置疑。人们无疑相信他们有心理意象、疼痛、知觉经验等，这些事实——人们在表达他们的信念时所相信和所报告的事实——是任何科学的心灵理论都必须予以说明的现象。我们将关于这些现象的材料组合成理论家的虚构，即异己现象学世界中的'意向对象'。"② 但是如果问这些意向对象是什么、由什么构成，回答只能是什么也没有。这就像我们不能问孙悟空是什么、由什么构成一样，因为孙悟空是虚构的对象，是异己现象学家描述、命名、提及的对象。因此，"异己现象学的对象与引力中心或赤道一样，是抽象物，而非具体存在物，它们不是空洞的幻象，而是勤勉的理论家的虚构。此外，与引力中心不同，如果经验科学的发展予以支持的话，用具体存在物来交换它

---

① D. Dennett, *Consciousness Explained*, Little, Brown and Company, 1991, p. 81.

② Ibid., p. 98.

们的道路是通畅的"[①]。由此可以看出，第一，这里说异己现象学的对象是真实的，是指人们在报告自己的内部状况时报告的过程是真实的，言语活动是真实的，被试相信他们真的感受到了某种东西，这种信念是真实发生的。就像电影胶片上的影像是静止的，但由于似动现象，我们在银幕上看到的是运动的影像。这里不存在真实的运动，真实的只有"似动"以及我们对"似动"感受的判断或报告。第二，说它是抽象物或虚构的对象，是因为它是异己现象学家根据被试的报告推导出来的，是一种"理论的假设"。第三，异己现象学对这些对象的本体论地位保持中立，它们最终是否真实，要由经验研究来确定。

对于第二个问题，列文（J. Levine）指出："有意识的经验本身不只是我们关于它们的言语判断，而是一种理论必须回答的首要材料。"[②] 丹尼特通过比较下列四类材料对此作出了回应：

（a）"有意识的经验本身"
（b）关于这些经验的信念
（c）表达这些信念的"言语判断"
（d）某种话语

他说："对异己现象学家来说，首要的材料是在被试嘴巴动的时候记录的声音或（d）话语，即原始的未解释的材料。但在我们到达理论之前，我们可以解释这些材料，经过（c）言语行为把我们带到（b）关于经验的信念。对于意识科学来说，这些（在被组合为异己现象学世界时）是首要的得到解释的材料，即前理论的材料。"[③] 丹尼特认为，列文的建议（一直到达"有意识的经验本身"而不是停止于关于经验的信念）是不可靠的。因为如果（a）

---

① D. Dennett, *Consciousness Explained*, Little, Brown and Company, 1991, pp. 95—96.

② J. Levine, "Our of the Closet: A Qualophile Confronts Qualophobia", *Philosophical Topics*, 22 (1994): 117.

③ D. Dennett, *Sweet Dreams*, The MIT Press, 2005, pp. 44—45.

超过（b）（如果你有你不相信具有的意识经验），那么对于这些额外的经验，你和别人一样都不能了解。因此，第一人称方法不会比异己现象学让你得到更多的材料。如果（b）超过（a）（如果你相信你有你实际上没有的经验），那么我们需要解释的就是你的信念，而不是不存在的经验。因此，“坚持异己现象学标准，把（b）视为首要材料的最大集合，是避免承诺虚假材料的好方法”[①]。

事实上，丹尼特还有一个更强的理论预设：一个人相信他的经验是什么样子，他的经验就是什么样子。如果你真诚地说：“我看到面前的一棵树”，那么异己现象学家就可以得出结论：你有关于这棵树的经验。这与他关于两种知觉（awareness）的划分有关。在《内容和意识》中，丹尼特将意识划分为两类：知觉$_1$和知觉$_2$。[②] 前者是我们人类享有的高级意识，表现为做内省（语言）报告的能力，实际上就是自我意识或二阶意识；后者是蜜蜂和恒温器等事物所享有的，表现为对刺激作出相应反应的能力，实际上是对行为的控制能力，如蜜蜂为了避开树而对树的知觉。因此经验意识是与知觉$_1$密切相连的，因为没有知觉$_1$就没有自我意识，从而也就没有经验意识。而有了知觉$_1$，知觉$_2$自然会产生，因此知觉$_1$是意识产生的充分必要条件。在《意识的解释》中，丹尼特用大量篇幅对此作出了不厌其烦的论证。在他看来，我们表达（express）一种心理状态有很多种方式（如用言语、行动等），但只有一种报告（report）心理状态的方式，即通过作出某种言语行为（口头的、书写的或其他的表示方法），因此异己现象学文本的内容穷尽了被试对其意识内省能够说出的一切，任何超出文本的东西都不应视为意识的内容，因为它没有以正确的方式与人的话语和行动相联系[③]。但是，对我们难以言表的感受如何处理？丹尼特说，如果你相信它难以言表，就告诉异己现象学家，然后异己现象学家

---

① D. Dennett, *Sweet Dreams*, The MIT Press, 2005, p. 45.

② D. Dennett, *Content and Consciousness*, Routledge & Kegan Paul plc, 1986, pp. 118—119.

③ D. Dennett, *Consciousness Explained*, Little, Brown and Company, 1991, Ch. 10—12.

把这个信念补充到信念清单中：

S声称他对X有难以言表的信念

如果这个信念为真，异己现象学家就会解释这个信念是什么，为什么它难以言表。如果它为假，异己现象学家就会解释为什么S会（错误地）相信有这些特殊的难以言表的信念。丹尼特说：

> 当你受异己现象学家控制时，你就取得了最后的决定权。你可以随意地编辑、修改和否定，只要你避免肆意地对所报告之物的原因和形而上学地位进行推理，无论你坚持什么，在决定你的异己现象学世界中所发生的东西时，都会被授予宪法的权威……你对之有权威的，不是你内部正在发生的事情，而仅仅是你内部似乎在发生的事情，而且对于它是怎样向你显现的，对于成为你是什么样子，我们正在授予你全部的、独裁式的权威。如果你抱怨说：有些向你显现的情况是难以言表的，我们异己现象学家也承认这一点。除了下面两点，我们还有什么更好的理由相信你不能描述某种东西呢：（1）你没有描述它；（2）承认你不能描述它？当然，你可能会撒谎，但我们会给你怀疑的好处。[①]

丹尼特指出："异己现象学是意识科学的开端而不是终点。它是对材料的整理，是必须解释之物的清单，但它自身不是一种解释。"[②] 他还以研究《圣经》上的大洪水为例进行了解释。对大洪水的研究，我们可以采取两条路线：一条是把它看成是神话，另一条是把它看成是历史上的大灾难。这两种研究都是科学的研究，但第一种推测更少一些。而且即使你想采取第二种方法，你也要首先从第一条路线入手收集线索。他说："同样，如果你想研究现象学

---

① D. Dennett, *Consciousness Explained*, Little, Brown and Company, 1991, pp. 96—97.

② D. Dennett, *Sweet Dreams*, The MIT Press, 2005, p. 40.

的项目何以（或是否）就是大脑中的事件，你首先应当做的是对这些对象进行认真的异己现象学分类。”① 因此，异己现象学是一种没有任何歧视的方法论，主要任务是收集材料。确定异己现象学描述的对象是不是大脑中的真实对象、事件和状态，不是现象学的任务，而是经验研究的任务。如果通过经验研究，发现了这些对象的对应者，我们就可以将它们确认为“意识”、“信念”等语词的指称，如果没有发现对应者，我们就得解释为什么被试会认为这些东西存在。他说：

> 我的看法是：如果我们发现了人们大脑中的真实事件，它们具有这些事物（它们居住于人们的异己现象学世界中）的足够多的“定义性”属性，那么，我们就能合理地认为，我们已经发现了人们真正谈论的东西——即使他们最初抵制这种认定。如果我们发现真实的事件与异己现象学事物没多少相似性，我们就可以合理地宣布：人们对于他们所表达的信念完全是错误的，尽管他们是真诚的。②

异己现象学在丹尼特的整个心灵哲学大厦中处于极其重要的地位。首先，异己现象学是沟通丹尼特的内容理论与意识理论的桥梁。丹尼特多次提到，他始终关注的两大问题是内容（意向性）和意识，在二者的关系上，内容或意向性独立于意识并且比意识更根本；在研究的顺序上，首先要提出一种内容理论，然后在此基础上建立意识理论③。换句话说，从进化的起源看，意向状态产生于意识状态之前，意识是以意向性为基础产生的。从理论建构的角度

---

① D. Dennett, *Consciousness Explained*, Little, Brown and Company, 1991, p. 96.

② Ibid., p. 85.

③ 参阅 D. Dennett, *Consciousness Explained*, Little, Brown and Company, 1991, p. 457。D. Dennett, “Daniel Dennett”, In S. Guttenplan (ed.), *A Companion to the Philosophy of Mind*, Blackwell, 1994, p. 236. D. Dennett, *Brainchildren*, Cambridge, Mass: MIT Press, 1998, p. 355。

看，必须先研究意向性，再研究意识。我们后面再研究心灵的进化问题，这里只从研究的顺序来考虑异己现象学的地位。如前所述，异己现象学是意识研究的开端，而在建构异己现象学世界时，不管是实验的设计、文本的获取和提炼，还是异己现象学世界的建构，都以意向立场为前提。正如丹尼特所说："把声波、嘴唇的活动、按键等原始材料转换成信念的表达，需要采取意向立场。它要求我们这样看待被试：他们似乎是相信者和愿望者，能够作出并执行有意义的言语行动。"[①] 布鲁克也指出："对丹尼特来说，正确的意识研究方法，不过是一般的用意向立场向我们归属心理状态的行为解释方法的特殊运用。"[②] 因此，如果没有意向立场，异己现象学方法就无法进行，意识理论也就失去了研究的材料。其次，异己现象学也是人的层次与亚人层次的联系纽带。异己现象学是在人的层次进行的，它处理的是人的内省报告，是人的信念和愿望，不涉及大脑的微观结构和过程，而且对意识状态的实在性也保持中立。但解决意识问题不能停留于此，而要通过建立模型，揭示意识的机制、过程，这就需要转换到物理立场、设计立场或亚人层次。丹尼特的目标是解决大脑的微观结构和过程何以能产生意识现象，即回答"意识的主题问题"，在此过程中，异己现象学起着引导性的作用，偏离异己现象学的文本就会偏离意识的主题。而他的意识模型就是为了确认或否定这些文本。另外，大脑的微观结构和过程要返回心灵或意识的主题，就需要贴上"心灵主义的标签"。就此而言，我们可以说，没有异己现象学，意识研究就会失去方向，就是盲的；而没有亚人层次的微观研究，意识研究就会失去基础，就是空的。最后，异己现象学在沟通主观与客观、常识与科学的关系上也发挥着重要作用。丹尼特说："无论我们的唯物主义理论能解释别的什么，如果我们不理睬我们'从内部'亲知到的经验事实，它们就

---

① D. Dennett, *Sweet Dreams*, The MIT Press, 2005, p. 37.

② A. Brook and Don Ross, *Daniel Dennett*, Cambridge University Press, 2002, p. 26.

没有解释意识。”[①] 任何一个正常人都可以内省自己的意识状态，但这些内省是私密的，只能为我所有，无法与别人分享，如果是这样，意识就无法进入科学的领地，只能停留于常识层面，永远成为一个不解之谜。但客观的科学研究如果不重视主观的经验，所解释的就不是真正的意识。而借助异己现象学方法，收集、整理主体的内省报告，我们就可以得到一个公开的、可分享的解释对象，从而为研究主观世界提供客观的途径和基础。

丹尼特的这一方法论视野具有重要的理论和现实意义。首先，目前国内对心灵的研究基本上还处于两个极端[②]：科学界注重对心灵的物理、生理基础的研究，而不太考虑“心灵的主题”问题，甚至把哲学界的话语当成无稽之谈；哲学界则偏爱常识的、直观的研究，认为科学界的研究与我们所说的心灵关系不大，从而对科学的进展不屑一顾。这种状况就像恩格斯所批评的那样：“自然科学和哲学一样……它们在一方面只知道自然界，在另一方面又只知道思想。”[③] 破解心灵之谜不能靠思辨、靠直观，而要关注科学的发展，哲学界和科学界都不能固守自己的“楚河汉界”，而要破除疆界、走向对话。其实，马克思主义哲学创始人在这方面就为我们树立了榜样。恩格斯曾说过：“马克思在他所研究的每一个领域，甚至在数学领域，都有独到的发现，这样的领域是很多的，而且其中任何一个领域他都不是浅尝辄止。……任何一门理论科学中的每一个新发现——它的实际应用也许还根本无法预见——都使马克思感到衷心喜悦，而当他看到那种对工业、对一般历史发展立即产生革命性影响的发现的时候，他的喜悦就非同寻常了。”[④] 恩格斯本人也是如此。为了撰写《自然辩证法》，他花了十多年时间，先后研

---

① D. Dennett, *Consciousness Explained*, Little, Brown and Company, 1991, pp. 41—42.

② 这种概括当然是过于简单化、绝对化了。事实上，近年来，国内哲学界已有不少有识之士在对科学研究的成果进行哲学的概括，科学界也在关注哲学研究的动向，双方都取得了明显进展，提出了一些新颖的理论，但总体情况还不很理想。

③ 《马克思恩格斯选集》第 4 卷，人民出版社 1995 年版，第 329 页。

④ 《马克思恩格斯选集》第 3 卷，人民出版社 1995 年版，第 776—777 页。

究了著名自然科学代表人物的近百部著作，对自然科学获得的大量实际材料进行了精辟的概括，并从辩证唯物主义哲学的立场作了分析。所有这些都说明，要推动心灵研究向深层次发展，就要像经典作家那样“离开安乐椅，走向田野”，更多地了解科学、熟悉科学，吸收科学研究的最新成果，为哲学研究补充新鲜的血液。其次，对待心灵问题要高度重视方法论的建构。长期以来，由于心灵对象的复杂性和特殊性，人们在研究心灵时，往往站在人的层次猜测大脑“黑箱”，本质上使用的都是间接的方法，由此所得到的认识往往是一种“雾里看花”、“盲人摸象”式的认识，带有很大的模糊性、片面性。因此，突破心灵研究的“瓶颈”，就要注重方法论研究，注重参考科学界对心灵的内在机制、过程的研究，通过哲学的概括，揭示心理现象的本质、心理的结构、运动学和动力学。当然，建构心灵研究的方法论，必须采取能为哲学界和科学界共同接受的方法论。否则，心灵研究就只能停留在各个领域自说自话的阶段。最后，研究心灵问题，我们不能心存偏见，特别是对待常识不能有先入之见，而要学会接受新的思维方式。丹尼特就说，要了解心灵如何产生，“你确实必须更多地了解关于大脑如何工作的科学发现，但更重要的是，你必须学会新的思维方式。增加事实有助于你想象新的可能，但神经科学的发现和理论是不够的——神经科学家也常常受到意识的困扰”①。转换思维方式的一个很重要的方面，就是要有敏锐的眼光，有很强的理论思维能力。恩格斯曾经指出：“经验的自然科学已经积累了庞大数量的实证的知识材料，因而在每一研究领域中系统地和依据其内在联系来整理这些材料，简直成为不可推卸的工作，同样，在各个知识领域之间确立正确的关系，这也是不可推卸的。于是，自然科学便走上了理论领域，而在这里经验的方法不中用了，在这里只有理论思维才管用。但是理论思维无非是才能方面的一种生来就有的素质。这种才能需要发展和培养，而为了进行这种培养，除了学习以往的哲学，直到现在还没

---

① D. Dennett, *Consciousness Explained*, Little, Brown and Company, 1991, p. 16.

有别的办法。”[1] 因此，面对科学界取得的新成果，我们要善于运用哲学的理论思维来进行反思、整合，只有这样才能更深入地理解心灵的本质，才能祛除意识身上的“文化尘埃”，还它一个真实的面目。

---

① 《马克思恩格斯选集》第4卷，人民出版社1995年版，第284页。

第二章

心理语言的语义学

心理语言的语义学（semantics）主要回答常识心理概念的意义来源问题。根据丘奇兰德的概括，目前在心理语言的语义学问题上主要有三种主张：第一种主张认为常识心理概念的意义来源于一种内部直指（inner ostension）行为，即通过对内部事件（如疼痛、痒）的直接指称来定义心理概念的意义；第二种主张认为常识心理概念的意义来源于操作定义（operational definitions），即任何常识心理术语的意义都是由它与其他术语（特别是可以从外部观察到的环境和行为的术语）之间的关系确定的；第三种主张认为常识心理概念的意义来源于它们在构成民间心理学的规律网中的位置。根据这种看法，常识心理术语是民间心理学这种理论框架的理论术语，确定它们的意义与确定一般的理论术语的意义一样，都是由涵盖它们的一套规律/规则概括确定的。①

第一种看法是传统的看法，也是"标准的观点"。实际上，我们在日常生活中也经常通过直指定义来确定概念意义。例如，在教小孩认字（如"马"）时，我们会指着马或马的图画告诉他们"这就是马"。同样，我们在说"疼"、"痒"等时，通常也是在直指或描述自己从内部真实体验到的某种感觉。但这种看法至少存在三个问题：一是并非所有心理概念的意义都能用直指来确定。

---

① P. M. Churchland, *Matter and Consciousness: A Contemporary Introduction to the Philosophy of Mind*, Cambridge, Mass: MIT Press, 1984, pp. 51—62.

例如，信念、愿望等命题态度就没有像疼、痒那样的质的特征或感受性，因此我们无法通过了解每种信念、愿望状态的独特特征来掌握它们的意义。二是即使是同一种感觉的感受性也有细微的区别，例如，疼痛就有灼痛、刺痛、绞痛等不同感受，所有这些感受的共同之处在于它们所引起的反应，因此所有疼痛共有的是一种因果关系属性，而不是一种共同的感受性。此外，如果“疼痛”、“痒”等的意义就是与它们相联系的某种感受性，我们就很难避免语义的唯我论（semantic solipsism），因为我们每个人都只能体验到自己的意识状态，任何人都不能确定自己的“疼痛”的意义是否与别人的相同，由此推论的结果就是，没有人能理解别人意指的东西。三是直指定义隐含着一个前提：心理概念都有实在的指称，即指内部的某种感觉，但20世纪以来，很多哲学家都认为这是以假定为前提，因为内部只有神经元及其活动，根本没有什么疼、痒之类的状态。基于上述问题，哲学家们抛弃了第一种观点，开始尝试后两种思路。他们认为，第一种观点所坚持的内部感受实际上是由于语言的误用而产生的心灵幻象，因此，揭示心理语言的语义学，就要深入分析心理语言的用法、范畴、语境等特点，以此摧毁“纸糊的房屋”，“给捕蝇瓶中的苍蝇指明飞出去的途径”[①]。因此，他们坚持把心理语言分析作为研究的起点，重视对“心理语言有何意义”、“意义来自何处”、“心理语词有无指称”、“如果有，指称什么”等语言哲学问题的追问，希望通过对“语言游戏”的详细考察，揭示心理语言的意义，为研究心灵的本质扫清道路、打牢基础。

丹尼特早年求学于日常语言哲学的重镇牛津大学，受教于牛津学派创始人吉尔伯特·赖尔门下，深受日常语言哲学的影响。尽管他认为仅通过语言分析来研究心灵有很大的局限性，但在早期的研究中，他还是把分析心理语言的语义学作为研究的起点，对心理语言的语境特征和指称属性进行过精辟的分析。鉴于维特根斯坦和赖

---

① 维特根斯坦：《哲学研究》，李步楼译，商务印书馆1996年版，I. §109、§309。

尔对丹尼特的影响，在分析丹尼特之前，我们先考察一下维特根斯坦和赖尔的心理语言观。

第一节 心理语言的“语言游戏”

维特根斯坦认为，哲学问题的存在是由于人们误解了语言的用法。传统心身问题的产生也是由于语言混乱。人们之所以认为存在着独立于身体的心灵，是由于人们受到语言用法的错误引导。因此，心身问题的错误观念必须求助于语言分析。“语言游戏”说是维特根斯坦后期思想的核心内容，也是他对心理语言的语义学进行分析的基本依据。

一 语言游戏

维特根斯坦提出语言游戏观，主要是为了批判“奥古斯丁图画”所代表的直指定义语言观。根据奥古斯丁图画，每个语词都是实在对象的名称，或者说都对应着某种实体，因此，语句是这些名称的组合。“在语言的这一图画中……每个词都有一个意义。这一意义与该词相关联。词所代表的乃是对象。”① 维特根斯坦认为，这幅图画虽然不完全错，但也不符合所有的语词。因为语言中的很多词汇既不是事物的名称，也不是与事物一一对应的。例如，假设有一个人拿着写有“五个苹果”的纸条到商店买东西，店主接过纸条后，首先打开标着“苹果”的抽屉，然后查阅色谱表，找到标有“红”的那一页，来对照抽屉里苹果的颜色，最后再从 1 数到 5，每念一个数就从抽屉里拿一个与色样相同的苹果。在这个例子中，“五个”、“红”、“苹果”有不同的用法。“苹果”是名叫苹果的事物的名称。“红”是一种颜色的样品，如果在一个样本上，有各种不同的红色样品，那么，和“红”对应的就是一系列深浅不等的颜色。而“五个”表示事物的数量，它是在计数活动中而不是在对应

① 维特根斯坦：《哲学研究》，李步楼译，商务印书馆 1996 年版，I. §1。

事物的活动中获得意义的。这个例子表明，对不同语词的意义的理解是和不同的行为方式联系在一起的。为了理解“苹果”，我们必须指示出它所代表的事物，为了理解“红”，我们必须比较各种颜色，为了理解“五个”，我们要会计数。也就是说，“这三个词分别体现了语言的‘指称’、‘比较’和‘计数’这三种功能”[①]。语言的意义就体现在与语言交织在一起的各种行动之中。维特根斯坦说：“我将把语言和行动（指与语言交织在一起的那些行动）所组成的整体叫做‘语言游戏’。”[②] 这意味着，每种语言游戏都是对语言的一种使用，这种使用大致由两个部分组成：一是说出或写出语词或语句的过程、行为或者活动，这种行为、活动既可以指向说话者自己，也可以指向别人；二是由这种过程、行为或活动所引起的反应、完成的活动。因此，每种语言游戏都是由语言表达式和人们借以引起的反应或所完成的活动构成的有机整体[③]。由此可见，就像“下棋游戏”把棋子的下法包括在内一样，“语言游戏”也把语言的运用、活动包括在内，因此，可以把语言的语词比做下棋游戏中的棋子，把语词的使用比做棋子的下法。我们是通过学会棋子的下法而学会某种棋类游戏的，同样，我们也可以通过学会语词的使用而学会一种语言。维特根斯坦说：“在我们使用‘意义’这个词的各种情况中有数量极大的一类——虽然不是全部——，对之我们可以这样来说明它：一词的意义就是它在语言中的使用。”[④] 既然如此，那么要解释一个语言表达式的意义就要揭示它的使用，而揭示它的使用就要研究它在某种语言游戏整体中的用法。

二 心理语言游戏

心理语言游戏是语言游戏的一种，因此，确定心理语言的意义

---

① 赵敦华：《现代西方哲学新编》，北京大学出版社 2001 年版，第 164 页。

② 维特根斯坦：《哲学研究》，李步楼译，商务印书馆 1996 年版，I. §7。

③ 涂纪亮：《维特根斯坦后期哲学思想研究》，江苏人民出版社 2005 年版，第 18—19 页。

④ 维特根斯坦：《哲学研究》，李步楼译，商务印书馆 1996 年版，I. §43。

也应当深入到这种语言游戏，通过考察心理语言的使用来澄清它们的意义。

近代以来，许多哲学家都持有这样的看法，即思考、理解、希望等是一种内部的心理状态和过程，就像行为是外部的身体状态和过程一样；“思考”、“理解”、“希望”等词与“跑”、“吃”、“喊”等词一样，都描述或指称了一种状态或过程，只不过前者描述的是内部的状态和过程，后者描述的是外部的状态和过程。维特根斯坦对这种传统观点进行了批驳。

以理解一个数列为例。假如 A 写下数列；B 看着他写并且想找出数字次序的规律。假如在 A 写下 1、5、11、19、29 时，B 说：“我理解了”或“我知道怎样接下去了”。这里发生了什么事情？有很多可能，例如，当 A 一个数接一个数往下写的时候，B 是在把各种各样的代数式试用到已经写出的数字上。当 A 写到 19 时，B 试着用公式 $a_n = n^2 + n - 1$ 来推测，如果下一个数确证了他的假设，他就会认为自己发现了这个数列的规则。或者 B 并没有想到什么公式，他只是紧张地看着 A 写数字，同时头脑中充满了各种含糊不清的想法。但当他发现这些数的差分是 4、6、8、10 时，他就说：他知道怎么接下去了。或者他可能什么也不想只是说：“是的，我知道那个序列”，然后就正确地写下去。还可能他不言不语就直接把序列继续写下去；等等①。

首先，维特根斯坦认为，把理解等同于某种表征或心理内容是不对的。因为尽管在很多情况下，“B 知道怎样把数列继续下去”与“B 想到了某个公式”表示相同的意思，但并非在所有情况下都是如此。比如说 B 可能想到了正确的公式却没有注意到它正确，或者他想到了正确的公式却不知道怎么用，等等。因此，“‘他理解了’所包含的东西一定比他想到这公式要更多些。同样，比之理解的任何一个多少带有特征性的附属物或任何一个表征来说也要更多些”②。

---

① 维特根斯坦：《哲学研究》，李步楼译，商务印书馆 1996 年版，I. §151。

② 同上书，I. §152。

其次，理解也不是某种体验或感受状态。B 在看 A 写数列时，可能有紧张感、轻松感，他甚至可以对自己说："这些数的差分在不断扩大"，但在维特根斯坦看来，体验或感受状态只是理解的征兆，而不是理解本身，它们对于理解既不充分也非必要。例如，B 在理解时可能有某种特殊的感受，如兴奋、紧张，但这并不意味着没有某种感受就不能理解；同样，即使有某种感受也不能保证他必然会理解。

最后，理解也不是一个"精神过程"。理解要么是已经理解，要么是还没有理解，而不能说正在理解还没有理解。认为理解是一个内部的心理过程，是误解了"理解"与"疼痛"、"兴奋"、"沮丧"等概念的语法区别。例如，我们可以说："他从昨天到现在一直感到头痛"、"五分钟疼一次"，但对"理解"我们不能这样说，因为这种说法不符合语法。因此，我们不能把理解看成是一个"精神过程"，因为那正是使你陷入混乱的表达方式。"对于理解而言存在着一些能表征它的过程（包括精神过程），在这个意义上说，理解不是一种精神过程。"①

维特根斯坦认为，对于理解来说，重要的是人们在其中作出理解的那个特定的环境。他说：

> 如果"我现在理解了这个原理"与"我想到公式……"（或"我说出公式"，"我把它写出来"等等）指的是不同的东西——由此是不是就能得出：我用语句"现在我理解了……"或"现在我能够接下去了"所描述的是这样一个过程，这个过程发生于我说出公式的那个过程背后或者二者肩并肩地发生？如果一定要有什么在"说出公式的过程背后"的东西，那么，它就是特定的环境，正是这特定的环境使我在想到那公式时能理所当然地说我能接下去了。②

---

① 维特根斯坦：《哲学研究》，李步楼译，商务印书馆 1996 年版，I. § 154。
② 同上。

维特根斯坦认为，理解是一种掌握某种技巧或知道如何做某事的能力，“理解一个句子意味着理解一种语言。理解一种语言意味着掌握一种技巧”[①]。既然如此，对于一个人是否理解的问题，我们可以通过他接下来做的事情来检验。如果他做得对，表示他已经理解了，否则，即使他自己说理解了，我们也不会承认。“这表示，‘理解’这个词语不是指一种内在的精神状态或过程，因为如果是这样的话，别人就不能说他没有理解，而只有他自己才知道自己是否理解。”[②]

维特根斯坦还用了很大的篇幅对“私人语言”进行了批驳[③]。私人语言不是我们自言自语时的语言，也不是某种用密码记录的只有自己才能破译的语言，而是不借助公共可观察的现象表达内在意识的语言。“这种语言的单词所指的应该是只有说话的人知道的东西，是他的直接的私人感觉。因此，另一个人是不可能懂得这种语言的。”[④] 他认为，私人语言根本不可能存在，因为它缺乏检验的标准。例如，假设在你给出一个概念“W”的意义时，只是将它与你某时体验到的某种感觉联系起来。在另一时候，你在体验到一种感觉时说：“我有另一个 W。”那么，你在断定这两种感觉是同一个感觉时，就必须首先确定一个衡量标准。但我们根本找不到这样的标准，因为你的记忆是不可靠的，你可能会记错自己的感觉，或者在两种感受不太相似时，你会粗心地以为它们是相似的。因此，如果概念“W”与某种可观察的外部现象没有意义的联系，我们就根本无法区别“W”的正确用法和不正确的用法。而如果一个概念的正确用法永远无法确定，它就是一个无意义的概念。他还用“盒子里的甲虫”的思想实验进行了说明：

---

① 涂纪亮主编：《维特根斯坦全集》第 9 卷，河北教育出版社 2003 年版，§199。

② 张庆熊等：《二十世纪英美哲学》，人民出版社 2005 年版，第 171 页。

③ 维特根斯坦：《哲学研究》，李步楼译，商务印书馆 1996 年版，I. §243—351。

④ 同上书，I. §243。

> 假定每个人都有一个装着某种东西的盒子：我们把这种东西称之为“甲虫”。谁也不能窥视其他任何一个人的盒子，而且每个人都说他只是通过看到他的甲虫才知道甲虫是什么。——此时完全可能每个人盒子里都装着一些不同的东西。甚至还可以想象装着不断变化着的东西。——但是假定“甲虫”这个词在这些人的语言中有一种用法呢？——如果有的话，它不会用作一件东西的名称。盒子里的东西在该语言游戏中根本没有位置；甚至作为某种东西也不行，因为盒子甚至可能是空的。[①]

这里的盒子相当于人的身体，甲虫相当于内部的某种感觉（如疼痛）。虽然每个人都通过自己的体验知道这种感觉，虽然任何人都无法观察到别人体内的感觉，虽然不同人的感觉可能不尽相同（正如盒子里可能装着一些不同的东西），虽然有的人假装有某种感觉（盒子是空的），但这一切都不影响我们使用表达感觉的概念来谈论每个人对于这些感觉的感受。这是因为感受不是一件东西，心理概念不是指示事件的名称。它们对应的是感受的自然表达方式（如哭喊、躲避等），而不是某种心理状态本身。只要我们具有共同的表达某种感觉的自然方式，我们就不可能用只有自己才能理解的符号来表示某种感觉。

三　错误心理图像的根源

为什么我们通常认为心理语词描述的是心理行为呢？维特根斯坦认为，这是因为日常语言的语法使我们形成了错误的图像。他指出，日常语言中有“表层语法”和“深层语法”之分，我们的错误图像是根据表层语法的相似性而进行类比的产物。他说：“与词的使用有关的误解，除了别的原因以外，还有来自于对语言的不同

---

① 维特根斯坦：《哲学研究》，李步楼译，商务印书馆 1996 年版，I. §293。

领域中的表达形式所作的某些类比。”[1] 例如，“思考”、“意指”、“理解”等表达式的语法与“走”、“看”和“接受”等词的语法很相近。结果语言一开始就使我们猜想在这些表达式背后有某种物质活动。由于找不到这类东西，我们就认为这是某种精神活动。这样一来，“我们就创造出这个精神世界，作为第二个看不见的影子世界，用来代替那个虚构的、找不到的物质世界”[2]。施太格缪勒（Wolfgang Stegmüller）将这种错误类比分为两种：一种是“本质主义倾向”，另一种是“日常语言把我们引入歧途”。[3] 根据第一种，我们通常认为“意指”、“理解”、“思想”等指称的是某种活动。比如，“思想”的用法在许多方面与“撕碎”的用法相似，从而我们可以说下面两个句子：

张三想到了某个人。
张三撕碎了一张纸。

而且对这两个句子我们可以提出类似的问题，并做出同样的语法变化。例如，我们可以问：

张三想到了谁？（张三撕碎的是什么文件？）
他在什么时候想到……（他在什么时候撕碎……）
他想到……时在什么地方？（他撕碎……时在什么地方？）

我们还可以把这两句话放进类似的语境，例如：

张三打算想到……（张三着手撕碎文件。）

---

① 维特根斯坦：《哲学研究》，李步楼译，商务印书馆 1996 年版，I. § 90。
② 施太格缪勒：《当代哲学主流》上卷，王炳文等译，商务印书馆 2000 年版，第 607 页。
③ 同上书，第 619 页。

一些包含有“推论”、“证明”、“得出结论”等“逻辑活动”的表达式也是如此。

“日常语言把我们引入歧途”是这样的情况，如人们通常说：既然“张三撕碎了一张纸”描述的是张三完成的一个行为，那么“张三想到了某个人”必然也描述了一个行为。描述状态（如“他感到震惊”、“他觉得出乎意料”）或描述过程（如“他越来越悲伤”、“他越来越胖”）也是如此。但在“张三想到了某个人”和其他类似的句子中，我们看不到任何动作，我们觉察不到张三怎样思考X（比如说他怎样建立或打算建立一个逻辑证明），而我们却可以看到他怎样撕碎纸或怎样着手撕碎纸。那么，在思维中所涉及的动作就不可能与身体动作完全一样，前者最多与后者类似，但前者与后者有一个重要的区别，即前者不是发生于大家都能看见的公共世界中，而是发生于只有主体本人才知道的看不见的私人世界中。于是，我们就得到了这样的一种图像：精神是一个与看得见的物质世界并存的幽灵般的第二世界。维特根斯坦说，这种图像像“铁钳子”一样把我们夹住，“我们不可能解脱出来，因为它就在我们的语言之中，而语言似乎执拗地要向我们重复这幅图画”①。但事实上，在心理活动的过程中，我们只是在同语法上的虚构打交道。

当然，维特根斯坦考察心理语言游戏的目的，不是要否认感觉经验的存在，也不是要寻找心理事件与物理事件之间的同一关系，而是要揭示日常心理语言使用中的误用现象。他说：

> 我们不会提出任何一种理论。在我们的考察中必须没有任何假设性的东西。我们必须抛弃一切说明，而仅仅代之以描述。这种描述是从哲学问题中得到光明，也就是说，得到它的目的。这些问题当然不是经验的问题；它们是通过察看我们语言的工作情况得到解决的，而且还是以这样的方式：我们是顶着误解它的冲动而认识到它的。这些问题不是通过提供新的经

---

① 维特根斯坦：《哲学研究》，李步楼译，商务印书馆1996年版，I. §115。

> 验，而是通过对我们一向知道的东西的整理安排而得到解决的。哲学是一场战斗，它反对的是用我们的语言作为手段来使我们的理智入魔。①

可以说，“语言游戏”这个概念涵盖了语言群体、语言行为、语言规则、语境等诸多相关项，只有结合这些相关项，深入考察心理语言的语言游戏，心理语词的意义才能清晰地呈现出来，一些传统的心身问题才能不攻自破。

第二节　心理语言的“逻辑地理格局”

如上所述，维特根斯坦认为，混淆不同的语言游戏，会造成对语言的误解，从而产生虚假的哲学问题。而在赖尔（Gilbert Ryle）看来，许多人在日常生活中都会熟练地使用一些概念，但由于不了解这些概念的“逻辑地理格局”，因此，经常把不同的语言范畴混为一谈，从而杜撰出许多虚假的哲学判断。哲学的任务就是要“从语言的习惯用法中寻找经常产生错误构造和荒诞理论的根源”②。基于此，他认为，心灵研究重要的不是提供关于心灵的新知识，而是“纠正我们已经掌握的知识的逻辑地理格局”③，确定日常心理概念在逻辑上的交叉方位，即“揭示运用这些概念的命题的逻辑……去表明，它们与哪些其他命题相一致或不相一致，从它们得出什么命题，从什么命题可以得出它们”④。

一　机器中的幽灵

赖尔认为，大多数人坚持的关于心灵的逻辑地理格局是笛卡尔

---

① 维特根斯坦：《哲学研究》，李步楼译，商务印书馆 1996 年版，I. § 109。

② 转引自约翰·巴斯摩尔《哲学百年·新近哲学家》，洪汉鼎等译，商务印书馆 1996 年版，第 496 页。

③ 吉尔伯特·赖尔：《心的概念》，徐大建译，商务印书馆 2005 年版，第 1 页。

④ 同上书，第 2—3 页。

式的心身二元论。他称之为“官方学说”。这种学说大致包括如下主张：

- 除白痴和婴儿外，每个人都有一个躯体和一个心灵。躯体和心灵通常是结合在一起的，但在躯体死后，心灵可能继续存在并发挥作用。
- 躯体存在于空间之中，受机械法则支配；心灵不存在于空间之中，其活动不服从机械法则。
- 躯体的过程和状态是公开的，可以被外部观察者看到；心灵的状态和过程是私密的，不能被外部观察者看到，只能由自己通过内省直接认知。了解别人的心灵，只能借助于他们的行为与自己行为的相似性进行类推。
- 人们对物理世界中发生的事件可能不会确知无疑，但对当时自己心灵中发生的事情却是确知无疑的。

总之，“一个人的一生有两部并行的历史，一部历史由他的躯体内部发生的事件和他的躯体遇到的事件所构成，另一部历史由他的心灵内部发生的事件和他的心灵遇到的事件所构成。前一部历史是公开的，后一部历史是私密的。前一部历史中的事件是物理世界中的事件，后一部历史的事件是心理世界中的事件。”[①] 由这种心身体系推出的一个结果就是：人们无形中规定了一种解释日常心理概念的特定方式。我们在日常生活中用动词、名词和形容词来描绘别人的才智、性格和行为，而且认为这些动词、名词和形容词表示的是他们的私密历史中的特殊事件或表示发生这类事件的倾向。

> 当我们说，某人知道、相信或猜测某事，某人希望、惧怕、意欲或逃避某事，某人计划了此事或对彼事感到有趣，人们便认为，这些动词指示了这个人的（对我们来说是）隐秘的意识流中的一些特定变化的出现。只有他自己在直接的意识和内省中对于这种意识流的特许的感受才能提供可行的证据，

---

① 吉尔伯特·赖尔：《心的概念》，徐大建译，商务印书馆2005年版，第5页。

> 证明这些心理行为动词用对了或用错了。旁观者，不论他是教师、评论家、传记作家或朋友，都永远无法确信，自己的评论道出了哪怕是一点真相。①

但是，我们事实上都知道怎样作这类评论，怎样根据普遍的正确标准来作这类评论，怎样在它们发生混淆和错误时予以纠正，所以哲学家们觉得有必要制定关于心灵的本质和位置的理论。他们发现，人们是在规范有效地使用心理概念的，因而想制定这些概念的逻辑地理格局。但是由这种“官方”理论所提供的逻辑地理格局却导致了这样的结论，即我们在描绘和开导他人的心灵时不可能规范而有效地使用这些心理概念。

赖尔将这种官方学说贬称为“机器中的幽灵说”。他认为，这种学说是完全错误的，而且还不是枝节上的错误，而是原则上的错误，是范畴错误。他说：

> 它表述了内心生活的一些事实，似乎这些事实属于一种逻辑类型或逻辑范畴（或者一系列类型或范畴），但实际上它们属于另一种逻辑类型或逻辑范畴。因此，这个教条是哲学家的一个神话。②

二　范畴错误

一个概念所属的逻辑类型或逻辑范畴就是合乎逻辑地使用这个概念的一套方式。所谓范畴错误，就是用属于一种范畴的概念去表达另一种范畴内的事实，或者把一个概念放进本来不包括它的范畴中去。赖尔用了很多例子对“范畴错误”的含义进行了说明。例如：

---

① 吉尔伯特·赖尔：《心的概念》，徐大建译，商务印书馆 2005 年版，第 9 页。

② 同上书，第 10 页。

一个人第一次到牛津大学参观，他先后参观了各个院系、图书馆、运动场、博物馆、办公楼，但是最后他却问：大学在哪儿？

一个小孩观看一个师的阅兵分列式，他看到步兵营、炮兵连、装甲兵连的方阵依次走过，但结束时他却问：师的方阵在哪儿？

一个人观看一场板球比赛，别人把投球手、击球手、外场员、裁判员和记分员各自的职能告诉了他，但他却问：谁负责协作精神呢？

赖尔指出，这三个人都犯了范畴错误，他们都把本不属于一个范畴的东西放到了同一个范畴中。他说："上述几个范畴错误的例子具有一个必须予以注意的共同特征。这类错误是那些不知道怎样使用大学、师和协作精神这样的概念的人所犯的。他们的困惑不解起因于没有能力使用英语词汇表中的某些词项。"①

那么，笛卡尔式的二元论犯了什么样的范畴错误？心理语言的正确的"逻辑地理格局"又是怎样的？为了回答这些问题，赖尔对事件范畴和倾向范畴进行了区分。所谓事件，就是发生在时间和空间中的可以观察到的状态、活动和事情。而倾向是指行为方式，即在某个条件下以某种方式行动或反应的能力、趋势或可能性。从语句的逻辑形式来说，关于事件的语句（即事实陈述）是"范畴陈述"（categorical statement），关于倾向的语句（即倾向陈述）是"假言陈述"（hypothetical statement）。以下面五个句子为例②：

（1）一只苹果正挂在树上；
（2）苹果服从万有引力定律；
（3）我剪断它的柄；
（4）苹果因为万有引力掉到地上；
（5）苹果掉到地上因为它的柄被剪断了。

① 吉尔伯特·赖尔：《心的概念》，徐大建译，商务印书馆2005年版，第12页。
② 参阅张庆熊等《二十世纪英美哲学》，人民出版社2005年版，第193—194页。

（1）、（3）、（5）属于“范畴陈述”。它们都报道了发生的事情，对它们人们可以提问所涉及的事件“何时发生”、“在何地发生”、“用了多长时间”等问题。（2）属于“假言陈述”。对这样的句子不能提问什么时候、在什么地点发生了什么事情。它的意义在于它是一条推论规则，能用来预测将要发生的事情。这个句子所断言的是，如果因为某种原因苹果没有被挂住，它就会按照万有引力定律掉下来。由此，人们可以这样预测：如果有某事发生了（苹果挂不住了），那么另一件事就会发生（苹果将会掉下来）。（4）既不属于“范畴陈述”，也不属于“假言陈述”，因为它既报道了事实（苹果掉到地上），又用推论规则对这一事件进行了解释，赖尔将这类陈述称为“半假言陈述”或“混范畴陈述”。要特别注意的是，（4）和（5）中都有“因为”这两个字，但它们各自的逻辑作用是不同的。在（5）中，苹果掉下来是按照“原因”来解释的；而在（4）中，苹果掉下来是按照法则来解释的。赖尔认为，凡要称之为“原因”的，必须是发生的事情。如台球滚动的原因是另一个球撞击它，剪断苹果柄是苹果掉下来的原因。但万有引力并不是一个事件，它并不发生。提到万有引力来解释苹果的下落就是根据法则来解释它。

赖尔指出，如果把这些不同类型的陈述在逻辑范畴上混淆起来，就犯了“范畴错误”，就会导致错误的结论。笛卡尔二元论就是由于混淆了上述三类陈述，把倾向当成事件、把法则当成规律而犯的“范畴错误”。

三　笛卡尔二元论所犯的范畴错误

赖尔认为，二元论之所以犯了“范畴错误”，是由于笛卡尔内心的两种彼此冲突的动机所致。一方面，他是一位科学家，对物理学的原则深信不疑；另一方面，他又是一位虔诚的信徒，不愿像霍布斯那样把心灵看成是复杂的钟表装置，但他又没有描述心灵的恰当语词，因此，在自然科学特别是物理学的影响下，他只得根据物理世界的图景来类比心理世界，杜撰一些与力学语法对应的词汇来描述心灵。

笛卡尔等人认识到，人的思维、感受和意向行为与躯体以及外部世界的其他物体是不同的，确实不能只用物理学、化学和生理学的语言来描述，但在物理学不可一世的时代，人们所拥有和相信的语法只有力学的语法，因此他们不得不用物理语言的否定形式来描述心灵的活动，说它们不存在于空间之中，不是运动，不是物质的变化，无法为大家观察到；心灵不是钟表装置，而是非钟表装置。既然描述心理行为的语词表示的不是机械过程，那么，它们表示的就必然是非机械的过程；既然力学法则把空间运动解释为其他空间运动的结果，那么，必定有其他的某种法则把一种非空间的心灵活动解释为其他的非空间的心灵活动的结果。虽然躯体的某些活动是一些机械性原因的结果，但它的其他一些活动必定是一些非机械性原因的结果。也就是说，它的某些活动源于物理微粒的运动，而另一些活动则源于心灵的活动。

> 于是，物理的东西与心理的东西之间的区别就被说成是由“事物”、“材料”、“属性”、“状态”、“过程”、“变化”、“原因”和“结果”等范畴所构成的共同框架内部的区别。心灵是一些事物，但这类事物不同于躯体；心理过程是一些原因和结果，但这类因果不同于躯体的运动。如此等等。[①]

赖尔指出，笛卡尔弄错了他的问题的逻辑。他不是去问人们在区分有才智的行为与缺乏才智的行为时根据的是什么标准，而是把机械性质的因果关系作为基本的参照系，因此尽管他认为这个问题不是一个力学问题，但却认为它必定是一个力学的某种对等物的问题，于是他就把心理学作为了力学的对应物，由此而形成的理论实际上是一种“副机械论假说”（para-mechanical hypothesis）。

---

① 吉尔伯特·赖尔：《心的概念》，徐大建译，商务印书馆2005年版，第14页。

四　重新勘定“心理的逻辑地理格局”

既然笛卡尔留下的这个神话是范畴错误所致，那么戳穿它就不是要否定事实，而是要对事实进行重新配置，确定心理概念在逻辑上的正确方位。赖尔从不同角度对各种心理概念进行了分析。

以“理性”为例。笛卡尔主义者认为，理论思维是心理行为的核心，心灵的首要活动是寻找问题的答案，其他的活动不过是应用经过深思熟虑而取到的真理。在他们看来：

> 获得关于各种真理的知识的能力是心灵的本质特性。至于人的其他机能，只有当人们能够表明它们可以为理智对于真命题的把握所指引时，才能划归为心理机能。具有理性乃是能够认识到各种真理以及它们之间的各种关系。因此，合乎理性地行事乃是使一个人的各种非理论性的天然倾向为他对于各种为人处世的真理的领悟所控制。①

赖尔将这种认为理论思维是心灵的首要活动，理论思维在本质上是一种私密的、默不出声的或内在的活动的观点戏称为“唯理智论者的传奇”。他认为这种看法是机器中的幽灵说的主要支柱之一。根据这种传奇，人的理性行为是边做某事边思考正在做的事情，是在做两件事情，即先考虑某些适当的命题或处方，然后把这些命题或处方付诸实践，或说是“搞一点理论并且接着搞一点实践”②。

事实上，理论活动（或理智）只是理性行为的一种类型，即“知道那个事实”（know that），理性行为的另一种类型是智力（intelligence），即“知道怎样做”（know how）。理智并不是智力活动的前提，许多理性活动既不是理智的活动，也不是理智活动的结

---

① 吉尔伯特·赖尔：《心的概念》，徐大建译，商务印书馆2005年版，第23页。
② 同上书，第26页。

果。相反，大多数理性行为倒是智力行为。赖尔说：

> 精明的活动与笨傻的活动之间的区别不在于它们源出于什么，而在于它们具有什么样的做法，实践活动是如此，理智活动同样也是如此。“具有智力的”不能用“理智的”来定义，“知道怎样做”不能用“知道那个事实”来定义；“思考我正在做的事情”并不意味着“既在思考所做的事情又在做这件事情”。当我借助于智力做某件事时，亦即当我思考我正在做的事情时，我在做一件事而不是在做两件事。我的行为具有一种特定的做法和方式，而不是具有一些特定的先行事件。①

“知道怎样做”是一种倾向。它的运用是遵守某种规则或法规或运用某种准则，但这种运用不是先在理论上承认箴言而后把箴言付诸实践的前后相继的两个活动。从语句的逻辑形式看，心灵不是不可检验的范畴命题的论题，而是可检验的假言命题或半假言命题的论题。

什么是“倾向性”？“具有一种倾向性②特性并不是处于一个特殊的状态，也不是经历了一种特殊的变化；具有一种倾向性特性乃是必定会或易于处于一种特殊的状态，或必定会或易于经历一种特殊的变化，只要实现了一种特殊的条件。”③ 例如，玻璃的易碎性不在于它在某个特定的时刻实际上破碎了，它易碎但可能从未破碎。说它易碎是说，如果它在任何时候受到打击或扭曲或曾经受到了打击或扭曲，它就会破成碎片或已经破成了碎片。

不难看出，唯理智论者的错误就在于没有看到理性行为包括“知道那个事实”和“知道怎样做”两个范畴，以为“明智的”、

---

① 吉尔伯特·赖尔：《心的概念》，徐大建译，商务印书馆2005年版，第30页。

② 即英文中的Disposition，是赖尔等人的哲学行为主义的核心概念，通常译为“倾向”，徐大建先生把它译为“素质”，为了用语一致，本书遵照通用译法，统一改为“倾向”。

③ 吉尔伯特·赖尔：《心的概念》，徐大建译，商务印书馆2005年版，第45—46页。

“小心的”等刻画行为的形容词表示的是意识流中的特殊过程，这些过程就像幽灵似的“先行官”一样，是外部行为的隐秘原因。事实上，我们在描述一个人的心理活动时并不是在描述第二套幽暗不明的活动，而是在描述他的行为控制的方式。如果说我们解释了他的行动，这并不意味着我们从这些行动推论出了隐秘的原因，而是意味着我们把这些行动归入了一些假言命题或半假言命题。在一个人做出理性行动时，尽管他的身体在活动，他的心灵也在活动，但他并不是在两个不同的“场所”作着同步活动，也不是在用两部不同的“发动机”作着同步活动。赖尔说：

> 只存在着一种活动，但它是一种容许并且需要得到多种解释性描述的活动。我们可以说一只鸟在“飞向南方”，也可以说另一只鸟在“定期移栖”，这两种描述之间并不存在空气动力学的不同或生理学的不同，尽管它们在生物学上存在着很大的差别。与此类似，我们可以说一个人在急促不清地说话，也可以说另一个人在有道理地谈话，这两种描述之间也无须存在物理学的不同或生理学的不同，尽管它们在修辞学上和逻辑学上存在着巨大的差别。①

由此可见，心理语词表达的是人的能力或倾向，它们描述的不是“机器中的幽灵”，而是特定的行为方式。因此，心身问题不过是行为与行为方式、能力或倾向的关系，认识他人的心灵就是认识他人的行为方式、能力或倾向。

运用同样的方法，赖尔对“意志”、“情绪”、“感觉”等心理概念也进行了详尽的分析，并得出了类似的结论。他认为，只要克服范畴错误，把“范畴陈述”、“假言陈述”、“半假言陈述”正确地区分开，就可以消除机器中的幽灵说，从而避免由此而带来的各种理论难题。

---

① 吉尔伯特·赖尔：《心的概念》，徐大建译，商务印书馆2005年版，第55页。

第三节　心理语言的指称属性

近代以来，围绕着心身关系问题，二元论与（唯物主义的和唯心主义的）同一论之间展开了你来我往的“拉锯战”，但除了旗号、语词的不断翻新之外，心灵的本质问题仍然晦暗不明。丹尼特把这种状况戏称为哲学的“钟摆”。他认为，产生这种状况的原因是由于各派哲学家都把这样一种本体论假设作为当然的前提：一方面存在着心灵和心理事件，另一方面存在着身体和物理事件。因此，破解心灵之谜首先要破除这种本体论偏见。他说：“在寻找心灵问题的解决办法时，第一步是回避本体论的偏爱而思考我们谈论人的话语方式与谈论身体和其他物理现象的话语方式之间的关系。”①

丹尼特认为，虽然赖尔通过揭示心灵和物质各自的逻辑范畴，第一次打破了各种旧学说的符咒，但他没有证明其前提的合理性，他只是展示了范畴错误，而没有论证心理概念与物理概念之间为什么会有逻辑上的区别。因此，“谈论范畴和范畴错误不会使我们远离二元论的陷阱，除非我们准备以牺牲一个范畴为代价而把本体论的优先性给予另一个范畴”②。在他看来，心理语言与物理语言的区别表现为语境的差别，来自于指称方式的不同。“大体而言，表示日常中等大小的（middle-sized）物体的词语，适合的语境最大，而‘抽象的’和‘理论的’词语最受限制。我们赞同具体物甚于抽象物的这种朴素的本体论偏见，很可能就来自于这种语境范围上的不同。一个名词适合的语境越大，这种实体就越真实、越像物（thinglike）、越熟悉。”③ 英语中的普通名词在其恰当的动词语境中都表现出这种不同。例如：

---

① D. Dennett, *Content and Consciousness*, Routledge & Kegan Paul plc, 1986, p. 189.

② Ibid., p. 13.

③ Ibid., pp. 6—7.

Sit on the table.（坐在桌子上）

Sell a table.（卖一张桌子）

Covet that table.（垂涎那张桌子）

Cut the table in half.（把桌子一分两半）

显然，我们对“桌子”可以分别使用“坐”、“卖”、“垂涎”、“分割”等动词。但“机会”、“眨眼”、“立方根”、“无罪开释”等却不适合这些语境。例如，我们不能说：

Sit on the opportunity.（坐在机会上）

Sell a twinkle in the eye.（卖一次眨眼）

Covet the cube root of seven.（垂涎七的立方根）

Cut the acquittal in half.（把无罪开释一分两半）

更有甚者，有些名词适合的语境更少，甚至只适合一个语境。例如：

“for the sake of”（“为……的缘故”）中的“sake”（“缘故”）

“on behalf of”（“代表……”）中的“behalf”（“利益”）

“by dint of”（“借助……”）中的“dint”(“打击”、“力量”)

“plight one's troth”（“山盟海誓”）中的“troth”（“誓言”）

这些词语本身没有组合功能，而是被固定在惯用语中，整个惯用语是作为一个词来使用的。因此，我们不能根据“for my sake”、“on my behalf”与“for my wife”、“on my head”在结构上的相似性，对前者进行逻辑或语义分析。如果有谁想寻找“缘故”的居所，或将一个人的“利益”同一于其体温或银行存款，他就会犯类似于在观看阅兵时想寻找师的方阵的人的错误。但是，在我们眼中，思想、愿望、疼痛似乎与缘故、利益等不同，因为尽管我们看不见思想，也不能把墨水倒在愿望上，但思想就像爆炸一样会发生，疼痛就像烈火一样是剧烈的。那么，心理语词真的与“缘故”、“利益”等语词一样吗？丹尼特通过对“voice”（“嗓音”）的分析作出了回答。先看下面四个常见的说法：

“I hear a voice”（“我听到一种声音”）
“He has a tenor voice”（“他的嗓音是男高音”）
“You will strain your voice”（“你要把嗓子喊坏了”）
“I have lost my voice”（“我嗓子哑了”）

“voice”（嗓音）是什么呢？它是一种东西（thing）吗？如果是，它是什么东西？我扯着嗓子喊（strain my voice）似乎与用眼过度（strain my eyes）或扭伤了背（strain my back）一样，指的都是身体的一部分，即可能指声带。但嗓音肯定不是声带，因为嗓音可以通过电波传送，在一个人死后也可以继续在磁带上留存，声带却不能这样。嗓音是空气的振动吗？肯定不是。因为我们不能用坏（strain）、识别或失去空气中的振动。有人认为，嗓音是一种倾向，还有人说嗓音是有歧义的。但是，如果把“嗓音”这个词区分为这些不同的意义，我们就会陷入荒唐可笑的境地：磁带上刘欢的声音（在数值上）与他上周喊坏的嗓子不是同一个嗓音，他哑了的嗓音不是我认出的嗓音。那么，刘欢有多少种嗓音呢？

丹尼特指出：“嗓音不是一个器官、倾向、过程、事件、能力或像字典上所说是‘由嘴说出的声音’。‘嗓音’这个词语在其自身独特的语境中，不符合……物理、非物理的两分法，但它并不因此而是一个含糊的、有歧义的或不令人满意的词语。”① 我们没有必要步笛卡尔的后尘，在心/身问题之外再发明一个嗓音/喉咙问题。当然，我们也不可能将嗓音同一于任何物理的东西。因为，嗓音是否同一于喉咙、是否同一于肺、是否同一于气流等问题，都是一些不恰当的问题，它们根本没有答案。事实上，就像不存在

① D. Dennett, *Content and Consciousness*, Routledge & Kegan Paul plc, 1986, p. 9.

“缘故”这种东西一样，也不存在“嗓音”这种东西，一个人失去嗓音并不像丢失了一把钥匙。从语言上说，“嗓音”这样的词语只在特定的语境下才有意义，脱离了语境，它就没有任何意义了[①]。

根据上述分析，丹尼特对两类词语作了区分：一类是指称性（referential）词语，另一类是非指称性词语。他说：“我把表示、命名或指称存在之物的名词或名词化形式（nominalization）……称为指称性词语，把其他的名词和名词化形式，如‘缘故’、‘英里’（mile）和‘嗓音’，称为非指称性词语。”[②] 非指称性词语和表达式依赖于一些受限制的语境，特别是它们不能出现在同一性语境中，从而没有实体（ontic）力量或意义。也就是说，包含这类词语的句子不承诺任何实体的存在。

> 一旦我们决定一个表达式最好被看作是非指称性的，我们就把它融合（fuse）到恰当的语境中了，就像我们前面用“为……的缘故”中的“缘故”所注意到的那样。这些语境保留了它们的意义，但不能进一步作逻辑分析。[③]

当然，融合并不绝对禁止分析，它只是反对一些利用这种分析结果的解释。对于“嗓音”之类的惯用语来说，有可能产生一种“语义学”，也有可能产生一种“逻辑”。丹尼特说：“融合唯一禁止的是这样的企图，即把这种‘语义学’看作是指称性词汇的语义学的延伸，

---

① 这里，我们可以看到丹尼特与赖尔的区别。赖尔认为，提这些问题是犯了范畴错误，而丹尼特认为，这些问题根本就是误导的，不可能回答。另外，范畴错误不能涵盖所有难题，有些问题在逻辑上是正确的，但却是提错了的。例如，如果有人说：“我能坐在幸运上”（“I can sit on an opportunity”），人们通常对此的反应是：“你不能坐在幸运上，因为它不是那类东西。”丹尼特认为，这种反应尽管符合直觉，但却是错误地提出的。然而，这类惯用语可以这样简写后予以保留：“幸运”在“能坐在……”的语境中是不被接受的。参阅 D. Dennett. *Content and Consciousness*. Routledge & Kegan Paul plc，1986，p. 12，No. 2。

② D. Dennett，*Content and Consciousness*，Routledge & Kegan Paul plc，1986，p. 13.

③ Ibid.，p. 14.

将嗓音看作是由指称性表达式所指称的东西之外的一种东西。”①

那么，心理概念是指称性的，还是非指称性的？不外乎三种可能：一是所有心理概念都是指称性概念；二是所有心理概念都是非指称概念；三是心理概念是个大杂烩，有些是指称性的，有些是非指称性的。丹尼特主张，要确定是哪一种可能，不能靠臆测，而要进行详尽的研究。但研究之初我们不能带有任何本体论预设，只能在指称与非指称之间保持中立。对心理概念来说，我们可以采取一种“试探性融合”（tentative fusion）的策略，即暂时假定所有心理概念都融合于其特定的语境中，都是非指称性的，然而通过研究来确定这种假定是否正确。他说：

> 我们最初并不假定有些问题有答案，有些意义成立，物理实在名词和心理实在名词之间有某些相似性。这样一来，我们的起点是包含着将要考察的心理实在语词的句子。我们可以说，这些句子属于“心理语言之列”，我们承认它们整体而言是有意义的，因此可以为真或为假。那么，要考虑的一部分问题就是：这些句子的这些部分是否应当被归属于我们标准的语义学——是否要解除融合。更广泛的问题……是：这些句子……是否能以一种解释性的方式与完全来自于物理科学的指称范围内的句子相联系。②

丹尼特认为，如果我们把句子作为研究的起始单元，就可以避开导致传统哲学“钟摆”的预设，即认为“心灵”、“思想”、“疼痛”等都有指称。接下来通过研究，在科学语言内为心理语言的真（truth）确定充分必要条件下，最后就可以看出它们是否能够对心理现象作出充分解释。例如，对于“张三想到了北京”这个思想来说，我们的任务不是要将张三的这个思想与他的某个大脑状态同一起来，

---

① D. Dennett, *Content and Consciousness*, Routledge & Kegan Paul plc, 1986, p. 15.

② Ibid., pp. 16—17.

而是要确定使“张三想到了北京”这个句子为真或为假的条件。丹尼特声称，这项任务是在寻找一种心灵的解释，“这种解释与整个科学相一致、相统一，实际上是科学整体的一部分，但至少最初回避了在科学事物中为心理概念寻找指称对象的义务”①。

后来，丹尼特用一个思想实验更明确地表达了他的主张。假如有一个生理学很落后的部落，那里的语言与英语很相近。人们在感到劳累（tired）时，会说他们受到了没劲（fatigue）的困扰，这种没劲还有不同的种类，如心理没劲、肌肉没劲、眼睛没劲、精神没劲等，而且他们还经常说：“太多的没劲会伤害胳膊”、“腿上的五个没劲相当于胳膊上的十个没劲”。有一天，科学家来到这个部落把生理学知识传授给部落里的人，但这些人却提出了这样一些问题：没劲是否同一于身体中的某些物理状态、过程或事件？没劲在时间、空间中有无确定的位置？没劲是否是由某种材料构成的？当科学家告诉他们没有没劲这种东西时，他们立刻反驳说：“你认为不存在没劲吗？那你跑上10公里就知道有没有了。你们教给我很多知识，但没劲的知识不在此列。”丹尼特认为，这些人坚持的是一种混乱的本体论，要解决它不是靠哲学发现，而要用外交辞令。他说：“关于没劲的‘取消式唯物主义’与‘同一论’之间的选择，不是哪种‘主义’对的问题，而是哪种说话方式最适合使这些人摆脱其概念图式的一个非法产生的（misbegotten）特征。”②他认为，没劲不是好的理论实在，而只是这个部落的思维习惯。我们日常所说的信念、愿望、疼痛、经验等也是如此。“不仅信念和疼痛不是好的理论实在（像电子或神经元），而且相信p的状态也不是一个定义明确或可以定义的理论状态，这种特征——处于疼痛中——也不是一个行为端正的（well-behaved）理论属性”③。当然，并非所有的心理概念都是这样，有些可以采取类型意向主义

---

① D. Dennett, *Content and Consciousness*, Routledge & Kegan Paul plc, 1986, p. 18.

② D. Dennett, *Brainchildren*, Cambridge, Mass: MIT Press, 1998, p. 361.

③ D. Dennett, *Brainstorms*, The Harvester Press, 1981, p. xx.

或小人功能主义进行研究，为它们寻找物理基础，从而会被心理学中更好的理论实在取代，但有些根本没有物理基础，只能被取消。丹尼特强调，无论是取代还是取消，都要通过具体实例一个一个研究，具体的观点也不能推广到所有的心理实在和心理状态上。

但我们在贯彻“试探性融合”策略时遇到的第一个障碍就是传统的意向性论题。根据这一论题，使心理语句为真或为假的世界特征，是处于物理科学范围之外的，是在科学框架内不能描述或不能解释的。那么，要实施这种方法，就要回应意向性论题提出的挑战。

第四节　从意向现象到意向描述

意向性是一个古老的问题。亚里士多德等人就曾注意到心理的意向性特征。托马斯·阿奎那又对“意向的”（intentio）一词作了重新界定，用以表示心理现象渴求、指向事物的特征。他认为，“意向的”有意动层面（意欲、愿望）和认知层面（意向、指称）两重含义，前者指渴望或冲动，后者指心灵把握对象的方式和对象在认知中显现的方式。就意向的认知层面而言，意向不仅是心灵的活动方式，而且它还表明了对象的一种独特的存在方式。在他看来，人的认识有两种对象，一种是现实的客体，即认识之外的、自然存在的对象，另一种是内在地存在于心灵中的“心的”或“意向的”客体。因此，“意向性”的核心意思是意向性地存在着，指的是存在的一种特殊样态，即内在地存在于心灵中，它是一种不同于自然存在物的存在方式。不过，这样存在的对象与现实对象是有联系的，心灵借助于前者可以到达后者、把握后者。因此，内在存在的意向对象不是意向活动的终极目标，而是心灵借以到达外在现实对象的手段、中介或桥梁。由此可见，阿奎纳是从认识论和本体论两个层面论述意向性的。一方面，注意意向对象与现实对象的关系，说明认识现实客体的过程。另一方面，又重视探讨意向对象的存在方式，把它作为内在于心灵的东西[①]。

近代以来，意向性问题出现了两次复兴。第一次是由布伦塔诺（F. Brentano）发起的。他抛弃了考察意向性问题的认识论和本体论的视角，而是纯粹从心理学角度来探讨意向性的本质。他认为，世界上的现象可以划分为物理现象和心理现象，但两者的根本区别不是前人所说的是否有广延、是否能思想等，而是有无意向性。他说：

> 每一心理现象的特征在于具有中世纪经院哲学家所说的对象的意向性的（亦即心理的）内存在和我们可以略为含糊的词语称之为对一内容的指称，对一对象（不一定指实在的对象）的指向，或内在的客体性的东西。……这种意向性的内存在是为心理现象所专有的。没有任何物理现象能表现出类似的性质。所以，我们完全能够为心理现象下这样一个定义：即它们都意向性地把对象包含于自身之中。[②]

由于意向性是心理现象的独有特征，因此意向性就是心理现象的一种不可还原的特征，因为任何物理现象都不能表现出意向性，心理现象不可能是一种物理现象。人们通常将这一主张称为“布伦塔诺论题”（Brentano Thesis）或布伦塔诺的非还原性论题（Irreducibility Thesis）。

意向性问题的第二次复兴发生在20世纪下半叶，主要是由英美分析哲学家发起的[③]，主要动机是回应齐硕姆（R. Chisholm）和蒯因（W. V. Quine）的挑战。齐硕姆和蒯因认为，心灵状态与其

---

① 参阅高新民《现代西方心灵哲学》，武汉出版社1996年版，第585—586页。

② 倪梁康主编：《面向实事本身：现象学经典文选》，东方出版社2000年版，第49—50页。

③ 当然，欧洲大陆的现象学传统一直把意向性作为一个重要课题。丹尼特也承认这一点，并且指出：“尽管沿着不同的路线，但意向性问题是这两个在很大程度上相互独立——而且常常是对立——的研究传统的一个汇聚点。” D. Dennett & J. Haugland, “Intentionality,” In R. L. Gregory（ed.）*The Oxford Companion to the Mind*, Oxford University Press, 1987。

意向对象之间的关系是一种特殊的关系，很难容纳于现代逻辑学和语义学之中。齐硕姆指出，任何意向语句都符合三条标准[①]：

（1）一个简单的陈述句是意向的，如果它以如下方式使用了一个名词性（substantival）表达式（一个专名或摹状词）：这个句子及其否定式，都没有蕴涵这个名词性表达式真正适用的东西是否存在。例如，“我想要一本书”和“我不想要一本书”都没有蕴涵书是否存在，因此，这两个句子都是意向句子。

（2）任何含有一个命题从句的非复合句都是意向的，只要这个句子及其否定式没有蕴涵这个命题从句为真还是为假。例如，“我希望下雨”（“I hope that it will rain”）和“我不希望下雨”（“I do not hope that it will rain”）都没有蕴涵天下没下雨，因此它们也都是意向句子。

（3）如果 A 和 B 是指称同一个或同一类事物的两个专名或摹状词，句子 P 和句子 Q 的区别仅仅在于，在 Q 中是 A 的地方，在 P 中是 B。那么，句子 P 和句子 Q 就是意向的，如果一句子的真，加上 A 和 B 指称相同这一事实，没有蕴涵另一句子的真。例如，“孙悟空”和“齐天大圣”指的是同一个人，但从“张三相信孙悟空大闹天宫”为真，不能推出“张三相信齐天大圣大闹天宫”为真，因为张三也许不知道或不相信孙悟空就是齐天大圣。

因此，任何想把心灵与科学统一起来的人都会遇到两难处境：一方面无法把意向性或意向语句还原为物理状态或物理语句，另一方面又无法否认意向性的存在，而要承认意向性存在，就要承认有科学无法解释的现象。蒯因也指出，我们无法把关于意义（语义或意向性）的表达式严格地还原或翻译为物理科学语言。但为了维护科学的统一性，他采取了激进的行为主义立场。他说：“人们之可能接受布伦塔诺的论点，要么是认为它指出了意向表达式的不可缺少和一门自主的意向科学的重要性，要么是认为它指出了意向表达式的毫无根据和意向科学的空洞无内容。我的态度不同于布伦

① R. Chisholm, *Perceiving: a philosophical study*, Ithaca, 1957, pp. 170—171.

塔诺，我坚持第二种看法。”① 当然，他对待意向表达式坚持的是“双重标准”。也就是说，意向表达式本质上是一种“戏剧性用语”，它们根本没有描述什么实在的事件、状态或过程，从本体论上说，不存在信念、愿望和其他意向现象，但意向表达式“在实践上是必不可少的”。

面对挑战，哲学界开始关注意向性问题，并致力于提出一种与现代逻辑学和语义学相一致的意向性解释。在此过程中，英美哲学界通常采取的策略是语义上溯（semantic ascent），即从直接分析意向性现象转到分析意向表达性，转到对谈论意向状态、意向事件的语言的逻辑分析。

丹尼特也采取了语义上溯的策略。他认为，布伦塔诺论题可以分为两个部分：一是有些心理现象是“指向”一个对象的。“布伦塔诺对指向一个对象（direction upon an object）的理解是：一个人想要（want）就要想要某物，想象就要想象某物，希望就要希望某物”②。但这些“对象”不一定像物理对象那样是存在的。例如，从“我想要一辆汽车”，不能推出存在一辆我想要的汽车，从“我希望得到 10000 元钱”，不能推出存在我希望得到的 10000 元钱。布伦塔诺将这种对象称为“意向性的内存在”。二是有些心理现象是与内容、命题或意义相联系的。布伦塔诺“对与内容的关系（relation to content）的理解是：除了相信幽灵（一个指向对象的情形）之外，我们也相信着什么（believe that）、希望着什么（hope that），在这些情形中，与其说是有一个指向的对象，不如说是有一个与之相关的命题”③。

由于布伦塔诺论题把命题与心理现象的关系看成是类似于与意向性的内存在对象的关系，因此，所相信的命题就是一种与所希望的雨（hoped-for rains）、所相信的幽灵（believed-in ghosts）相同的

---

① 蒯因：《语词和对象》，陈启伟等译，中国人民大学出版社 2005 年版，第 252 页。

② D. Dennett, *Content and Consciousness*, Routledge & Kegan Paul plc, 1986, p. 21.

③ Ibid..

存在物。实际上，相信的幽灵与相信“存在幽灵”这个命题的地位是不同的。丹尼特认为，我们只根据与内容的关系，就可以不改变原意地对布伦塔诺论题进行重新表述。这种重新表述的第一步就是“将问题的讨论层次从现象提升到现象的陈述，将这种区别（指“指向一个对象”和“与内容的关系”之间的区别——引者注）转变为我们如何用日常语言描述或提及某些现象的问题”①。这样转变之后，意向性就不再是划分心理现象和物理现象的标志，而成了区别意向句子与非意向句子的标志。

丹尼特认为，齐硕姆的标准坚持了本体论中立的立场，因为它们都没有断定意向句子所关于的现象（思想、信念、愿望等）是否存在，但这些标准保留了布伦塔诺关于对象和内容的双重观点。标准（1）涉及的是指向一个对象，标准（2）和（3）涉及的是与内容的关系。在他看来，如果我们可以用命题态度句子代替对象句子（object-sentence），标准（1）就可以降低，这样我们只根据命题从句的真值和指称就能作出意向性的区别。

命题态度句子能否代替对象句子？丹尼特相信，经过适当转换，对象句子都可以变成命题态度句子或命题态度句子“家族”。例如，“I am hoping for peace”（“我希望和平”），可以转换为“I am hoping that there will be peace”（“我希望会有和平”）。“I want a wife”（“我想要一个妻子”），可以转换为“I wish that I had a wife”（“我希望我有一个妻子”）或“I want it to be the case that I have a wife”（“我想要这成为事实：我有一个妻子”）。这样一来，由于意向描述的“指称不透明性”（referntial opaque），意向对象就具有了一个特征，即对特殊描述的依赖性。这样，心理现象就是与独特的描述或命题相联系的，心理现象与物理现象的区别，就是心理现象具有内容，或者心理现象是与意义相联系的。如果改变描述、内容或意义，就会改变对象。丹尼特说：“将问题的讨论层次从现象上升到现象的陈述、从事物上升到句子的核心意义是：意向句子是

---

① D. Dennett, *Content and Consciousness*, Routledge & Kegan Paul plc, 1986, p. 22.

内涵的（非外延的）句子。”[①] 但是，通行的、满足科学话语的逻辑图式都是外延的，人们由此认为意向现象不可能还原为物理现象，内涵的意向句子不可能还原为或被释义（paraphrased）为关于物理世界的外延句子。

如何解决这种非还原性？丹尼特认为，纯粹外延的“外围主义”（peripheralist）行为科学肯定不可行，因为行为主义的失败已经作出了证明。现象学这种“自主的意向科学”也走不通，因为它的解释不彻底，难以与其他科学解释共存。在他看来，既然意向描述是内涵的，那么，首先要弄清楚这种内涵从何而来。要弄清这个问题，需要的是一种“中枢主义的”（centralist）心灵理论，即把大脑中枢状态和条件作为解释心灵的关键变量，并根据神经科学、人工智能特别是进化论，揭示这些状态是如何与意义相联系、如何具有内容的。他说：“如果可以确定与‘物理状态 S 具有含义（意义或内容）p’这种形式大致类似的、在概念上值得信任的表述式，你就走在了解决这个问题的大道上了。”[②]

如上所述，维特根斯坦、赖尔和丹尼特等哲学家都把心理语言的语义学作为研究的重点或起点，主张揭示心灵的本质，不应直接从心灵现象入手，而要先研究心理语词、心理语句的用法和意义。他们所采取的基本策略就是语义上溯。应当说，如果运用得当，这种策略对我们更深层次地洞察心灵的本质具有很大的帮助作用。

首先，语义上溯有助于澄清概念的混乱，避免出现无谓的争论，从而为有关的讨论奠定共同的基础。蒯因指出：“本体论的分歧必然包括概念结构上的基本分歧。……在我们关于本体论的基本争论能够进而翻译为关于语词和怎样使用语词的语义学争论的范围内，这个争论也许不会那么快地因陷入窃取论点的谬误而归于失败。”[③] 语义上溯可以“使讨论进入双方对所讨论的对象（即词语）和有关对象的主要词

---

① D. Dennett, *Content and Consciousness*, Routledge & Kegan Paul plc, 1986, p. 29.

② Ibid., p. 40.

③ 蒯因：《从逻辑的观点看》，陈启伟等译，中国人民大学出版社 2007 年版，第17 页。

项的看法比较一致的领域”[①]。以关于是否存在英里的争论为例。如果不上溯到谈论“英里”（“mile”）而争论有关英里（miles）的存在，可能会出现这样的情况：一个人说：“当然存在英里，只要你有1760码，你就有一英里。”另一个人会说：“根本没有英里这种东西，只有具有各种长度的物体。”第一个人可能会反驳：“难道地球和月亮是由具有各种长度的物体分开的吗？”这场争论继续下去恐怕不会有什么结果。如果上溯到“英里”这个词语，问它在哪个语境有用，对于什么目的有用，他们的讨论就可以顺利进行，而不会再陷入这个词的各种相反用法的圈套里。同样，如果我们不先弄清楚心理语词的指称方式、所指对象、语境特点，不先弄清楚包含有心理词语的句子有何意义，而一味在“心是什么”、“是物质的还是精神的”、“心灵有什么属性”等问题上纠缠不休，争论再多也不可能得出什么实质性的结论。丹尼特提到，采取语义上溯的策略，有两个明显的好处：一是可以暂时撇开“我们如何认识他人的心理状态”、“心理状态是物理状态还是非物理状态”等认识论和本体论问题，集中精力研究可以直接从公共世界中得到的心理语言，为本体论和认识论问题的研究清除迷雾、扫除障碍；二是由现象转向语言，我们就可以使用哲学家、逻辑学家和语言学家提出的许多技术和理论，使心灵研究的方法更加多样。他说：“语义上溯虽不能保证解决问题，但却会用一些方式重新表达这些问题，使之更利于最终的解决。”[②] 罗蒂（R. Rorty）也曾指出：“我们并无正当理由去开始谈论心身问题或谈论心态与物态之间可能的同一性或必然的非同一性的问题，如果我们不首先问一下‘心的’一词究竟是什么意思的话。”“我们对心的事物的所谓的直观，可能仅只是我们赞同某种专门哲学的语言游戏的倾向而已。”[③] 心理语言的语义学分析在马克思主义意识论中比较薄弱，这也是造成我们的研究长期裹足不前的一个重要原因。由于我们没有深入分析“意识”、“感觉”、“思维”、

---

① 蒯因：《语词与对象》，陈启伟等译，中国人民大学出版社2005年版，第308页。

② D. Dennett & J. Haugland, “Intentionality”, In R. L. Gregory (ed.), *The Oxford Companion to the Mind*, Oxford University Press, 1987.

③ 理查·罗蒂：《哲学与自然之镜》，李幼蒸译，三联书店1987年版，第17—18页。

“心理”、“精神”等概念的指称方式、具体用法和意义，因此，表达思想时比较笼统、含糊，有时候甚至还掉进了二元论的陷阱。例如，在阐述意识的进化时，通常的理解是经历了反映特性、刺激感应性、感觉、动物心理、人的意识等阶段，但由于这些概念的内涵不清，因此各种认知能力的内在统一性和差异性也就解释得不透彻、不连贯。特别是对于动物心理和人的意识的区别，一方面说人的意识是自我意识、反思意识，另一方面又说动物有感觉、有记忆、有表征（表象），那么动物的表征、记忆与人的有何区别，并没有说清楚。当代心灵哲学通过区分一阶表征、二阶表征和多阶表征，比较好地解决了这个问题。因此，在探讨心灵的本体论和认识论问题之前，遵循语义上溯策略，先对心理语言做一番考察，不仅必要，而且必须。只有这样，才能防止出现假问题，才能使我们面对的问题更清晰。

其次，分析心理语言的语义学，对于揭示心理概念以及日常心理观的起源有重要意义。维特根斯坦认为，我们常识的心理图像是由于日常语言的语法所致，即我们错误地把物理语言游戏当成心理语言游戏的范本，从而根据物理语言的语法建构心理语言的语法，进而形成了错误的心理图像。赖尔认为，常识的心理观是由于范畴错误所致。由于我们没有恰当的描述心灵的语词，因此，就借用物理语言来创造心理语言，用物理世界的图景来类比心理世界。丹尼特也指出，常识心理观是由于混淆语言指称方式所致，物理语言与心理语言在指称方式和语境等方面是不同的。应当说，这些分析和结论是正确的。约翰逊（M. Johnson）等人就指出：“散布在我们语言中的许多隐喻实际上来自于以身体为基础的关系，比如上与下、左与右以及内与外。如果我们不是拥有我们这样的躯体，不是活动在我们寄居的世界中，那么我们的隐喻系统和我们的整个心理装置将会大不一样。”① 杰恩斯（J. Jaynes）通过对心理语言的发生学研究，也得出了类似的结论。他说：“我们用来指称心理事件的

---

① 转引自保罗·萨伽德《认知科学导论》，朱菁译，中国科学技术大学出版社1999年版，第152—153页。

每个词语都是行为世界中的某种东西的隐喻或对应词。我们用来描述真实空间中的物理行为的形容词通过类比变成了描述心灵空间中的心理行为的词。"[①] 例如，我们常常用"敏捷"（quick）或"迟钝"（slow）评价人的思维，也常说某个人很"机灵"（nimble-witted）、"意志坚定"（strong-minded）、"意志薄弱"（weak-minded）、"心胸开阔"（broad-minded）、"城府很深"（deep-minded）、"心胸狭窄"（narrow-minded）等。"quick"、"slow"、"deep"等词语原本是描述物理属性的物理语言，后来通过隐喻才变成了心理语言。汉语的心理语词也是如此[②]。不仅如此，常识的心理图像也是类比物理世界的产物，"主观的、有意识的心灵是我们所谓的真实世界的一种类似物。它是由一种语汇或词汇域建构起来的，此域的术语都是对物理世界中的行为的隐喻或对应词。它的实在性与数学处在相同的层次"[③]。其实，恩格斯在解释原始灵魂观念的起源时曾有类似的论断。他说："在远古时代，人们还完全不知道自己身体的构造，并且受梦中的景象的影响，于是就产生一种观念，他们的思维和感觉不是他们身体的活动，而是一种独特的、寓于这个身体之中而在人死亡时就离开身体的灵魂的活动。从这个时候起，人们不得不思考这种灵魂对外部世界的关系。""思维对存在、精神对自然界的关系问题……其根源在于蒙昧时代的愚昧无知的观念。"[④] 从这些论断不难看出，原始灵魂观念源于解释、表达的需要，即要述说"梦中的景象"。但由于原始人不能正确地认识梦境、幻觉等现象，只能参照关于外部世界的认识，借助于想象、推理来构造一幅心理世界的图像，因此，这幅图像是"蒙昧时代的愚昧无知的观念"的"臆想"的产物。从上述分析可以看出，心理语词与物

---

① J. Jaynes, *The Origin of Consciousness in the Breakdown of the Bicameral Mind*, Houghton Mifflin Company, 1976, p. 5.

② 关于汉语心理语词的发生学分析，参阅高新民、刘占峰等《心灵的解构——心灵哲学本体论变革研究》，中国社会科学出版社 2005 年版，第 364—375 页。

③ J. Jaynes, *The Origin of Consciousness in the Breakdown of the Bicameral Mind*, Houghton Mifflin Company, 1976, pp. 69—71.

④ 《马克思恩格斯选集》第 4 卷，人民出版社 1995 年版，第 223—224 页。

理语词的产生方式、指称方式是不同的，它们的产生是基于隐喻、类比，它们的指称方式派生于物理语言的指称方式，由此所建构的心理观只是一种隐喻式的、拟物拟人的、前科学的心理观。

最后，从丹尼特的语义学分析，我们也可以看出他的基本取向。他认为，同一论肯定是没有前途的，因为大脑中只有神经生理状态，这些状态是用物理语言描述的，将意向状态还原为它们，就改变了主题，因为我们这时描述的是物理的东西，而不是意向的东西。退一步讲，即使心理语言与物理语言都有指称，并且相应概念的指称对象相同，但意义是不同的，就像“等边三角形”和“等角三角形”都指称同一类对象，但含义迥然有别一样。二元论也不是选项，因为它与唯物主义和现代科学世界观相悖。那么，如何在自然秩序中为心灵确定方位？在他看来，心灵与内容、意义有关，而内容、意义又与独特的描述或命题相联系，心理现象或状态实际上就是具有内容的物理现象或状态，因此，改变描述、内容或意义，就会改变主题、改变对象。正如赖尔的例子所示，我们说一只鸟在“飞向南方”和说它在“定期移栖”之间并没有空气动力学或生理学的不同，而只有生物学的不同。也就是说，这是对同一物理事件的两种不同的描述方式，一种是物理的描述，另一种是生物学的描述。我们不能将这种生物学描述下的物理事件还原为物理学描述下的同一事件，因为这样会失去其中的某种意义，从而也改变了生物学的主题。那么，研究心灵就要先从现象上升到描述，然后研究神经中枢状态，揭示意义、内容从何而来，是如何确定的，这样才能对心灵的本质作出比较圆满的解释。这也是他所倡导的“反向工程学”（backward engineering）策略、小人功能主义和异己现象学方法的目的所在，即先从人的层次确定解释对象，然后进入亚人层次，将心灵逐级分解给更愚鲁的“小人”或意向系统，最终会达到没有任何智能的物理状态，从这些过程回溯我们就可以看到智能是如何产生的，意义和内容来自于何处，心灵的本质是什么。总之，丹尼特的基本主张就是，心灵是采取意向立场对特定物理状态进行解释的产物，是人们进行归属的产物，根本没有独立的心灵和意识。

当然，语义上溯只是一种策略或拐杖，仅靠它不可能解决心灵的本质问题，要建构科学的心灵哲学，必须把语义上溯与语义下行结合起来。正是在这一点上，丹尼特与维特根斯坦、赖尔等人之间存在重大不同。他在回顾自己的研究历程时说："赖尔关于范畴错误和'存在'的不同意义的论断很诱人却没有说服力……但是我的立场也大大地受益于蒯因关于意向习用语在科学中的位置和科学作为本体论仲裁者的地位等问题的论证。我的贡献在于看清了如何把我的老师们的观点集结在一起，但我也有所超越，注意到心灵科学的实际细节——并提出一些关于那些细节的哲学问题，这些问题不仅牵涉从事那些研究的哲学家，也牵涉有关的科学家。"① 从前面的分析，我们也可以清晰地看出，维特根斯坦和赖尔是标准的语言哲学家，他们把语言分析作为哲学的目的，认为只要我们洞察了心理语言游戏的本质，纠正了传统的心理语言的"逻辑地理格局"，二元论就会消解，心身问题就会消失。而丹尼特是一位自然主义哲学家，他认为心身问题既是一个概念的问题，也是一个经验的问题，"如果心理事件是非物理的，它们就不会有物理的能量或质量，就不能以任何方式在物理世界引起变化，除非我们放弃至关重要的能量守恒定律及其衍生的一切结论"②。也就是说，二元论不仅犯了范畴错误，而且也与科学不符合。因此，批驳二元论离不开对心理现象的科学研究。只能通过对经验材料、心理学理论、大脑功能模型等的具体研究，才能对"心灵是什么"、"心灵中发生了什么"、"如何认识心灵"等问题作出前后一贯的回答，也才能提出正确的心灵理论。后来，他很少再涉及语义学问题，而是表现出越来越浓厚的科学取向，就充分说明了这一点。

---

① 丹尼尔·丹尼特：《我的哲学研究综述》，朱志方译，欧阳康主编：《当代英美著名哲学家学术自述》，人民出版社 2005 年版，第 119 页。

② D. Dennett, *Content and Consciousness*, Routledge & Kegan Paul plc, 1986, p. 3.

第三章

意向解释与科学解释

在日常生活中，我们可能不懂物理学、化学等具体科学，不知道夸克与胶子、中子与电子有何区别，但不管是硕学鸿儒还是平民百姓，几乎每个人都相信对心灵非常了解，在解释人、动物等的行为时，都能正确地使用“信念”、“愿望”、“目的”等意向概念。可以说，我们每个人都是杰出的“民间心理学家”。这种解释、预言实践对于我们的正常生活至关重要。没有它，我们就不能传情达意；没有它，科学研究和日常交流将举步维艰。福多（J. Fodor）就曾指出：“除了用信念、愿望等心理学词汇，我们不知道如何解释我们自己。”① 但是，会做是一回事，知道会做的理由、根据是另一回事。那么，我们何以具有这种既可靠又不费力的能力呢？我们向自己或他人归属信念的原则是什么？我们的日常解释、预言何以可能？另外，物理的世界如何会有信念、愿望、利益、目的呢？意向解释与科学解释如何保持一致？丹尼特认为，哲学研究的重点不在于得出什么稳定可靠的结论，而在于提出一种新的视角、新的思维方式，借助这种视角，我们可以更好地透视心灵的本质，在自然界中为它安排位置。为此，就要深入考察我们日常的解释、预言过程，只有从这个过程我们才能发现日常心理解释的规则、理由和根据。

---

① J. Fodor, *Psychosemantics*, The MIT Press, 1987, pp. 9—10.

第一节 三类意向心理学

自冯特（W. Wundt）将心理学从哲学母体中分离出去以来，心理学家通过实证研究揭示出许多行为规律，提出了各种行为解释理论，特别是20世纪50年代中期兴起的认知心理学运用信息加工观点，通过将人脑与计算机进行类比，研究认知活动的结构和过程，极大深化了人们对行为的内部机制的认识。在这个过程中，有些常识解释被证伪了。那么，随着科学心理学的发展，是不是所有的常识解释都要遭此厄运？要回答这个问题，首先得弄清楚常识解释的实质。

一 民间心理学

当代心灵哲学通常把常识心理解释称为民间心理学。“民间心理学”是比照“民间医药学”、“民间物理学”等而提出的一个新概念，指的是普通大众所具有的依据信念、愿望等命题态度解释、预测行为的心理资源。它潜藏于每个正常人的心理结构之中，显现于对行为的解释、预测实践中。但要特别注意，民间心理学不是心理学的分支，也不是写于书本、为专家们所坚持、讲授的学说，而是自发流传于大众之中的、用命题态度解释和预测行为的常识，因此也常被称为常识心理学或命题态度心理学。

对于民间心理学的存在形式，即人们在归属心理概念、解释预测行为时所诉诸的心理资源是什么，目前主要有三种看法：一是“理论论”（theory-theory），认为民间心理学是一种根据刺激或假设的心理状态与行为之间的因果关系来解释行为的理论或知识体系，它由一系列存在命题（如人是有理性的存在者；人有心理活动等）、普遍原则（如心理状态与刺激、反应之间有因果关系）和理论术语（如“信念”、“愿望”）组成。二是“模仿论”（simulation-theory），认为人们在解释和预测行为的过程中借助的不是理论，而是模仿或“移情”，即通过想象“进入”被解释者的情境，设身处地模仿他们的内在过程，从而对其行为作出身临其境的解释和预测。三是“混合论”，认为在人们解释和预测行为的过程中起作用的民间心理学是理论与模仿能力的混合。丹尼特也承认民间心理学作为一种理论资源在人们解释、预言行为时起着基础和原则的作用，但它与专业化的思想体系不同，与其说它是一种民间理论，不如说它是一种民间的技艺（craft）①。他说：“我们学会了将民间心理学用作一种有民间风格的社会技术、一种技艺；但我们不是自觉地把它作为一种理论而学习的……在这方面，我们的民间心理学知识类似于我们母语的语法知识。”②

哲学家一般认为，民间心理学与科学心理学担负着同样的使命，即都是一种行为理论，要解释人、动物等的行为。但对于民间心理学能否胜任，人们存在很大分歧。像福多这样的意向实在论者认为可以胜任，而丘奇兰德等取消主义者则认为不能胜任。丹尼特通过与民间物理学的类比，对此进行了说明。

民间物理学（folk physics）就是普通人具有的解释、预言外部世界物体运动的知识。如水向低处流；拿鸡蛋碰石头，一般是鸡蛋破等。民间物理学的解释不是普遍有效的，但有些解释会借助实验被科学物理学证实。因此，有人说，科学物理学是民间物理学的高级形式，能够被科学实验验证的民间物理学解释会被接纳进科学物理学，否则就会被取消。也就是说，民间物理学的命运只能是要么还原为科学物理学，要么被科学物理学取消。很多哲学家认为，科学心理学也是民间心理学的高级形式，民间心理学解释要么还原为科学心理学，要么只能被取消。

这种看法中实际上隐含着两个前提：一是民间理论和科学理论是同质的，它们的原理具有相同的逻辑地位，即都是因果规律解释。二是确定民间理论是否为真要通过实验研究。丹尼特也承认，

① D. Dennett, “Two Contrasts: Folk Craft versus Folk Science, and Belief versus Opinion”, In J. Greenwood (ed.), *The Future of Folk Psychology*, Cambridge University Press, 1991, pp. 135—148.

② D. Dennett, *The Intentional Stance*, The MIT Press, 1987, p. 46.

对于民间理论中好的东西与坏的东西、本质的东西与没有根据的东西来说，一种识别的方法是看看为了说明其在日常解释或预言上的成功，它里面必须包含什么东西。如果最终证明民间心理学是一种坏的理论，我们就可以抛弃民间心理学及其假定的理论实在。但要抛弃民间心理学，我们就得用另一种理论来取代它，这种理论要具有民间心理学的解释和预言能力。不过，他并不接受上面的两个前提。他说，作为一种民间技艺，民间心理学是一个“混杂物”（hodge-podge）[①] 或“大杂烩”（mixed bag）[②]，它的原则并非全是同质性的，而是具有不同的逻辑特征，有的是“因果的”，有的是“概念的”。例如，如果你想要 x，并且相信做 p 就可以得到 x，那么在其他条件不变时，你就会做 p。这种解释不是一种经验的解释，而是一种合理化解释，是关于自主体（agent）的概念解释。如果某个人的行为多数时间不符合这一原则，我们不会说这条原则错误，而会说这个人可能不是一个自主体。丹尼特认为，由于哲学家们没有认识到民间心理学的这种混杂的特征，而把它的所有原则都看作是同质的原则，因此才会提出非还原即取消的错误主张。

基于这一分析，他主张把民间心理学划分为两类：意向系统理论（intentional system theory）和亚人认知心理学（sub-personal cognitive psychology）。这种划分反映了丹尼特的两个关键思想：一是一部分民间心理学是不可取消的，通过意向系统理论的规范，它可以对自主体的行为作出合理化解释。二是还有一部分民间心理学要由经验事实来确定。也就是说，他承认民间心理学中有经验的因素，科学心理学可以将之提升为科学原理。

应当说，这种划分既反映了日常心理解释的实际，又符合民间心理学的特征。一方面，在日常生活中，我们无时无刻不在用民间心理学解释和预言自己和别人的行为，民间心理学已经成了我们的“第二天性”。当然，民间心理学有缺陷，例如，用它难以解释一

---

① D. Dennett, *Brainstorms*, The Harvester Press, 1981, p. xiv.

② D. Dennett, *The Intentional Stance*, The MIT Press, 1987, p. 55.

些反常的行为（如精神病人的行为），而且日常解释的可靠性、准确性也不太高，我们还经常用不同的信念和愿望来解释同一行为，这些解释还都说得通，这时用民间心理学无法确定哪一个更好。但是，民间心理学也有巨大的优势。首先，它的预言力在很大范围内非常可靠。例如，我们坐车上班，通过提及司机的心理状态，如他相信车况良好、他希望按正常路线行驶、他知道自己的职责等，就可以非常准确地预言：这辆车会把我们带到目的地。其次，民间心理学有很大的生成力（generative power），效率很高。例如，观看电影《赌神Ⅱ》，我们看到赌神高进在赌场第一次遇到杀妻害子的仇人仇笑痴时，仍强压怒火对着他微笑，我们由此可以毫不费力地预言：高进暂时不想暴露身份。最后，一个人即使没有多少社会经验、对大脑的神经生理学一窍不通，也能熟练地用民间心理学进行解释和预言。因此，如果民间心理学被取消了，我们如何解释它的这些预言力呢？

另一方面，很多哲学家都提到，民间心理学的一个重要特征是：它的解释是一种给出理由（reason-giving）的解释。日常心理解释不仅描述了行为的起源，还解释了行为的合理性。丹尼特说："民间心理学最好被看作是关于解释和预言的一种理性主义的演算（calculus）——一种理想化的、抽象的和工具主义的解释方法。"[①] 它是理想化的，是因为它的预言和解释是以规范化的方法进行的，是通过确定我们应当有什么样的信念、愿望和行为来预言我们会（will）相信什么、愿望什么、做什么；它是抽象的，是因为它所归属的信念和愿望不一定被看作是引起行为的真实的内部状态；它是工具主义的，是因为信念这个概念的作用与引力中心这个概念的作用相似。它不是描述实在及其属性的科学概念，而是在行为的解释和预言中起工具作用的工具主义概念，其地位类似于力的平行四边形中的线，线不表示力，但可以使我们由此计算力的关系。因此，"人们真的有信念和愿望，就像他们真的有引力中心，地球真

---

① D. Dennett, *The Intentional Stance*, The MIT Press, 1987, p. 48.

的有赤道一样"[①]。也就是说，信念、愿望等只是在解释和预言行为时的一种"理想化的虚构"，描述人的信念和愿望，不是描述了某种物理实在，而只是像拨动了算盘上的算珠。算珠并不是真实的数量关系，因而拨动算珠并不是拨动了真实的存在，但这种对算珠的拨劝有助于我们认识真实的数量关系。同样，描述和说明信念、愿望等并不涉及任何真实的过程和状态，但这碰巧使我们解释和预言了人的真实的行为。既然民间心理学具有这样的特征，我们怎么能将它还原为经验的、具体的科学呢？

丹尼特的这种划分，是其早期在解释疼痛时所引入的人/亚人（personal/ sub-personal）之间区别的延续[②]。人的解释层次涉及的是整个人的行动、感觉、思想等，亚人的解释层次涉及大脑各个系统之间的信息传递、神经生理过程。他的用意是想将日常的解释与科学解释统一起来。就疼痛而言，如果问你是否疼、疼在哪里、疼得怎么样，你很容易说出来，这是你的基本能力。但如果问：你怎么会感到疼痛、怎么能知道疼在哪里？通常，我们只能说我只是知道，难以作出进一步的解释。丹尼特说：

> 当我们说一个人有一种疼痛感觉，对它进行了定位并以某种方式作出反应时，我们就说出了在这个词语的范围内要说的一切。我们可以要求进一步解释一个人是如何碰巧把手从火炉上缩回来的，但我们不能要求对"心理过程"词语作进一步解释。……如果我们要寻找别的解释模式，就必须放弃关于人及其感觉、行动的解释层次，而转向关于大脑和神经系统事件

---

① D. Dennett, *The Intentional Stance*, The MIT Press, 1987, pp. 52—53.

② 丹尼特说，他关于人/亚人划分的灵感来源于维特根斯坦和赖尔。但他们开创的心灵哲学主要是分析在人的层次上使用的概念，而没有涉及亚人层次。他说："从赖尔对'副机械论假说'的批判和维特根斯坦经常令人吃惊的主张——解释结束得比我们所认为的要早得多——得出的警示是：人的层次与亚人的层次千万不可混淆。"维特根斯坦和赖尔的解释仅停留于人的层次，而没有考虑亚人层次，因为他们认为转向亚人层次就会改变主题。丹尼特认为，只关注人的层次是远远不够的。参阅 D. Dennett. *Content and Consciousness*. Routledge & Kegan Paul plc, 1986, p. 95。

的亚人解释。[①]

但放弃人的解释层次，也就放弃了疼痛这个主题，因为我们这时所解释的不是疼痛，而是躯体的运动或神经系统的结构、过程等。当然，疼痛也不能还原为这些运动或过程，因为关于“疼痛”的解释是非机械论的解释，而躯体运动和神经生理过程的解释是机械论的解释，将两者等同是不合理的。那么，既然有两种不能等同的解释，我们就要解释两者是如何联系的。丹尼特说：

> 认识到存在两个解释层次，就产生了将它们联系起来的义务，而且这不是哲学界之外的任务。事实上疼痛与神经脉冲或者信念与神经系统之间并非没有什么关系，因此，将这些机械的或物理的问题设定为哲学家的禁区，不会阻止这些关系是什么这一问题的产生。[②]

丹尼特认为，在某种意义上，疼痛与神经脉冲之间确实没有什么联系，因为“疼痛”没有指称。但是即使心理语词与物理语词的指称方式不同，我们仍要回答：关于疼痛的话语与关于神经脉冲的话语有什么关系？如果没有关系，我们的意向解释能力就是一个谜。丹尼特承认两者之间有联系，但他在早期的研究中只是强调两者不是还原关系，而没有对这种关系作进一步的解释。

这里的意向系统理论和亚人认知心理学的划分与人/亚人的区分类似，不过，丹尼特早期关注的对象是人，而在将民间心理学划分为意向系统理论和亚人认知心理学，以及关于三种解释战略的划分中他关注的对象是一般的意向系统，它们不仅包括人，还包括动物、计算机等。更重要的是，这里丹尼特不仅作出了这样的划分，还解释了它们之间的关系。

---

① D. Dennett, *Content and Consciousness*, Routledge & Kegan Paul plc, 1986, p. 93.

② Ibid., p. 95.

二 意向系统理论

意向系统理论实际上就是第二节将要介绍的意向立场，丹尼特将之称为能力（competence）理论、黑箱理论或整体论的逻辑行为主义。也就是说，他将系统的具体实现（realization）看作是黑箱，然后根据信念、愿望来解释和预言整个系统的行为。在意向系统理论中，“意向归属的主体是整个系统（人、动物，甚至是公司或国家）而不是它的任何一部分”①。而且，我们也不能孤立地归属信念和愿望，而要把由其他信念、愿望构成的整个网络作为背景。丹尼特说：“这种理论处理的是新的信念和愿望的‘产生’，而这是通过旧的信念和愿望、环境特征以及系统的行动之间的相互作用进行的。”② 但意向系统理论并不是对系统内部的加工机制和过程的自然主义描述。描述意向系统的信念、愿望，并不是指称了系统内部的某种状态、过程。也就是说，在抽象的层次上研究信念、愿望时，人们不考虑系统的实现问题，而只是摆出系统设计的规范性要求。例如，我们可以问：“一个系统要在A环境中生存，它必须有什么样的认识能力和习性？”“这个系统要能够学习B，它必须已经知道了什么？”“这个系统要想用某句话意指某物，它必须有什么意向？”等等。丹尼特指出：“意向系统理论仅仅处理相信者的行动规范，但对这些系统是怎样实现的保持沉默。”③ 他认为，对系统的实现保持中立是意向描述最有用的特征。例如，如果我们要解释某种复杂行为能力的进化，我们就必须注意到它是一种有生存价值的能力，而不会考虑它是怎样作为某种变异的结果而产生的。如果看到环境中某种害虫特别多，我们就可以预言：具有生存优势的鸟类或蝙蝠可能“相信”这些虫子不好吃，这时我们不会考虑鸟类与蝙蝠之间在生理上的差异。当然，如果要说明意向系统是怎

---

① D. Dennett, *The Intentional Stance*, The MIT Press, 1987, p. 58.

② Ibid., p. 58.

③ Ibid., p. 59.

样实现的，其微观的结构和过程是什么样子，就要转换到亚人认知心理学。

三　亚人认知心理学

亚人认知心理学类似于后面提到的设计立场，丹尼特称之为执行（performance）理论。它的主要任务不是解释意向系统做什么，而是解释意向系统的实现机制，说明由物理部件构成的意向系统何以能产生其行为，或者说，是解释如何从句法得到语义，解释大脑何以能从“句法机”（syntactic engine）变成“语义机”（semantic engine）。

丹尼特认为，系统的句法本身不能确定它的语义，但借助于系统的环境和内部状态的结构与语义类型之间偶然的对应关系，我们可以设计一个系统，它能够趋近（approximate）语义、模拟语义机的行为。例如，就动物实现其发现食物、消化食物的目标来说，大自然在它们身上设置了一个探测器，它可以探测到喉咙里有摩擦之后，胃随之就会扩张。这种探测器类似于由简单的机械条件控制的开关。在通常情况下，这些机械条件是与动物上述目标的满足共生的。借助这种简单的装置，动物就知道什么时候该吃、什么时候不该吃。同样，为了过滤网上的有害信息，我们需要设计一个过滤器。过滤器本身不可能理解有害信息的语义，但我们通过取样分析，找出有害信息的句法特征，然后设计一个能分辨这些句法特征的过滤程序或过滤装置，就可以达到过滤掉有害信息的目的。比如，对于一条恐吓信息来说，如果一台机器可以分辨包含这样一些字词的句子，如“……我要杀了你……”“……你……死……除非……”等，它就可以过滤掉很多恐吓信息。丹尼特说：“对于建造一台句子理解机来说，这是一个没有指望的开端，但如果你想从句法……得到语义，这个基本战略的各种变化形式是你唯一的希望。”[①] 可以看出，这种战略是通过辨别与意义共变（co-vary）的

---

① D. Dennett, *The Intentional Stance*, The MIT Press, 1987, p. 62.

东西来辨别意义的。

这种过滤装置可能是铁制的，也可能是塑料材质，过滤程序也可能千差万别，但为什么都叫过滤器？它们的相似性何在？丹尼特认为，这是因为我们为其贴上了“意向主义的标签”[①]。在他看来，正是由于这种意向主义标签，我们才可以把亚人认知心理学称作意向心理学，也正是由于将这种标签用于亚人认知心理学，我们才可以理解纯粹的机械装置如何能够支持意向系统的意向能力。可见，意向主义标签在协调意向系统理论与亚人认知心理学的关系中起着极其重要的作用。

四 “启发性的装饰”

丹尼特将这种贴意向主义标签的策略形象地称为“启发性的装饰”（heuristic overlay）[②]。这种策略是怎样将意向理论与亚人理论联系起来的？我们先看对收音机音量开关旋钮的两种描述：

（1）把它描述为一个分压器，它的电阻随着旋钮位置的变化而变化。在这种描述中，我们提到了分压器，但没有提到它在收音机工作时的作用。

（2）把它描述为音量开关。它与（1）中的东西是同一个旋钮，但我们现在提到了收音机的正常工作。如果收音机坏了或内部的元件失灵了，这个分压器就不再起音量开关的作用。而且，如果我们把它拆下来，安装到电路中的其他位置，它可能会起不同的作用，如作为音调调节器或微调开关等。

上面的两种描述都是亚人层次的描述，但（1）没有提到这个旋钮所支持的收音机（系统本身），而（2）提到了它在收音机中的作用（作为音量开关）。用丹尼特的话说，我们在（2）中为旋钮贴上了“意向主义标签”。之所以可以贴这样的标签，是因为我

---

① 参阅 D. Dennett，*Brainstorms*，The Harvester Press，1981，pp. 25—27；D. Dennett，*The Intentional Stance*，The MIT Press，1987，pp. 63—65，92—93。

② D. Dennett，*Content and Consciousness*，Routledge & Kegan Paul plc，1986，p. 80.

们知道收音机是什么、它的正常功能是怎样的。如果不知道这些，我们就只能说这个旋钮是与其他元件连接在一起的一个分压器。换言之，这个旋钮是不是一个音量开关仅仅是一个描述问题，是一种谈论方式，它派生于我们关于收音机、电子元件等实在的认识能力。

丹尼特认为，这种贴标签的方法对于理解机械的东西如何能够作为意向系统的基础、意向系统理论为何不能还原为亚人认知心理学非常关键。就人的心理来说，我们可以把某种神经过程或状态与信念、愿望、判断等联系起来，但这不是说这些过程或状态就是信念、愿望、判断，事实上，它们只是参照意向系统理论而贴上的"意向主义标签"，只是一种描述方式。即是说，我们在亚人层次使用意向主义标签时，并没有完全放弃意向系统理论，而是把它作为背景。没有这个背景，就没有意向状态；放弃意向系统理论，就放弃了信念、愿望、判断等主题。丹尼特说：

> 就像对外部的公开交流行为（例如用自然语言说出或写出的一句话）的解释，依赖于对说话者的信念和愿望的解释一样，对内部的亚人认知主义机制的解释，也必然依赖于完全相同的东西：整个人的信念和愿望。[①]
>
> 认知心理学家不能忽视这一事实：他们研究的正是意向系统的实现，否则，就要放弃语义解释，从而就要放弃心理学。[②]

五　还原的前景

由于贴着"意向主义标签"，意向系统理论向亚人认知心理学的还原是不可能的，但既然亚人模式的意向主义标签依赖于自主体层次的归属，那么，似乎亚人层次可以还原为自主体层次，而且这

---

① D. Dennett, *The Intentional Stance*, The MIT Press, 1987, p. 92.

② Ibid., p. 64.

种还原不会放弃心灵的主题。正是在这个意义上，丹尼特提出，我们可以将某些民间心理学还原为意向系统理论。通过与类型同一论、图灵机功能主义进行对比，我们可以更清晰地看出这种还原的实质和意义。

根据类型同一论，对于每个心灵主义谓词“M”来说，都有某个可以用物理词汇表达的谓词“P”，因此，一个生物是M，当且仅当它是P。用符号表示就是：

(1)(x)($M_x \equiv P_x$)

丹尼特将这种还原论称为带有复仇心的还原论，因为它要用共外延的谓词取代所有心灵主义谓词。根据这种还原论，如果所有人都感到疼痛，他们必须都有某种神经生理状态。如果是桌子，它们必须都是用木头做的。这显然是荒谬的。从直觉上说，我们的信念是一种功能状态，这种状态可以多种方式实现，就像桌子既可以是木制的，也可以是铁制的，还可以用玻璃制造一样。

这种认识导致了图灵机功能主义的产生。根据这种理论，对每个心理谓词“M”来说，都有某个可以用某种语言表达的谓词“P”，这种语言在物理上是中立的，但可以说明抽象的功能和功能关系。最常见的功能语言是把计算机描述为“图灵机”系统。也就是说，我们可以对任何数字计算机或程序的状态和活动作出一个数学描述，可以把它们描述为一台图灵机的状态和活动，这种描述是它的数学指纹，可以将它与所有功能不同的计算机或程序区别开。根据图灵机功能主义，公式（1）就变成了

(2)(x)($M_x \equiv$ x 实现了某个处于逻辑状态 A 的图灵机 K)

根据这个公式，如果两个人都相信“李连杰是功夫皇帝”，他们只要都处于相同的“功能”状态就行，而不必都有相同的神经状态，这种功能状态原则上可以用最一般的功能语言来说明，即他们必须都共有一种图灵机描述，根据这种描述，他们都处于某种特殊的逻辑状态。不难看出，在类型同一论中，心理谓词是向物理谓词还原，而在功能主义中它们是向图灵机谓词还原。丹尼特认为，这种还原实际上是一种“类型功能主义”，即要求每个心理类型都

同一于一个功能类型。它虽有优势，但仍然太强，因为我们每个人的天性和教养有很大差别，认为我们有“相同的程序”与认为我们的大脑有相同的生理化学特征一样是不合理的。

丹尼特提出，我们可以尝试个例功能主义（token functionism）的还原策略。根据这种策略，我们的公式被变成了

(3)(x)(x 相信 P≡x 可以被预言性地(predictive)归属信念 P)

初看起来，这个公式是循环的，没有增加新的信息，因为右边的语言似乎只是模仿了左边的语言。但是如果对公式右边的归属提出一种系统的方式，我们就可以对这个公式作出有意义的解释。我们以图灵机为例进行说明。当一个图灵机的两个不同的实现处于相同的逻辑状态时，它们的共同之处仅仅在于拥有同一个描述系统。根据它，两者都被描述为某个图灵机的实现，根据这种描述（它预言了这两个实现的操作），它们在那个图灵机的机器表中处于相同的状态。人们不会把图灵机语言再还原为更基本语言，因为通过为图灵机语言提供归属的规则、展示它的预言能力，他们证明了图灵机语言的合法性。同样，如果我们能够以类似的方法使心灵主义语言合法化，我们也不需要还原。丹尼特强调，这就是意向系统概念的中心意思。他说：“意向系统在心灵主义谓词的合法化中所起的作用，据认为类似于抽象的图灵机概念在将人造物解释为自动计算装置时所起的制定规则的作用。”①

图灵机与意向系统在理论作用上的类比很有启发性。借助它，我们可以对布伦塔诺论题作出新的解释。布伦塔诺认为，所有心理现象都表现出意向性，所有的物理现象都没有意向性，因此心理现象不可能还原为物理现象。传统认为这是一个非还原性论题。但根据意向系统这个概念，我们可以把布伦塔诺论题的前一半变成一个还原论命题，即所有心理现象都是意向现象，这与数学上的丘奇论题相似。根据丘奇论题，数学中的每个有效的算法都是递归的和图灵可计算的。也就是说，对数学上的每个问题来说，都有一个清晰

① D. Dennett, *Brainstorms*, The Harvester Press, 1981, p. xvii.

的方案（recipe），这个方案包含一些简单的算法，这些算法都可以在简单的计算机、通用图灵机中执行。丘奇论题中的有效可计算性是一个直观的而非已证明的概念，但它却被人们接受了，因为它提供了一种从模糊但有用的数学概念向定义明确的概念的还原。同样，如果每个心理现象都是可描述的意向系统，这也会为我们提供一种从日常的、直观确定的心理现象向一个定义明确的实在领域的还原，而这个领域的组织原则是熟悉的，也相对比较规范、系统。这一还原的主张与丘奇论题一样是不可证明的，但通过研究实例可以一点一点取得进展。总之，“最终的还原任务，不是要证明如何借助亚人认知心理来取消意向系统理论的词语以支持生理学的词语，而是几乎相反的情况，即证明以生理学词语描述的系统何以能保证一种解释是一个被实现的意向系统”①。

丹尼特的目标是要建立一种有科学根据、有新内容的心灵理论。他实际关注的不是还原的问题，因为他曾明确指出“它（指还原——引者注）是一个错误的目标”②。正是基于此，他才反对将他提出的这种还原称为“类型意向主义”。因为如果接受了类型意向主义，就要承认我们在谈论思想、意向等时是在指称某种真实的特征和实在，事实上日常的心灵主义语词没有这样的指称。他之所以主张将民间心理学还原为意向系统理论，主要是想通过意向系统理论，挖掘意向归属的原则，展示民间心理学的解释力和预言力，从而为民间心理学确立合法性根据，同时也为民间心理学奠定自然主义基础。他说：“这项计划如果完全成功，就会证实一种非常温和的、非教条的物理主义：所有心理事件最终都是物理事件，心理事件之间（或分享了一种心灵主义特征的人们之间）的共性通过一种描述和预言系统得到了解释，这种系统对于物理主义是中立的，但正由于此它也与物理主义完全一致。我们知道一个纯粹的物理对象可以是一个意向系统，即使我们不能证

---

① D. Dennett, *The Intentional Stance*, The MIT Press, 1987, p. 68.

② D. Dennett, *Brainstorms*, The Harvester Press, 1981, p. xvii.

明：每个意向系统原则上都可以在物理上实现，还是世上的每个直观的心理项目都可以被充分地解释为——物理地实现的——意向系统的一个特征。”①

第二节　三种解释立场

丹尼特在确立民间心理学的合法性地位时，是先把它划分为意向系统理论和亚人认知心理学，然后又借助“启发性的装饰”策略，将意向系统理论与亚人认知心理学联系起来，从而在民间心理学与科学心理学之间架起了沟通的桥梁。但这基本上还停留在“黑箱”或“灰箱”层面，关注的是心灵如何通过系统的设计而产生，对民间心理学与物理学等基础科学是如何联系的、“启发性装饰”的策略能否贯彻到微观物理层面还语焉不详，这些问题在三种解释立场②中有较为详细的解释。

一　物理立场

物理立场（physical stance）是物理科学所采用的标准方法，也是我们日常生活中经常采用的一种方法。我们从这种立场所作的解释和预言，是以预言对象的实际物理状态为基础，并运用我们所拥有的自然规律知识。例如，把石头扔出去，我们就可以预言它飞过一段距离后就会落到地上，这里我们就使用了引力的知识。原则上，物理立场适合于解释世界上的万事万物。例如，我们预言下述现象就用到了物理立场：摩擦生电，水加热会冒蒸汽，等等。对于既无生命又非人造的事物，物理立场是唯一可行的策略。而人造的

---

① D. Dennett, *Brainstorms*, The Harvester Press, 1981, pp. xviii—xix.

② 丹尼特曾提到将人的立场（personal stance）作为第四种解释立场，“人的立场预设了意向立场（注意：意向立场没有预设更低的两个立场），而且好像……是道德承诺与意向立场的结合”。他提出这个立场的目的是为了协调机械论与责任（responsibility）之间的关系，即探讨道德问题而不是一般的心理解释问题，而且对前三种立场之间关系的分析也适用于人的立场，因此这里不具体讨论这个立场。参阅 D. Dennett. *Brainstorms*. The Harvester Press, 1981, pp. 233—255。

或有生命的事物，即使在构造上千差万别，也可以从物理立场进行解释和预言。例如，在天空飞翔的小鸟如果一直不扇动翅膀，我们可以预言它很快就会掉下来。但从实践上看，物理立场在有些情况下是不可行的。例如，预言下棋计算机的行为，我们原则上可以根据计算机的物理构造、电流脉冲进行预言，但由于关键变量数目巨大，这种预言在实践上不太可行，因此人们对它很少采取物理立场，而是采取设计立场。

二　设计立场

设计立场（design stance）是根据设计的原理和过程进行解释和预言的策略。在使用这种策略时，我们通常不考虑具体的物理规律或解释对象的物理属性，而只看解释对象的设计原理或功能。就下棋计算机来说，“如果一个人对计算机是怎样设计的（包括其临时的设计部分：它的程序）了如指掌，他就能根据程序的计算指令，预言计算机对他走出的每步棋所设计的反应。只要计算机像设计的那样运行，即没有发生故障，他的预言就是正确的”①。同样，在遇到一只新奇的闹钟时，即使我们对它一无所知，但只要我们根据说明书了解了其按钮的功能，就可以作出这样的预言：如果按下某些按钮，闹铃就会在某个时刻响起来。在作出这种预言时，我不需要把闹钟打开，察看它的物理构造、测量它的各个零件的重量、电压等，我们也不用考察它是机械闹钟，还是电子闹钟。我们只是假定它有某种特定的设计，即作为一只闹钟的设计，这种设计保证了它在正常情况下会像设计的那样工作。不难看出，设计立场依赖的是系统的功能。即是说，系统的设计会将这个系统分解为大大小小的功能部分，通过假定每个部分功能正常，就可以从设计立场进行预言。根据功能划分的层次，设计立场也有不同的层次。例如，对一台计算机，我们既可以根据不同按钮的功能进行预言，也可以依照程序预言，还可以通过察看电路图，根据晶体管等电子元件的

① D. Dennett, *Brainstorms*, The Harvester Press, 1981, p. 4.

功能来预言。设计立场不仅对于人造物有效，对于生物体也同样有效。例如，在古代，人们对植物生长、繁殖的物理、化学原理所知甚少，但都明白种瓜得瓜、种豆得豆的道理，这种预言依赖的就是种子种到地里后会怎样的设计知识。不过，运用设计立场比用物理立场风险要大，因为在根据设计立场进行预言时，我们往往预设了这样的前提：它不会出故障。但设计的东西有时候会出现误设计或功能失常，所以采用设计立场的解释和预言有时也会出错，甚至酿成灾难。但它所带来的预言上的方便远远超过了这点代价，因此它仍是一种低成本、低风险的预言捷径。

三　意向立场

意向立场（intentional stance）是指这样一种解释策略，它"把一个实体（人、动物、人造物、其他任何东西）当作似乎是以自己的'信念'与'愿望'来统率其'行动选择'的理性能动体"[①]。在采取这种立场时，主要涉及以下几个步骤："首先，你决定把要预言其行为的对象看作是一个有理性的自主体；其次，根据它在世界上的位置和目的，推测那个自主体应当有什么信念；再次，基于相同的考虑，推测它应当有什么愿望；最后，作出预言：这个有理性的自主体为了达到目的将根据其信念行动。"[②] 反过来，知道了意向系统所采取的某一行动，我们也可以把某一信念归属给它。由此可见，意向立场实质上是根据行为来确定信念的归属，反过来又用信念、愿望来解释和预言行为的策略。它的适用范围也很广。有时我们甚至会向一些自然物（如树、太阳）和人造物（如闹钟、计算机）归属信念和愿望，但对于更复杂的人造物和人而言，意向立场则是必不可少的解释策略。以各种下棋计算机为例。它们在物理层次和设计层次上千差万别，对于它们如何走棋，运用物理立场和设计立场难以预言，但只要把它们看作是有理性的自主

---

① 丹尼尔·丹尼特：《心灵种种》，罗军译，上海世纪出版集团2010年版，第25页。

② D. Dennett, *The Intentional Stance*, The MIT Press, 1987, p. 17.

体：它们想赢并且知道下棋的规则以及棋子在棋盘上的位置，我们很快就可以预言它们下一步棋可能会怎么走。具体而言，在对弈过程中的任一时刻，我们只需要看看棋盘，把计算机接下来能走的所有合法的棋招列出来，然后将它们按从最好到最坏进行分级，就可以预言它将走最好的那步棋。可见，意向立场依赖于最优化设计或合理性假设，“这个计算机程序无论如何设计，它一定设计得足够好，因而可以为这样一个好理由所打动。你在预测它的行为时，它就好像是一个有理性的能主体”[①]。因此，如果这个假设成立，而采取设计立场和物理立场的预言又不可行，我们就可以采取意向立场。

与设计立场相比，意向立场的风险更大，因为它不仅预设了没有功能失常，还预设了最优化设计或合理性。对于复杂的、有多种走向的行为或者在有机体受到外部影响的情况下，它常常会失灵。例如，对某一商店老板或政治家，我们可以用信念、愿望等概念进行描述，但前者明天究竟要买卖什么货、后者在下午的演讲中要讲哪些词，意向立场就显得力不从心了。同样，如果张三中毒或得了脑瘤，我们也不能通过提及信念和愿望来解释他的行为。但从另一方面看，这种无能可能正好是意向立场的优势所在，因为正是这种在具体实施细节上的中立性使人们可以在复杂的情况下使用意向立场。丹尼特说：“有时候，一个纯粹的物理系统可能如此复杂，然而又是如此有组织，使得我们认为把它看成好像有信念、愿望和理性，对于预言来说是方便的、解释性的，在实践上是必要的。”[②] 例如，假如美国前国务卿赖斯突然宣布自己是中国的特工。预测这一举世震惊的事件所引起的反应，物理立场或设计立场肯定无效，但我们用意向立场却可以作出许多基本符合事实的预测。如奥巴马很快会宣布成立专门的调查机构，凤凰卫视等新闻媒体会展开 24 小时不间断报道，这个事件会成为人们近期街谈巷议的主要话题，等等。无

---

① 丹尼尔·丹尼特：《心灵种种》，罗军译，上海世纪出版集团 2010 年版，第29 页。

② D. Dennett, *Brainstorms*, The Harvester Press, 1981, pp. 7—8.

论如何，我们可以断定，意向立场在大多数情况下会成为我们最好的解释和预言策略。没有意向立场，科学研究和日常交流都将寸步难行。

四　立场的转换与心灵的解释性本质

丹尼特认为："立场的选择'责任在我们'（up to us），是一个决策的问题，而不是一个发现的问题。"① 对于解释和预言来说，采取哪种立场没有什么内在的对或错，关键看哪种立场最有效、最切实可行。因此，人们可以在不同的立场之间转换。例如，对下棋计算机来说，如果我们是在与计算机对弈，就要采取意向立场；如果我们给计算机编程，就要采取设计立场；如果我们修理计算机的故障，就要采取物理立场。就人的行为来说，如果我们想尽快预言某个人会怎样行动，我们就得采取意向立场。但如果我们想了解控制他的行为的机制、条件，就要采取设计立场。通过这种立场，我们可以研究他的视觉、记忆、语言加工等的机制。对视觉来说，又可以进一步研究视网膜、视神经的构成等，进而研究视网膜是怎样由视网膜杆、视锥细胞和其他细胞组成的，最后我们会接触到像体细胞之类的东西，它们的作用只是分辨特定的化学物质是否出现，并对邻近细胞提出相应的警告。到达了这个层次，我们实际上已经放弃了设计立场，而过渡到了物理立场。我们可以通过考察细胞的化学结构，看它是怎样执行其功能的，这样一来，我们的研究就扎根于非心理的东西之上了。"在这里，意向性被认为根源于拥有它的有机体的生化结构。"②

丹尼特曾指出，采用意向立场、设计立场进行解释、预言，我们都借了一笔"智能贷款"（loan of intelligence）。由于意向解释预设了智能或理性但没有对之作出解释，因此它作为心理学是无意义

---

① D. Dennett, *Brainstorms*, The Harvester Press, 1981, p. 239.

② 约翰·海尔：《当代心灵哲学导论》，高新民等译，中国人民大学出版社 2006 年版，第 160 页。

的，而设计立场的这笔贷款是可以偿还的。他说：在为行为寻找纯机械规律的过程中，“我们会发现无论内部系统的运转有什么机械规律，它们的设计都接近于最优化设计（相对于某些目的）。在寻找内部设计的知识时，我们最有希望的策略是取得智能贷款，把内容归属给外围和内部的事件，然后寻找利用这些‘信息’正常运转的机制，从而我们就可以偿还贷款”①。事实上，这就是他的小人功能主义（homuncular functionism）的要义。通过不断地把系统分解为越来越小的子系统，最后我们会在“愚鲁的机械系统中偿还一切智能债务”②。同时，我们也会看到，所谓意向系统最终都只是由物理的东西构成的，意向性只是由生化过程产生的。

尽管如此，不同立场所描述的系统是不能相互等同的，意向立场不能还原为设计立场或物理立场。因为“一特殊事物只是相对于试图解释和预言其行为的某个人的战略才是一个意向系统”③。转换战略就会改变系统。一方面，采取不同的立场，我们会对系统的输入和输出作出不同的解释。以下棋计算机为例。如果我们对之采取物理立场，它的输入就会被理解成物理事件。这样，不同的人或一个人在不同时间对计算机发出的指令（如说“出车”），就会被看成是不同的输入。但从意向立场看，这些在物理上各不相同的声音都是同一条指令。同样，计算机输出的方式也多种多样，既可以通过机器臂，也可以通过显示器，还可以通过打印。从物理立场看，这些输出是不同的。要把这些不同的输出看成下棋机的相同行动，就需要采取设计立场或意向立场。也就是说，这些不同的物理输入或输出都有相同的“意义”，但从物理立场是看不到这些“意义”的。用丹尼特的术语来说，用物理立场看不到这些物理输入或输出中的某种“真实的模式”。设计立场也是如此。从设计立场看，输入和输出都与棋无关。输入不过是对下棋计算机的运转有某

---

① D. Dennett, *Brainstorms*, The Harvester Press, 1981, p. 15.

② D. Dennett, “Daniel Dennett”, In S. Guttenplan (ed.), *A Companion to the Philosophy of Mind*, Blackwell, 1994, p. 240.

③ D. Dennett, *Brainstorms*, The Harvester Press, 1981, pp. 3—4.

种因果影响的特殊的构型，输出不过是以前的输入与当下的内部状态相互作用的结果。因为，要把输入或输出看成棋招，就要采取意向立场。换言之，要成为一步棋，一个输入或输出就要成为对有理性的自主体具有意义的东西，而根据丹尼特的理论，如果我们局限于设计立场，是不可能发现理性自主体的。另一方面，如第一节所说，对“疼痛”来说，如果从人的层次转换到亚人层次，所谈论的就不是“疼痛”了。同样，如果我们采取物理立场或设计立场，而没有采取意向立场，我们谈论的就不是意向系统，就不是自主体了。例如，在考察闹钟的内部构造时，我们研究的实际上不是闹钟，而是弹簧、发条等。如果说我们是在研究闹钟的部件，这实际上已经不自觉地把闹钟这个系统作为了研究的背景。埃尔顿（Matthew Eltion）对此有精辟的论述。他说：

> 要理解丹尼特关于不同立场的言论，我们坚持认为，无论何时我们采取了设计立场或物理立场，都不会完全抛弃意向立场。相反，我们是把这种立场置于了背景之中。我们仍使用意向立场来发现自主体，辨别哪些物理结构（物理立场）或哪些相互关联的构成部分（设计立场）是这个自主体的一部分，哪些不是。但我们没有用它来解释自主体的行动。实际上，我们……解释的不是行动和行为，而是运动和输入/输出信号。这就是我所理解的意向系统理论。……在丹尼特说到对“这个系统”采取不同的立场时，所说的这个系统是一个自主体、一个意向系统。当然，这不是说我们不能或者丹尼特没有提到因果蓝图[①]（blueprint）系统或物理系统。……但它确实意指：

---

① “因果蓝图”指的是系统的说明书或指令清单，它是根据系统各部分的因果力以及各部分之间的因果关系来描述系统的。一个系统的因果蓝图，不要求了解这个系统的目的，也不需要说明它由什么材料制造。什么材料都行，只要因果蓝图所规定的各个部分、因果力和关系存在，因此，同一个因果蓝图可以多样实现。参阅 M. Eltion, *Daniel Dennett: Reconciling Science and Our Self-Conception*, Polity Press, 2003, pp. 38—41、p. 275。

> 比如因果蓝图系统不能严格地同一于意向系统。我们最多可以说一个自主体与一个因果蓝图系统是由相同的物质构成的，但不是与之同一的。[①]

通过上述分析，我们不难看出丹尼特的“微言大义”。无论是意向系统，还是物理系统、设计系统，就构成来说都是物理的[②]，但是对相同的物理构成，我们可以采取不同的描述方式，生成不同的“系统”，但这些描述方式所表达的“意义”或分辨的“模式”是不同的，放弃一种描述，就会遗漏掉世界上真实存在的某种东西。比如，对金星来说，我们可称之为“启明星”，也可称之为“长庚星”，指称的星球相同，但意义迥然有别，放弃了“启明星”，也就放弃了“启明星”的意义，反之亦然。当然，我们可以说面对的是同一个系统，但这是将意向立场作为背景所致，如果放弃这一背景，我们面对的就是不同的系统。丹尼特说：“心灵问题与关于人的问题密不可分。思考心灵现象就是在思考人的行为、感觉、思考、经验；把心灵作为可单独考察的实体，必然会导致笛卡尔的幽灵，对身体及其运作方式的研究，又根本不会提到心灵的主题。”[③] 丹尼特关于三类意向心理学和三种立场的解释，回答了他在探讨心理语言的语义学时所设定的问题，即心理概念是指称性的还是非指称性的。从上述分析可以看出，就本体论来说，“信念”、“愿望”、“疼痛”等都是非指称性的，它们不指称独立的精神实体，也不指称某种具体的物理状态或过程，因此不能还原为任何物

---

① M. Eltion, *Daniel Dennett: Reconciling Science and Our Self-Conception*, Polity Press, 2003, p. 50.

② 当代心灵哲学中持唯物论立场的心灵哲学家更喜欢使用“物理主义”，而不是唯物主义，因为他们认为“唯物论”一词承认的是较狭义的“物质”，而不能涵盖“能量”、“力”等。马克思主义哲学中的“物质”是“标志客观实在的哲学范畴”，即使是狭义的“物”也是根据运动变化来定义的，“没有无物质的运动，也没有不运动的物质”，而运动已经蕴涵着“能量”、“力”，因此，马克思主义哲学中的“物质”与当代心灵哲学中的“物理物”应当是相同的，本书中将它们作为可以相互替代的概念。

③ D. Dennett, *Content and Consciousness*, Routledge & Kegan Paul plc, 1986, p. 189.

理实在或属性，因为它们是在人的层次、用意向立场对物理实在进行描述或解释的产物，离开了这种描述和解释，我们面对的就是不同的东西（如“神经活动和过程”等），之所以可以说是“信念”、“愿望”等，不过是将意向立场置于了背景之中。也可以说，不同的解释立场，就是不同的“逻辑类型”，混淆立场就会犯“范畴错误”，就会误用“语言游戏”。总之，不同系统之间统一的本体论基础是其物理构成（从而是唯物主义），但对同一构成的不同描述形成了不同的系统（从而是解释主义），可见不同的立场恰好就是沟通唯物主义与解释主义之间的桥梁，也是使心理与物理、精神与物质贯通起来的纽带。正是在这个意义上，丹尼特说：

> 尽管信念是一种完全客观的现象（这使我成为一个实在论者），但只有从采取某种预言战略的人的观点，它才能被发现，它的存在只能通过对该战略的成功进行评价才能确定（这显然使我成为一个解释主义者）。①

当然，对描述人来说，远不止这三种立场，还有自然立场、社会立场、实践立场、文化立场、道德立场，等等，正是基于这些立场，我们才可以说“人是自然存在物”、“人是社会存在物”、“人是实践的存在物”、“人是文化存在物”，等等。这些不同的立场揭示了人性的不同方面，因此在解释上具有自主性，不能相互等同或还原。当然，它们都统一于人，因此它们在解释上的优劣之分取决于是否反映了人的本质。马克思主义哲学认为，实践立场能够揭示人的真正本质，因此它用生产实践这个“普照的光”② 来观照一切。但这并没有证伪其他立场，因为其他立场也反映了人的本质的一部分，即使不是最根本的部分。

---

① D. Dennett, *The Intentional Stance*, The MIT Press, 1987, p. 15.

② 《马克思恩格斯选集》第 2 卷，人民出版社 1995 年版，第 24 页。

第三节　意向解释的原则

一种解释战略要令人信服，既要有一套解释规则、原理或方法，也要为其有效性提供合法性的根据。丹尼特说：“我的基本观点是对解释进行约束。”[①] 也就是说，他要为意向解释提供原则和约束性条件。一般来说，意向解释的原则主要有规范原则（normative principle）和投射原则（projective principle）两种。丹尼特坚持规范原则，反对投射原则。下面，我们具体分析他选择规范原则的原因、规范原则的内容和运用以及规范原则的有效性根据。

一　规范原则与投射原则

蒯因对规范原则和投射原则都有经典的表述。他说：

> 较好一点儿的翻译会将我们的逻辑加诸土著人，而且会把所谓前逻辑的问题给回避了，如果确有这样一个问题的话。……翻译的一个准则是，如果所断定的句子明显有错误，那多半在于有一些隐而不显的语言差别。……潜藏在这个准则后面的一个共识是，除了在个别问题上，毛病可能出在糟糕的翻译或语言的歧异上（在土著居民中的情况），而非我们的对话者的愚钝。[②]
>
> 当我们直接引述一个人的话语时，我们几乎像在传达一种鸟的鸣叫。不管这个话多么有意义，直接引语仅仅传达了物理的事件，而将其含义留给我们自己去体会。反之，在间接引语中，我们设身处地，将自己投入到我们根据这个说话者所说的话和其他表示所想象的他所具有的心理状态，然后说（用我们的语言）什么是我们这种虚构状态中对我们自然而重要的东西。[③]

---

① D. Dennett, “Back Form the Drawing Board”, In Bo Dahlbom (ed.), *Dennett and His Critics*. Blackwell, 1993, p. 223.

② 蒯因：《语词和对象》，陈启伟等译，中国人民大学出版社 2005 年版，第 60—61 页。

③ 同上书，第 250 页。

第一段是规范原则，第二段是投射原则。基于此，丹尼特将蒯因称为“规范原则之父”和“投射原则之父”。他根据蒯因的表述，为这两个原则分别下了个定义。规范原则是指“人们向一生物归属的命题态度，应该是它根据其环境‘应当具有’的”①。投射原则是指“人们向一生物归属的命题态度，应该是他认为自己在那些环境中会具有的”②。也就是说，是通过“投射”、“移情”、“模仿”，借助想象“进入”解释对象的情境，设身处地模仿他们的内在过程，从而对其行为作出身临其境的解释和预言。在描述这两个原则时，蒯因没有说明哪种更优越，更有利于意向的解释和归属。这与其不确定性论题和关于命题态度的“双重标准”紧密相关。蒯因说：

> 我并不是要坚决放弃意向性表达式的日常使用，也不是坚持认为它们实际上可有可无。但我认为，它们要求我们在标准记法的两种互相对立的方法中选择其一。至于选择哪种方法取决于标准记法的各种目的中何者恰好在此刻驱动我们。如果我们是在勾画实在的真正和终极的结构，那么对我们来说，规范模式就是这样严格的模式，除了直接引语它不知道任何引语，除了有机体的体质和行为，不知道任何命题态度。③

也就是说，就本体论而言，信念、愿望等意向现象是不存在的，但日常的意向表达式不是“可有可无”的，而是“在实践上必不可少的”。尽管如此，意向表达式本质上也只是一种“戏剧性的表达式”④，运用它们只是基于实用的考虑，它们根本无法描绘

---

① D. Dennett, *The Intentional Stance*, The MIT Press, 1987, p. 342.

② Ibid., p. 343.

③ 蒯因：《语词和对象》，陈启伟等译，中国人民大学出版社 2005 年版，第 252—253 页。

④ 同上书，第 251 页。

终极的实在。因此，对于所有语句来说，间接引语可在多大程度上偏离直接引语，没有一个固定的标准。

> 通常可偏离的程度取决于我们为何进行引证。这是我们要对被引证的说话人的话的哪些特征加以利用的问题；如果我们的间接引语被认为是真的，那些特征是必须保持不变的。类似的评论也适用于有关信念和其他命题态度的语句。……常常也有这种情况，即简直无法判定关于命题态度的一个断言是真的还是假的，即便我们对其环境和目的具有完全的认识。①

后来，他又对此作出解释：

> 黑箱隐喻虽然经常是有用的，但在这里可能是误导的。问题不在于有一个隐藏的事实，如通过更多地了解思想过程的大脑生理学可以揭示出来的事实。期望每个真正有别的心理状态后面有一个不同的物理机制是一回事，期望用传统心灵主义语言描述的每个中意的区别，都对应一个不同的机制是另一回事。这个外国人真正相信的是A还是B的问题，我认为是一个没有意义的问题。这就是我在论证翻译的不确定性时所得出的结论。②

但多数哲学家都认为，规范原则和投射原则是不同的，必须选择其一。斯蒂克（S. Stich）等人选择了投射原则，而丹尼特选择了规范原则。他认为，规范原则与投射原则都有道理，但它们之间的对立反映的是哪个更重要、更根本的问题。在他看来，规范原则更根本，因为投射原则面对着一个难题，解决这个难题需要借助规

---

① 蒯因：《语词和对象》，陈启伟等译，中国人民大学出版社2005年版，第249页。

② W. V. O. Quine, "On the Reasons for Inderterminacy of Translation", *Journal of Philosophy*, LXVII (1970), pp. 180—181.

范原则。蒯因曾经指出："当我们让自己真正的自我扮演虚假的角色时，我们一般是不知道有多少真实性要保持不变的。我们陷入了困境。"[①] 丹尼特认为，摆脱这一困境只能求助于规范原则，"我们只应该投射对自己最好的东西，但在这些环境中什么算最好，这本身就是一个解释的问题"[②]。

但在这个问题上，斯蒂克与丹尼特存在着根本的分歧。斯蒂克认为，我们在进行意向解释时，采取的方法是"推己及人"，将自己投射到解释对象的心灵状态，推测要是我们处于他的地位会有什么信念和愿望。这时人们问的问题不是："他应当相信什么?"而是："我在他的位置会相信什么?"因此，在意向解释中，"理想化的合理性概念根本没有什么用"，"在向信念状态归属内容时，我们衡量别人不是根据一种理想化的标准，而是根据我们自己"[③]。形象地说，我们在解释别人时，与其说是借助理论，不如说是通过把我们自己当成一个产生结论的类比计算机（analog computer)，即要了解你的心灵，我使自己置于其中，然后看看我会想什么、做什么。丹尼特则认为，根据我们自己进行衡量就是根据一个理想化的标准来衡量。因为我使自己进入的状态不是信念，而是假装信念(make-believe belief)。但是，如果最终没有一种理论化，这种"假装"、"模仿"是无法进行的。例如，如果我假装是一座吊桥，想知道风吹过时的感受。做到这一点，取决于我对吊桥的物理学和工程学知识掌握的程度。在这种情况下，"有关模仿对象的知识，就是驱动假装模仿所需要的，这些知识必然会被组织成类似于理论的东西"[④]。其次，即使我们在解释别人时，是通过模仿和观察自己，但这不会证明引导我们的问题是"我会相信什么"，而不是"他应当相信什么"。因为谨慎的解释者可能会这样来展示这种区别：他

---

① 蒯因：《语词和对象》，陈启伟等译，中国人民大学出版社 2005 年版，第 250 页。

② D. Dennett, *The Intentional Stance*, The MIT Press, 1987, p. 344.

③ S. Stich, "Dennett on Intentional System", *Philosophical Topics*, 12 (1981), pp. 38—62. 转引自 D. Dennett, *The Intentional Stance*, The MIT Press, 1987, p. 99。

④ D. Dennett, *The Intentional Stance*, The MIT Press, 1987, p. 101.

先通过移情或假装的技巧提出关于对象的各种解释，但在确定它们之前，他会根据关于对象的知识对这些解释进行检验。因此，规范原则仍是投射原则的前提。最后，即使是在想象中对自己进行意向解释也要以规范原则为前提。例如，假设医生告诉你，你得了绝症，最多只能活一个月。怎样来预言你的心理状态？投射似乎不太有用，唯一的选择可能是：你反思一下自己是什么样的人，然后推测像你这样的人应当想什么、做什么。

规范原则包括宽容原则（principle of charity）、合理性假设（assumption of rationality）等次一级的原则①。合理性原则在丹尼特的心灵哲学中起着至关重要的作用，因为意向立场是他的整个心灵哲学的根基，而意向立场的基本预设就是最优化设计或合理性，如果这个预设不成立，他的整个心灵哲学大厦就会坍塌。他自己也说："无论我们的理性如何，但正是我们的理性自主体的神话（myth），建构着、组织着我们向别人的信念和愿望归属，并控制着我们自己的思考和研究。……如果没有理性这个神话，信念和愿望概念将会被釜底抽薪。"② 当然，丹尼特也坚持宽容原则、整体论原则等。他认为，在做具体分析之前没有必要明确合理性到底是什么，因此他没有给合理性下明确的定义，倒是对什么不是合理性说了很多，但从这些论述中也可以看出一些蛛丝马迹。

丹尼特指出，意向系统理论所说的理性不是理论理性，而是实践理性，它可能包括理论理性，但首先应把它理解为依据理由而行

---

① 福多和利波尔（E. Lepore）把丹尼特的规范原则分为四条子原则：一是真理原则，即归属给意向系统的信念大多数必须是真信念；二是融贯原则，即归属的各种信念、愿望之间不能有冲突；三是封闭原则，即如果一个意向系统相信 p，而 p 蕴涵 q，那么它必然也相信 q；四是诚实（probity）原则，即意向系统多数时间必然会愿望对其有利的东西。他们也承认这些原则之间有重叠，丹尼特更是认为，福多和利波尔在构造规范的论证时已经把他变得不像他了，因此，我们这里采取丹尼特的办法：以合理性为主，在具体分析过程中兼顾其他的原则。参阅 J. Fodor and E. Lepore，"Is Intentional Ascription Intrinsically Normative?" D. Dennett，"Back Form the Drawing Board"，In Bo Dahlbom（ed.），*Dennett and His Critics*. Blackwell，1993，p. 73，p. 215。

② D. Dennett，*The Intentional Stance*，The MIT Press，1987，p. 52.

动的技艺。因此，合理性不是“演绎的闭合”（deductive closure），也不是“逻辑的融贯”（logical consistency），因为这些要求对于由物质构成的有机体来说太高了。但也不能将合理性等同于“进化给予我们的东西”，因为这样会陷入不增加知识的同义反复。他说：“合理性这个概念实际上是不固定的。”[①] 我们一般不把下面这种系统看成非理性的：虽然它的正常设计的运转无可挑剔，但偶然也会出故障。一个特别灵敏但稳定性很差的系统，肯定不是一个设计良好的系统，因此，我们都希望有一个绝对可靠的系统。但是下面两个系统哪个更好：一个绝对可靠但速度很慢，另一个速度快但可靠性只有90%？丹尼特认为，哪个更好取决于应用，在有些条件下有评价这些选择的规范性原则。基于这些分析，他提出了一种合理性标准：

> 我想把“合理的”作为认同这个普遍适用的术语（a general-purpose term of cognitive approval）——它只要求在（这样考虑的）合理性与世上拥有的（或甚至是普遍接受的）促进认知的方法之间，保持有条件的、可修正的忠诚。[②]

合理性就是“认同”，只要我们就什么是合理的、什么是不合理的，在一定量的实例中达成了共识，我们就不需要进一步解释这个问题。

二 规范原则的运用

根据丹尼特的定义，“意向立场就是将你要预言其行为的对象，看成是一个具有信念、愿望和其他表现出……意向性的心理状态的理性自主体”[③]。可见，合理性是意向立场的基本预设。

---

① D. Dennett, *The Intentional Stance*, The MIT Press, 1987, p. 97.

② Ibid., p. 97.

③ Ibid., p. 15.

根据“认同”标准，丹尼特又为合理性原则制定了一个工作标准：意向系统理论中的合理性是指“与目标或最优化排列的目标等级（在下棋中是将死、赢棋、防守等）和一组约束条件（规则和起局）相关的最优化设计”①。例如，在预言一台下棋计算机的行为时，根据它的目标 x、y、z……约束条件 a、b、c……以及关于目前棋局的信息 p、q、r……人们会判断计算机现在走哪步棋最合理。对一般的自主体来说，我们在解释和预言其行为时，要遵守下面三条规则：

> (1) 一个系统的信念是根据它的知觉能力、认识需要和发展史，它应当具有的信念。因此，一般来说，它的信念既是真的，也是与其生活相关的，如果归属了错误信念，我们必须作出特殊的解释，说明错误是如何在对系统的知觉能力具有欺骗性的环境特征出现时产生的。
>
> (2) 一个系统的愿望是根据其生物需求和满足这些需求的最可行的方式，它应当具有的愿望。因此，意向系统愿望生存和繁衍，从而愿望食物、安全、健康、性、财富、权力、影响等等，还愿望一切（在它们眼中——根据它们的信念）能以适当的方式有助于达到这些目的的事物。如果可以作出特殊的解释，我们也可以归属“反常的”愿望。
>
> (3) 一个系统的行为包括具有那些信念和愿望的自主体将合理地作出的行为。②

在进行意向解释时，我们开始都“认同”了自主体是有理性的。由此，通过这个假设与有关我们的需要、能力和典型环境的“常识真理”相结合，我们就能作出可靠的意向解释和预言。而且，在遇到“反常”时，我们也不是先质疑解释对象的理性，而是先基

---

① D. Dennett, *Brainstorms*, The Harvester Press, 1981, pp. 5—6.

② D. Dennett, *The Intentional Stance*, The MIT Press, 1987, p. 49.

于合理性的背景，找出错误的原因，进而对解释作出相应的调整。例如，我请张三帮我倒杯水，结果他却给我拿来了一张报纸。这时，我一般不会怀疑张三的理性（他可能是故意恶作剧，而恶作剧恰恰表明他是有理性的），而是先弄清楚是否有其他因素干扰了他的行为，如他是不是没听清我的话；他是不是不懂汉语；他是不是忘记了我请他干什么，只好猜测我可能想要报纸，等等。即使我们发现他的行为是由误解、遗忘等所引发的错误思想所致，但这些错误思想也是“生长在真信念的文化媒介之中的”。丹尼特说：“合理性假设是牢固地植根于我们的推理习惯之中的，”我们在进行意向解释时，“是从合理性开始的。我们不会期望新认识的人对特殊的问题或可能的情况作出非理性的反应，但在他们这样做时，我们学会了相应地调整战略，就像对待下棋计算机一样，人们开始时高度重视它的合理性，如果它表现出错误，就向下调整他们的估计”①。这里实际也体现了宽容原则，即承认现实的理性都不是完美的理性，用意向战略所看到的模式是不完善的，允许有“噪音”。

当然，如果真出现了非理性的情况，就不能进行意向解释了，因为它已经超出了意向立场的解释能力。这时我们就要转换立场，采取设计立场或物理立场，找出非理性的原因，但同时我们也就放弃了自主体。因为“关于自主体的意向解释是这样一种活动：它打算使自主体的行为合乎情理，而在行为的发生没有道理时，这些行为就不能简单地用理解性的（sense-making）术语来解释”②。例如，对待精神病人，我们在很大程度上就不能采用意向立场，而要根据生理学、病理学来预言，这时我们不会再把他们看成心智健全的人。

另外，意向解释中也蕴涵着整体论原则。一方面，意向解释中信念的归属和愿望的归属是相互关联的，归属了某个信念必然也要归属某些愿望，否则解释就无法进行。例如，我看见你打着伞在雨中漫步。在解释你的这一行为时，我会归属给你这样的信念：你相信天在

---

① D. Dennett, *Brainstorms*, The Harvester Press, 1981, p. 9.

② D. Dennett, *The Intentional Stance*, The MIT Press, 1987, p. 87.

下雨。但同时我也要给你归属这样的愿望：你不希望被淋湿。反之，如果我归属给你这个愿望，也要归属给你这个信念，否则就无法对你的行为作出解释。另一方面，归属了某个信念或愿望，也要归属它所蕴涵的信念或愿望。丹尼特说："假设某物是一个意向系统，就是假设它是有理性的，即运用实体 x 有信念 p、q、r……这一假设，人们是不会有所进展的，除非他们也假定 x 相信从 p、q、r……推衍出来的东西；否则，就无法排除这样的预言：x 面对其信念 p、q、r……会做出愚不可及的事情，如果不能排除这个预言，我们就根本得不到预言力。"[①] 另外，意向解释还预设了信念、愿望等与环境、行为的适应性，"把信念归属给一个系统是没有意义的，除非归属的这些信念一般而言是与环境相适应的，而这个系统对这些信念做出了恰当的反应"[②]。可以说，意向解释和归属必须考虑由信念、愿望、环境、行为，等等构成的整个网络，离开这个网络，解释和预言就会断裂。正如田平教授所说："系统的信念、欲望与系统的环境和目标的合理性的关系，以及系统的信念、欲望之间，信念、欲望与行为之间的合理性的关系，构成了意向的立场对系统的行为进行解释和预测的基本框架。"[③]

三　规范原则的根据

如果合理性就是"认同"，那么认同的根据何在？丹尼特认为，认同（从而合理性）的根据就是沃特海默（R. Wertheimer）所说的"事实标准原则"（factunorm principle）。另外，他虽然强调不能用进化来定义合理性，但也认为合理性与进化之间的关系非常密切。"如果一个有机体是自然选择的产物，我们就可以认为它的大部分信念是真的，它的大多数形成信念的（belief-forming）战略是合理的。"[④] 因此，进化是合理性的另一个根据，而且是更根

---

① D. Dennett, *Brainstorms*, The Harvester Press, 1981, pp. 10—11.

② Ibid., p. 17.

③ 田平：《自然化的心灵》，湖南教育出版社 2000 年版，第 151 页。

④ D. Dennett, *The Intentional Stance*, The MIT Press, 1987, p. 96.

本的根据，前一个根据的缺陷或弱项恰恰需要由进化来弥补。

丹尼特指出，由于合理性就是认同，因此在系统性方面它是前理论的（pre-theoretical），人们在使用这种前理论的合理性概念时，所依靠的就是我们关于“什么是合理的”共同直觉。在他看来，在考虑应当做什么时，我们最终必然要思考我们实际做什么，因为我们对于我们应当做什么所考虑的一些直觉判断，不仅是我们真实所思的一个清单，也是我们应当怎样思考的一个范例。这实际上就是沃特海默所说的“事实标准原则”。沃特海默曾经指出：

> 我们真实所想之物以及我们实际是怎么想的，是合理性原则（即我们应当思考什么和应当如何思考）的证据。这本身就是合理性的一个方法论原则；称之为事实标准原则。在确定我们应当想什么或应当怎样想时，我们（暗中）接受了这个事实标准原则。因为我们在这一努力中必须思考。而除非我们认为我们真实所想之物和怎样想是正确的——从而是我们应当想什么和应当怎样想的证据——我们就不能确定我们应当想什么或应当怎样想。①

丹尼特认为，日常生活中人们的行动大致是符合理想化的合理性标准的。当然，生活中也存在一些不合理性的情况，但放在更大背景下（如进化），它们实际上也是合乎理性的。真正非理性的情况是非常罕见的，但如果遇到了，我们也可以从设计立场或物理立场进行解释，不过这时就无所谓合理不合理了，因为这时的解释已经不是合理化解释而是因果解释了。

进化论是现代生物学的基石，在丹尼特的哲学中也起着核心的作用。在丹尼特看来，进化论为理解我们的意向解释能力提供了一把钥匙，因为它不仅解释了规范原则的缘起，也为同化貌似的非合

---

① R. Wertheimer, “Philosophy on Humanity”, in R. L. Perkins (ed.), *Abortion: Pro and Con*, Cambridge, MA: Schenkman, 1974, pp. 110—111.

理性提供了背景和框架。因为意向解释和归属能够进行，唯一的支点就在于不言而喻的生存需要、行为的规律性以及以尊重自然选择为基础的最优化设计这一假设。也就是说，意向立场之所以有效，是因为如果一生物经常对环境刺激作出不适当的反应或希求对自身有害之物，它很快就会退出进化的舞台，这样经过很多代选择之后，存活下来的生物都将遵循合理性原则，即对环境作出适应性反应，希求对自己有利的东西。他说：

> 对于意向战略为什么有效这个问题的首要的回答是：进化已经将人类设计成有理性的，即相信他们应当相信的，想要他们应当想要的。我们是长期的、严格的进化过程的产物，这一事实保证了对我们采取意向战略是安全适用的。[1]

正是由于进化提供的保证，我们才可以将意向立场应用于自己、别人、其他动物甚至是植物、外星人等。丹尼特还提出了一个大胆的设想：假如我们通过星际旅行来到一个陌生的星球，上面居住着一些会运动、会生殖、会死亡、会对环境刺激作出反应的外星居民，但他们与人类判然有别。尽管如此，如果我们知道这里也存在着自然选择过程，我们就可以断定这些居民也是凭借其设计而被选择的，即他们会对环境刺激作出有利于自身的反应。这样一来，一旦我们能够确定环境中的哪些东西对他们有利、哪些有害，哪些目标最适合他们的（生存和繁衍的）需要，哪些环境信息对引导行为最有用，哪些活动与环境状况最适宜，就可以把信念和愿望归属给他们，对他们的行为作出解释和预言。

不仅合理性在进化过程中找到了根据，不合理性也可以在这里找到根据。丹尼特指出：

> 我们相互之间都看成是意向系统，这之所以有效，是因为

---

① D. Dennett, *The Intentional Stance*, The MIT Press, 1987, p. 33.

> 我们确实是在进化中得到恰当的设计的，因而在预言时我们接近于我们自己的理想状况。但是，进化不仅未保证我们总做合理的事情，而且它还保证了我们不会总做合理的事情。……自然的要求与逻辑课程的要求不同。有时——甚至在某些条件下是经常的——跳跃到结论上很快就会有回报……因此，根据大多数合理性的哲学标准（逻辑融贯性、避免无效推理），一些“非理性的”方法可能也得到了积极的进化压力的支持。[①]

他说，大自然追求的是“满足”而不是“最优”，信奉的是“宁稳妥勿后悔”原则。有些设计可能更好，但代价也更大，因此自然往往选择次优但便捷的设计。这样，从关于自然选择的设计的“认同”看，这种“次优但便捷”的设计，就是最优化设计；看似不合理的东西，其实是合理的。

综上所述，对自主体的解释是多种多样的。在一个人表现出某种行为时，我们会问为什么，想对这个行为有所理解。丹尼特认为，理解行为的一种最基本的方式是意向解释，即借助于合理性假设，指出这个人的信念、愿望、思想等，以此证明他的行为是合理的。但是，人有时候会出错或做出“非理性”的举动，这时意向解释就力不从心了，我们就得转向各种替补性的策略。一种是借助像进化选择这样的经验规则或因果规律，它们会告诉我们这个人在有些条件下是如何行动的。在我们使用这些规则或规律时，我们工作的层次仍是人的层次，所做的仍然是合理化的工作，即我们没有抛弃自主体及其行为这一主题。如果这样仍难以解释，我们就要转换立场了，但同时我们也改变了谈论的主题。因为严格来说，在我们转换到设计立场或物理立场后，我们就离开了合理化的立场，从事的就不是“给出理由的解释”，而是因果解释了，谈论的就不是意向系统，而是亚人层次的子系统、神经生理活动了。当然，通过“启发性的装饰”策略给子系统贴上“意向主义标签”，我们仍能

---

① D. Dennett, *The Intentional Stance*, The MIT Press, 1987, p. 51.

发现意向系统这个主题。那么，亚人层次所使用的这种标签，就依赖于意向立场的成功运用，这样一来，整个系统的意向性就不是来自于其各个组成部分的意向性，而是完全相反的情况，即是由于整个系统的意向性，我们才能给这些部分贴上意向主义标签。

第四章

心理内容的本质、存在方式与来源

当代心灵哲学一般把心理状态分为两类：一是意向状态，即由特定的态度（思想、信念等）和“that－从句”表达的命题内容所构成的心理状态，也就是通常所说的命题态度。二是“质的状态”，即没有明确的命题内容，只有质的感受、体验或现象学性质的状态，如疼痛、情感等。意向性是心理现象的本质特征之一，是人的本质结构的重要一维。梅尔（B. F. Malle）等人指出：“意向性是一种具有从概念的到人际间的乃至社会的等多种功能的工具；而且它还是涉及知觉、解释、相互影响等广泛应用领域的工具。”[①]近年来，由于意向性被看作是揭开心理内在奥秘、解决语言的本质和意义等问题的枢纽，对人工智能、计算机科学提升机器的智能水平具有重要意义，因此一跃而成为了心灵哲学、语言哲学、认知科学等关注的焦点。由于视角和切入点不同，当代意向性研究呈现出多样性的特点。从心理语义学、哲学解释学切入的学者认为，意向性问题就是心理符号的意义问题，因此，他们从自然语言的意义出发，通过追溯其根据和起源来剖析意向性的本质；站在认知科学、人工智能和计算机科学立场上的学者认为，意向性问题主要是表征（representation）问题，表征的基本特征是“关于性”（aboutness），因此关于性是意向性的基本结构和本质特征；从认识论和逻辑学视

---

① B. F. Malle. etal（ed.）, *Intention and Intentionality*：*Foundations of Social Cognition*, Cambridge Mass：MIT Press, 2001, pp. 1—2.

角看待意向性的学者则把意向性问题归结为“心理内容”（mental content）问题，因为意向状态是具有内容（即携带着信息）的状态，因此，只有把心理内容的本质、存在方式、加工机制和来源搞清楚，才能真正窥探到意向状态的深层奥秘。表面看这些取向各不相同，事实上它们之间有内在的联系。根据心灵的表征理论和计算理论，以心理表征为加工媒介的心理状态就是命题态度，而命题态度是有机体与心理表征或心语句子的关系。例如，“相信死诸葛吓退活司马”这一信念就是某人对其心语中的“死诸葛吓退活司马”这个命题的一种态度。因此，有表征也就有心理语句。而心理语句有句法和语义。句法是指心理语句与自然语句一样，也是由字词等符号按照一定的规则构造而成的，有特定的物理关系和形式结构。语义属性是指心理语句也有意义、指称和真值条件，它们总是关于某种存在或不存在的事态，人们常称之为心理语义性。另外，心理语句“关于”什么，其实就是命题态度包含有特定的内容，心理语句以特定的形式表达了这些内容，因此意向性问题也就是心理内容问题。说命题态度有内容，也就是说心理语句总是表征了某种事态，因此也可以把心理内容问题称为“表征问题”。这些范畴在含义上有微妙的差异，但都窥探到了心理现象的某种更深层的奥秘和特点①。

对于丹尼特来说，心理内容问题更加不容忽视，因为他不承认有独立的意向状态，但在采取意向立场进行信念、愿望归属时，又要运用命题态度，而且他也不否认内部有携带信息的状态，那么，他就要回答这些问题：命题态度究竟是什么？如果它不是人内部的意向状态又是什么？内部状态是怎样携带或表征信息的？或者说，心理内容的存在方式是什么？另外，我们日常交流之所以可能，是因为我们理解了别人的思想，而这种理解又取决于我们能把握他们传达的意义，那么，思想的意义或心理内容的意义来源于何处？丹

---

① 参阅高新民、刘占峰《意向性理论的当代发展》，《哲学动态》2004年第8期，第15—18页。

尼特从其独特的视角，通过对信念状态的本质、心理表征的形态以及本源意向性的起源等问题的“解释性”、“诊断性”研究，为上述问题提供了一种与众不同的回答。

第一节　心理内容的本质

日常交流是一个信息传递的过程，但这里的信息不同于一般信息论中的信息。在一般信息论中，信息通常被理解为物质名词（mass noun），它们可以移动、压缩、存储，可以用比特（bit）或字节（byte）计量，但它们在内容上是中立的。在这种意义上，一张电影光盘和一个存储文档的U盘可能携带着相同数量的信息。我们在日常交流时所关注的是语义信息，而传递语义信息的基本载体是语言。但哲学家们对这种载体是命题还是句子却有很大的分歧，由此也产生了不同的心理内容观，有的认为心理内容是命题态度，有的认为是心理语句，丹尼特则认为心理内容是观念对象。

一　命题态度

将信念等意向状态看成是命题态度，在当代心理内容研究中是标准的观点，它在认知心理学、社会心理学和人工智能等研究领域也有广泛影响。从命题态度的结构看，它有三个要素：主体、态度类型和命题。例如，在“诸葛亮坚信魏延迟早要反”、“‘乙醚们’希望能得到易中天教授的签名”这两个命题态度中，“诸葛亮”、“乙醚们”是主体，“坚信”、“希望”是态度，“魏延迟早要反”、“（他们）能得到易中天教授的签名”是命题或“内容语句”。当然，对同一命题也可以采取不同的态度，同一态度也可以施加给不同的命题。

既然把信念等看成是命题态度，人们自然要问这样一些更基础的问题：什么是命题？衡量两个命题是否相同的标准是什么？但令人遗憾的是，哲学界在这些根本的问题上并没有达成共识。目前，对于命题的本质主要有三种不同的观点：

(1) 命题是类似句子的实体，它是根据一种句法由各个部分构成的。根据这种观点，命题与句子一样也有类型/个例之分，拥有同一信念的人所相信的可能是同一命题类型的不同个例。

(2) 命题是可能世界集合。根据这种看法，只要两个句子在完全相同的可能世界集合中为真，它们就表达了相同的命题。命题本身没有句法属性，因此命题的个例不可能存在于相信者的心灵（大脑）中或纸上。

(3) 命题类似于对世界上的物体和属性进行收集或整理的东西。例如，“李四是高个子”这个命题就是由“李四”和“高”这种特征或属性构成的①。

将这些不同的命题观统一起来的，是弗雷格（G. Frege）提出的关于命题的三个定义性特征：

(a) 命题是一个（最终的、永恒的、非派生的）真值承担者。由此，如果 p 为真，q 为假，那么 p 和 q 就不是相同的命题。

(b) 命题包含着内涵。这里，内涵被理解为外延的决定者。因此，不同的内涵可以决定相同的外延，如“等边三角形”和“等角三角形”的内涵不同，但两者的外延相同。但是，不同的外延却不可能由一个内涵决定。这个条件可以分为两个方面：首先，由于命题的内涵决定着外延，因此命题所关于的对象就是它的一个定义性特征。例如，如果 p 关于 a，而 q 不关于 a，那么，p 和 q 就不是相同的命题。其次，由于外延不决定内涵，因此，如果 p 和 q 都关于 a，并且都将 F 归属给 a，但由此并不能证明 p 和 q 是相同的命题，因为 p 和 q 关于 a 的方式可能不同，也就是说，它们可能是通过不同的内涵指向 a 的。

(c) 命题是心灵“可以把握的”（graspable）②。

---

① D. Dennett, *The Intentional Stance*, The MIT Press, 1987, p. 121.

② 参阅 D. Dennett, *The Intentional Stance*, The MIT Press, 1987, pp. 122—123。

弗雷格没有解释什么是把握一个命题。根据丹尼特的理解，"命题是可以把握的，当且仅当命题态度的谓词是心理学理论的可投射的、预言性的、行为端正的（well-behaved）谓词"[①]。他认为，这符合弗雷格的要求，因为根据弗雷格的用意，命题是心灵可以把握的，是指命题对于心灵或对于生物的心理状态是至关重要的。也就是说，人的行为是他的心理状态的一个功能，心理状态的变化必然预示着行为的变化。这样一来，如果人们的心理状态直接随着他们的命题态度描述的变化而变化，那么改变一个人的命题态度就会改变他的心理状态，与别人有相同的命题态度就是与他们有相同的心理状态。

但是，事实并非如此。因为在很多哲学家看来，弗雷格的三个条件是不可能同时满足的：可以把握的东西不可能同时是外延决定者或真值承担者。普特南（H. Putnam）用孪生地球（Twin Earth）思想实验[②]指出了这一点。孪生地球是与地球完全相同的星球，上面也有山川河流、草木虫鱼，而且它们都是地球上的对应物的分子到分子的复制品。就人来说，孪生地球人在生理、心理过程和结构上与相应的地球人完全相同。他们也有"水"一词，该词的神经基础、物理构型、概念作用等也与地球人的完全相同。但其表达的内容不同：地球人的"水"指 H_2O，孪生地球人的"水"指 XYZ。那么，由于我和我的孪生地球人在物理上完全相同，因此我们在心理上也完全相同。假如我们都说"我想喝水"，我们就会具有完全相同的心理状态，但我的思想关于的是"H_2O"，而孪生地球人的思想关于的是"XYZ"。因此，我们相信的是不同的命题，从而具有不同的命题态度。换言之，我和我的孪生地球人是心理上的孪生人，但不是命题态度上的孪生人。命题态度可以不依赖于心理状态的变

---

① D. Dennett, *The Intentional Stance*, The MIT Press, 1987, p. 126.

② 参阅普特南《"意义"的意义》，李绍猛译，载陈波、韩林合主编《逻辑与语言：分析哲学经典文选》，东方出版社 2005 年版，第 459—461 页。

化而变化，因此命题（它符合上面的条件 a 和 b）是不可把握的。他认为，自然种类术语中有“索引性”（indexical）因素，即语词的意义依赖于说出它们的语境。如“这里”、“现在”、“我”等词，它们意指什么取决于谁说它们、它们在何时何地被说出来。在孪生地球思想实验中，“水”是指与周围的液体有某种相似性的东西，这里的“周围”指地球上的“这里”。孪生地球上的东西也是这样，不同的是“周围”指孪生地球上的“这里”，而这两个“这里”的液体不同。因此，当我和我的孪生地球人都说“我想喝水”时，所断言的东西是不同的，即我们有不同的思想。不仅物理环境可以决定心理内容，语言共同体的语言实践以及社会、文化因素也是如此。例如，两个人都说“壶由 grug 制成”。但由于他们分属两个不同的语言共同体，一个用 grug 意指铝，另一个用 grug 表示银。因此他们在说这句话时的心理内容是不同的。由此，普特南得出结论说：“心理内容不在头脑中”，而是依存于外在的各种关系因素[①]。普特南最初研究的主要是自然语言的意义理论，所涉及的主要是“水”、“壶”等自然种类术语。后来他对这一思想作了拓展。一方面，他把外在主义推广到了更广泛的术语，建立了心理语言的意义理论。另一方面，他进一步把决定内容的因素区分为两个方面：一是外延条件，即某物成为某概念外延中的样本的特征和标准；二是模板（stereotype），即可以用摹状词描述的所有外延样本的索引性标志，例如水的模板是清澈的、能饮用等。卡普兰（D. Kaplan）用类似的例子也得出了相同的结论。弗雷格曾经说过：“如果某个人想说出今天，这与他昨天用‘今天’这个词所表达的是同一个今天，他就必须用‘昨天’代换这个词。尽管思想是相同的，但它的动词表达式必然是不同的，从而意义——它否则会受到话语的不同时间的影响——是被重新调整的（readjusted）。”[②] 卡普兰认为，弗雷格遗漏

---

① H. Putnam, “Computational Psychology and Interpretationl Theory”, In D. Rosenthal (ed.), *The Nature of Mind*, Oxford: Oxford University Press, 1991, pp. 529—531.

② G. Frege, “The Thought: A Logical Inquiry”, trans. by A. M. and M. Quinton, *Mind*, LXV (1956), pp. 289—311.

了命题态度的索引性特征："如果一个人在星期二说'今天天气真好'，而在星期三说'昨天天气真好'，那么根据所引述的文章，他表达的是相同的思想[①]。……那么，思想似乎就不是认知意义的正当承担者。"[②] 除了普特南、卡普兰的质疑之外，关于心理内容的社会外在主义、激进的外在主义、温和的外在主义等都可以看作是对弗雷格上述标准的反驳。社会外在主义主要强调心理内容对外在的社会文化因素的依赖性。激进的外在主义把心理内容等同于外延。温和的外在主义认为，共外延的概念在内容上可以不同，内容的差异不能完全归结为外延的差异。例如，水和 H_2O 在内容上有区别，因为后者强调的是氢、氧等构成元素，而前者则没有这些内容。当然为了维护外在主义，它又坚决否认区别共外延概念的东西是狭义内容（narrow content），而认为它们是关系性因素。总之，把共外延的内容区别开来的不是某种可分析的要素，而是这样的东西：由于它，主体与外延相关，进而外延又表现给思想中的主体[③]。

二　句子态度

由于命题态度问题重重，因此哲学家们开始把目光转向句子。他们认为，心理内容不是命题态度，而是句子态度（sentential attitudes）。持这种看法的人所选取的道路各不相同，主要有如下三种看法：

---

① 弗雷格对意义（Sinn）和意谓（Bedeutung）进行了区分，他认为句子的意义就是它的思想，句子的意谓就是它的真值。所谓思想，就是我们借以把握句子的真的东西。所谓真值，就是指句子的真和假，只有这两个真值。在语言哲学中，命题通常被定义为句子所表达的内容或意义，两者可视为表达和被表达的关系。由此看来，弗雷格的"思想"就是我们这里所讨论的"命题"。参阅王路《走进分析哲学》，三联书店 1999 年版，第 41—46 页；王路：《弗雷格思想研究》，社会科学文献出版社 1996 年版，第 167—173 页；陈嘉映：《语言哲学》，北京大学出版社 2003 年版，第 32—33 页。

② 转引自 D. Dennett，*The Intentional Stance*，The MIT Press，1987，pp. 128—129。

③ 参阅 T. Burge，"Other Bodies"，In A. Woodfield，*Thought and Object*，Oxford：Clarendon Press，1982. G. Evans，*The Varaties of Reference*，Oxford：Oxford University Press，1982. J. McDowell，"Singular Thought and the Extent of Inner Space"，In P. Pettit and J. McDowell，*Subject*，*Thought*，*and Context*，Oxford：Clarendon Press，1986。

第一种看法认为人相信某个命题就是头脑中有某个句子。但丹尼特认为，这种回答难以令人满意，因为命题是抽象的东西，要把握命题，必须把握某种具体的、像命题一样的东西，而说命题是句子却什么也没有告诉我们。

第二种看法认为关于狗、猫的信念状态的实际构成物显然不是活的狗或猫，而是狗或猫的符号或表征。例如，“猫在草席上”这个信念是由有结构的表征构成的，这些表征包含有表示“猫”、“草席”和“在……上”这种关系的符号。

第三种看法是想对信念的不透明性（opacity）提出一种因果的物理解释。由于信念具有不透明性，因此，尽管诸葛亮和孔明是同一个人，但“相信诸葛亮巧借东风”与“相信孔明巧借东风”却是不同的信念。根据这种看法，这两种信念状态的区别是由于两者的句法不同，而句法不同最终又可以追溯到物理结构上的差异。丹尼特认为，这种看法与上面揭露的命题态度的问题最直接相关，他将之称为“句子主义”（sententialism）。下面，我们具体分析一下句子主义。

我们知道，命题是句子所表达的内容或意义。因此，不同的句子可以从它们共同表达的命题得到同一性。但如果从命题下降到句子，我们该从哪里寻找句子（句子态度或信念）的意义或同一性呢？卡普兰认为，是从句子的特征（chatacter）。他说：“一个表达式的特征是由语言学的惯例设定的，而特征反过来又决定着这个表达式在每一语境下的内容。”[①] 由此，句子的解释可以拓展为下面两个阶段：

（1）特征：语境→内容

（2）内容：环境→外延

当然，卡普兰的这种句子解释针对的是自然语言的句子，而不是句子主义所设想的思想语言的句子。后来，佩里（J. Perry）将

---

① 转引自 D. Dennett, *The Intentional Stance*, The MIT Press, 1987, p. 132。

这种解释图式推广到了心灵内部。不过，他用“含义”代替了卡普兰的“特征”，用“思想”代替了“内容”。他说：“在解释和预言行动时，我们用含义（实质上是卡普兰的特征）对心理状态进行个体化。与人的行动相联系的正是所拥有的这种含义而不是所理解的思想。在你和我都拥有‘一头熊将要攻击我’的含义时，我们会作出相似的行为。我们都会缩成一团，并尽量保持安静。理解的思想不同，拥有的含义相同，因此行为相同。当你和我都理解我将受到一头熊攻击这一思想时，我们的行为就不同。我会缩成一团，你会逃走求救。理解的思想相同，拥有的含义不同，因此有不同的行为。”① 佩里的目的是要设想一种与自然语言不同的思想语言，并将卡普兰的两个阶段的语义解释用于解释心理状态的语义。但是，这里的特征或含义又是如何确定的？或者说，卡普兰的“语言学惯例”又由什么决定？丹尼特认为，卡普兰的两阶段解释是以更早的一个阶段为前提的，即

(0) 句法特征+语言学惯例→特征

(1) 特征+语境→内容

(2) 内容+环境→外延

但句法特征的同一性又来自何处？这肯定要涉及大脑状态的特征。因此，显然还有另一个前提：

(-1) 物理特征+设计考虑（换言之，减去功能不相干的因素）→句法特征

在这里，大脑书写（brain-writing）标记的字体、颜色、大小的不同，说出的标记的音量、音高、音色的不同都不能算作句法上的不同。一个句法描述是从大脑书写标记的物理特征抽象出来的。

---

① J. Perry, “Frege on Demonstratives”, *Philosophical Review*. 86 (1977): 494.

这样，根据类比，我们可以说大脑书写标记可能在物理特征上判然有别，但都有同一种句法，换言之，在物理上极不相同的表征系统不过是记号方法的变体而已。根据上述分析，句子主义的基本主张就非常清楚了，用公式可以这样表示：

> x 相信 y 所相信的东西，当且仅当（∋L）（∋s）（L 是一种思想语言，s 是 L 的一个句子，并且 x 中有 s 的一个标记，y 中有 s 的一个标记）

也就是说，信念的同一与差异是由心语的句子及其句法决定的，而心语的句子与句法又是由大脑的物理结构决定的。

句子主义至少面对着如下问题：首先，由于回避了命题，它同时也抛弃了命题的语言中立性特征。但我们有什么理由相信所有人都是用相同的思想语言进行思考的？如果我们默认多语言主义，我们又如何判断使用不同思想语言的人的对应心理状态是否相同？其次，句子主义确定句法特征和规则的常用方法是方法论的唯我论（methodological solipsism），即坚持这样的假设："没有哪种真正意义上的心理状态，会预设着除该状态所属主体之外的个体的存在。（……没有哪个心理状态预设着该状态所属的主体的身体的存在：如果 P 是一个真正意义上的心理状态，那么逻辑上有可能存在着一个'没有身体的心灵'正处于 P 之中。）"[①] 也就是说，他们要求我们忽视有机体所居住的环境，但他们仍在有机体与其环境之间确定了一条边界，并确定了其神经系统的输入与输出的交界面。在这些外围地带，有感觉传感器和运动效应器。传感器通过产生具有某些属性的句法对象（"信号"）对作用于它们的刺激作出反应，效应器通过产生肌肉运动对其他句法对象（"命令"）作出反应，因此，心理表征的语义性至少部分地是由它们与这些传感器和效应器的关系决定

---

① 普特南：《"意义"的意义》，李绍猛译，载陈波、韩林合主编《逻辑与语言：分析哲学经典文选》，东方出版社 2005 年版，第 456 页。

的，可见，仅靠内部的句法或物理特征不足以决定心理表征的语义性。最后，句子态度论者根据方法论唯我论策略和思想语言模型，通常将心理学划分为句法心理学和语义心理学。例如，菲尔德（H. Feild）运用“相信*”这个技术性术语提出了一种划分。他将“X 相信 p，当且仅当有一个句子 S，以至于 X 相信* S，S 意指 p”这个信念公式分解为两个子问题。子问题（1）是：解释什么是一个人相信*（他或她自己的语言的）句子。子问题（2）是：解释句子意指 p 意味着什么。他认为，对于（1）的解释是：我相信*我的语言的一个句子，当且仅当我在进行推理、深思等时倾向于以特定的方式使用这个句子。而（2）与（1）不同，它诉诸的是一种语义关系［即意指那（meaning that）的关系］。① 因此，这里的相信*是一个人与一个句法描述的对象之间的非语义关系。但这种划分用于自然语言的句子可行，用于心语的句子就不可靠了。因为我们的心语句子要能存储信息，不仅需要书写的符号，还需要将各种符号联系起来的机制。如心语句子“雪是白的”要携带“雪是白的”的信息，就需要这样一种机制，它不仅把它与所有包含有心语语词“白”的句子、包含有心语语词“雪”的句子等联系起来，而且还要把它与系统的外围（如能够指示冷的白色物质、冷的绿色物质等的机制）联系起来，最终形成的是一个巨大的联系网，与这种机制的一切联系都依赖于这个句子在控制整个系统的行为中的贡献。因此，将信念问题划分为句法问题和语义问题是没有前途的。

三　观念态度

由于命题态度具有索引性，因此命题态度心理学不能确定心理内容的同一性；而由于心理内容具有整体性特征，因此句子态度心理学也不能根据句法确定信念状态的同一性。那么，出路何在？丹尼特认为，一方面，我们要重新认识命题的本质，另一方面，我们

① 哈特里·H. 菲尔德：《心理表征》，载高新民、储昭华主编《心灵哲学》，商务印书馆 2002 年版，第 608—609 页。

只能采取一种中间立场，即在句法与语义之间寻找出路。

丹尼特认为，命题的问题主要来源于关于命题的可把握性的直觉。事实上，由于任何语义信息都与特殊的意向系统相联系，而这些意向系统又有不同的处境，从而它们摄入（uptake）信息的能力可能截然不同，因此，想用任何通用的媒介来相互传递信息是不太现实的。但目前除了命题之外，我们没有更好的信息传递媒介，那么，唯一的选择就只有重新考虑命题理论的要求。

丘奇兰德曾经提出，命题态度与物理学中的“数量态度”（numerical attitudes）具有相同的结构特征。例如：

命题态度	**数量态度**
……相信 p	……有 n 米/秒的速度
……愿望 p	……有 n 米的长度
……怀疑 p	……具有 n℃ 的温度

这些都是谓词形式的表达式。当我们用一个具体的数字代换“n”时，一个限定性谓语就有了结果。而各种不同的“数量态度”之间的关系也就是那些态度所“包含”的数字之间的关系。同时，单项数目所占据的自变量的位置对于量词是开放的，根据这些我们以普遍化的形式来表示各种数量态度的似规律关系就是合法的。这些规律涉及数目的量化以及它们在该领域所揭示的各种关系。同样，当我们用一个单称命题替换意向谓词表达式中的“p”时，一个限定性谓词也有了结果，所形成的命题态度之间的关系也是它们所“包含”的命题之间的关系，如限定、相当以及相互矛盾等。不仅如此，单称命题所占据的自变量位置对于量词也是开放的①。后来，丘奇兰德又对命题态度与数量态度之间的类比作了修正和补充。他说：

---

① P. M. Churchland, “Eliminative Materialism and the Propositional Attitudes”, In W. Lycan (ed.), *Mind and Cognition: A Reader*, Basil Blackwell, 1990, p. 209.

> 这种观念，即相信 p 就是与一抽象实体（命题 p）具有某种适当的关系……不过是这种类似的看法：重 5 公斤最终就是与一抽象实体（数目 5）有某种恰当的关系。至少，对后一类语境而言，这种关系构想是极其削足适履的。像 x 重 5 公斤、x 以 5 米/秒运动、x 以 5 焦耳/秒辐射等语境与 x 不太重（x weighs very little）、x 运动很快（x moves quickly）、x 大量辐射（x radiates copiously）划为一类更合理。在后三个例子中，主动词之后跟随的是一种显而易见的副词功能。我认为，同样的副词功能在前面的例子中也适用。唯一的区别是：在副词位置使用单项数量术语为修饰主动词提供了一种更准确、更系统、更有用的方式，特别是在所说的位置向量化开放的时候。[①]

根据这种设想，一个命题的功能就是一个单称术语的指谓（denotation），它在命题态度的谓词（即我们用来描述某个人的思想、信念等心理状态的谓词）中充当的就是这种副词性修饰词。命题与数字一样都起某种度量作用。

丹尼特对丘奇兰德的这种看法非常欣赏，他说："只要人们把命题仅仅看作是间接地、近似地'度量'心理状态，从而放松可把握性的掌控，命题就能很好地发挥其有限的作用。只要人们认识到，命题的谈论只是一种启发性的装饰、一种不能被系统地精确化的有用的——有时是不可靠的——近似，人们就能够摆脱……这个假定，即一切告知（informing）都是以言说（telling）——将一命题从 A 发送到 B——为模型的。"[②] 当然，他认为丘奇兰德的类比有失当之处。在他看来，命题更像钱而不是数字。例如，对于"一只羊值多少钱"来说，不存在一个固定的、不偏不倚的、永恒的度量系统，它取决于交易的时间、地点等多种因素。同样，也不存在固定的、不偏不

① P. M. Churchland, *Scientific Realism and the Plasticity of Mind*, Cambridge: Cambridge University Press, 1979, p. 105.

② D. Dennett, *The Intentional Stance*, The MIT Press, 1987, pp. 206—207.

倚的、永恒的以“命题量”来度量意义的系统。他说：“泛化到一切时间与场合的经济价值度量那不可消除的不清确性，其实并不会威胁真正可靠的经济学理论。泛化了的意义度量那不可消除的不精确性，同样也不会威胁真正可靠的意向系统理论。”[①]

丹尼特所走的中间路线是观念态度（notional attitudes）心理学，他认为这是一条通向所谓的“狭义的概念作用语义学”的道路[②]。根据观念态度心理学，信念状态的同一性在于主体观念态度的同一性。他说：“我们想让它确定：我和我的孪生地球人……有完全相同的观念态度，从而我们在命题态度上的不同是由于这些不同的环境造成的。但我们也想让它确定：你和我（不是心理上的孪生人，但在有些问题上有‘相似的心灵’）共享着各种观念态度。”[③] 根据观念态度心理学，生活在不同世界的人可能有相同的观念世界，而生活在同一世界的人也可能有不同的观念世界。

观念世界实际上是一种虚构的（fictional）世界，“它是一个理论家、一个站在第三者立场的观察者为了描述一主体的狭义心理状态而设计的。观念世界可以被认为是充斥着观念的对象，是观念事件——主体所相信的一切对象和事件——的舞台”[④]。现实世界中有些对象在主体的观念世界中有对应者，有些现实的对象没有对应者，而且有些主体的观念世界中还包括着许多在现实世界中没有对应者的观念对象。丹尼特说：

> 观念世界的思想就是关于一个人的内部表征的模型——但不一定是现实的、实在的、真实的模型——的思想。它自身不包含表征而包含被表征物（representeds）。它是“我生活”的世界，而不是我内部的表征的世界。[⑤]

---

① 丹尼尔·丹尼特：《心灵种种》，罗军译，上海世纪出版集团 2010 年版，第45 页。

② D. Dennett, *The Intentional Stance*, The MIT Press, 1987, p. 209.

③ Ibid., p. 152.

④ Ibid., p. 153.

⑤ Ibid., p. 154.

建构主体观念世界的方法，就是异己现象学方法。如前所述，异己现象学与布伦塔诺和胡塞尔等人倡导的自我现象学一样，都是要了解人的观念世界，但它们采取的方法、解释的对象不同。自我现象学是通过内省了解自己的观念世界，而异己现象学是从外部（通过解释对象的行为与环境的关系）确定别人的观念世界。它们最后的结果可能相同，但所持的预设不同。丹尼特认为，两者的区别类似于自然主义心理学与理性心理学之间的区别。詹姆斯（W. James）在论述两者的区别时说：

> 近期的解决方案在心理学中所起的实际作用很少能超过斯宾塞的理论，这种理论主张，心理生活和肉体生活的实质为一，即“内部关系对外部关系的适应”。这种主张是模糊性的典型；但是因为它考虑到了这样的事实，即心灵存在于作用于它们而它们又反过来对其施加作用的环境之中；简单地说，因为它将心灵放在它的全部具体关系之中来考察，它就比旧式的“理性心理学”更富有成就，这种理性心理学将灵魂看作是一种独立存在物，是自足的东西，并且试图只考虑它的本性和属性。①

丹尼特认为，福多和传统的现象学家都与理性心理学家类似，他们都采取了某种方法论的唯我论，即把心理主体看成是一个独立存在的、自足的东西，由此他们得出了相似的结论。现象学家通过某种内省，声称在经验中发现了一种所与（given），它们是建构观念世界的原材料；而福多使用某种对内部机制的内省，也声称在硬件中找到了一种所与的心语文本，它们是建构主体的观念世界的原材料。丹尼特指出，这种所与的存在是可疑的。在他看来：

---

① 威廉·詹姆斯：《心理学原理》第1卷，田平译，中国城市出版社2003年版，第7—8页。

> 不确定所考察的内部事件和结构的语义属性，你就不能从事心理学……而不了解内部事件或结构与主体的环境中的事物的关系，你就不能揭示这些语义属性。[①]

也就是说，要提出一种心理表征理论，从一开始你就必须研究表征的语义学，而不能是先研究句法，再研究语义。当然，相关的环境不必是真实的环境，也可以是虚构的环境。总之，异己现象学的方法，是通过主体与环境的互动，特别是从主体的行为所透露的信息，为他们描述一个虚构的世界，虽然这个世界不存在，但虚构世界中的居民却可以看成是主体表征的观念指称对象，看成是他的意向对象，用这些意向对象就可以建构他的观念世界，然后再依据他的环境、目的就可以大致确定他的信念关于的是什么。例如，如果我们无意间遇到了一个从未见过的生物，它是活的但被冷冻了。我们很容易确定它的生存目的（与我们一样，首先是生存和繁衍），也可以弄清楚它的感官、行为模式以及生理结构等，借助这些知识，我们就可以根据它对相关刺激的反应（如它吃草不吃鱼、通常避开强光照射等）了解它的习性，进而推测它所适应的环境。对于简单的有机体来说，它适应的环境可能很多，但对于复杂的有机体来说，它的内部结构非常复杂，它对环境的要求会非常具体，这样通过反复进行蒯因式的 Gavagai 实验[②]，我们就可以产生关于它的比较具体

---

① D. Dennett, *The Intentional Stance*, The MIT Press, 1987, p. 154.

② "Gavagai" 是蒯因为了说明翻译的不确定性所提出的一种想象的情况。假设一位语言学家到一个与世隔绝的原始部落研究土著人的语言。由于以前从未接触过种语言，因此不可能有翻译手册可供依凭，所以这位语言学家的翻译不可能从语词开始，而只能从与刺激条件相联系的句子即场合句开始，把听到的语句与看到的言语刺激联系起来，然后通过询问方式，观察说话者的言语行为倾向，逐渐了解这种语言，建立它与我们的母语语词的对应关系，编纂一部翻译手册。例如，当一只兔子跑过时，土著人发出 "Gavagai" 的声音，但它是指兔子、白兔、兔腿、跑过去的兔子、兔子的一部分，还是指白色动物等等？这就需要语言学家在同一刺激出现时通过询问和观察土著人的反应来逐渐地了解。当然，由于同一刺激与言语反应之间难以建立固定而单一的关系，所以人们会建立多个翻译手册，因而翻译是不确定的。参阅蒯因《语词和对象》，陈启伟等译，中国人民大学出版社 2005 年版，第 2 章。

的观念世界描述，从而可以获得其意向状态的意义。用公式表达就是：

观念态度＋环境→命题态度

丹尼特指出，他不是把观念世界作为经验心理学家要始终遵守的一种现实的方法论，而是作为一种澄清理论承诺和预设的方法。这与他的整体论思想和解释主义是一致的，因为人们在表达信念、愿望时确实要传递某种语义信息，但我们内部根本没有什么信念、愿望等意向状态，因此寻找语义信息需要研究内部状态，但内部状态本身不可能有语义。语义或信念等都是根据内部状态、人和环境构成的大系统进行解释的产物，那么通过彻底解释来建构主体的观念世界，并根据其环境条件，我们就可以确定信念的意义或要传递的信息。丹尼特说：

> 通过微观还原无法获得事物（语词标记、图表、神经脉冲、大脑状态）的语义属性。语义属性不仅是关系性的，而且……是超级关系性的，因为一个特殊的内容载体、一个标记要有内容，必须具有的关系不仅仅是它与其他类似物……的关系，而且是标记与它所“服务”的有机体的全部生活——和反事实生活——以及有机体的生存要求和它的进化祖先之间的关系。[①]

当然，对同一主体建构的不同观念世界可能都会得到事实的支持，因此我们形成的观念世界是一个可能世界集合而不只是一个世界，但参照环境我们可以最大限度地减少可能世界的数量，但我们无论如何也不可能确定唯一正确的解释，因为不确定性始终存在。他说：“如果——可能性微乎其微——出现了对立的解释，它们能够同样合理地说明某一物体的行为史，那么就没有更深层的事实能

---

① D. Dennett, *The Intentional Stance*, The MIT Press, 1987, p. 65.

够解决争议。有些哲学家想驳回蒯因的彻底翻译的不确定性论题，他们设想有一种思想语言或内部心理表征系统，这种语言能够确定外表的‘行为主义’研究解决不了的问题；但是，意向立场的核心含义是，我们不可能找到这样的内部基础：不确定性始终存在着，在这里是心理状态和过程的彻底翻译的不确定性。”①

第二节 心理内容的存在方式

心理内容的存在方式自古以来就是一个颇有争议的话题。例如，洛克、休谟等经验论者认为，心理内容与外部世界的事物之间都具有表征关系，这种表征是图像式的，“树”的概念就是心灵中的一个树的图像。而在许多普通人眼中，心理内容可能像文件或图书存在于文件柜或书架上一样，是独立地、完整地存在于心灵中的，需要时只要去提取就行了；或者像水泥、沙子存在于搅拌机中一样，要形成某个思想，只要进行“去粗取精”、“去伪存真”的加工筛选就行了。当代心灵哲学中关于心理内容的存在方式最具代表性的主张是心灵表征理论。表征论者认为，心灵与计算机一样都是符号操作系统，但所操作的符号不是图像而是思维语言中的语词或句子。

一 “思维语言”假说与“大脑书写”模型

根据思维语言假说，人的思维是语言式的，即心灵以语言式的表征为操作对象，并以语言的、逻辑的方式进行加工。利康（W. Lycan）将这种假说概括为五个方面：

(1) 思想和心理表征是由各个部分组成的，并且具有句法结构；

(2) 它们的原子部分指称或指谓世界上的事物和属性；

(3) 它们作为整体的意义是由它们的原子部分的语义属

---

① D. Dennett, *Brainchildren*, Cambridge, Mass: MIT Press, 1998, pp. 360—361.

性决定的，这些原子部分是由产生整体句法结构的语法规则联系起来的；

(4) 它们有真值，而真值由世界的存在方式决定；

(5) 它们相互间有逻辑蕴涵关系。[①]

福多是当代心理表征学派最杰出的代表。他认为，心理内容是由心理表征所构成的内部表征系统，而且这些心理表征都是语言式的，其中有概念表征（如“红色”、“长城”等语词），也有由概念表征组合而成的命题表征（如“苹果是红色的”、“长城在中国”等句子）。在他看来，心灵就是计算机，心理机制借助计算来处理思维语言的句子。因此，思维语言的句子个例的功能作用就是在计算系统中的功能作用，不同的意向状态关系可看作是不同的计算关系。他说：

> 说我们以这种语言进行思维，至少有如下的意思：(a) 思维密切地涉及的标记心理状态（特别是像相信 P 那样的标记命题态度），应看作是有机体和标记心理表征之间的关系。……(b) 心理过程（例如，推理……）应看作是对属于这种内部语言的惯用语的操作的结果。具体地说，应把它们视为计算操作的结果，这种操作是由于该表征的形式的——非语义的——属性而适用于内部表征的操作。[②]

希夫尔（S. Schiffer）曾用“信念盒”（box）、“愿望盒”等比喻对福多的这一思想进行了解释：相信 P 就是将思维语言中的一个具有内容 P 的句子加以标记，并将之存放于他的“信念盒”中。心灵作为计算机，可以编制程序对储存在“信念盒”中的句子进行计算加工。福多赞同这种解释，他认为我们可以设想在每个真有

---

① W. Lycan (ed.), *Mind and Cognition*: *A Reader*, Cambridge, Mass: Basil Blackwell, 1990, p. 278.

② J. A. 福多：《心理语义学或者：真值条件来自哪里?》载高新民、储昭华主编《心灵哲学》，商务印书馆 2002 年版，第 515—516 页。

信念的有机体的头脑中都有一个标有“是”的标记的盒子，里面包含有标记心理表征。“是—盒”的内容由如下原则决定：对于每一心理表征 M 来说，O 具有与 M 的 R* （指计算关系），当且仅当 M 的标记在是—盒中。① 基于这些分析，他得出了这样的结论：“有一个命题态度就是与一内部表征具有某种计算关系。”“对命题的态度……‘被还原为’对惯用语句的态度，而这些惯用语句是用一种专门的内部编码表达的。”②

根据思想语言假说，人们认为任何心理模型都只能是“大脑书写”（brain writing）模型，即把内部表征系统作为模型的一个必要条件。福多甚至断言：“没有表征就没有计算，没有计算就没有模型。”③ 哈曼（G. Harman）也持类似看法。他说：“完善的模型必须有一些状态，它们与信念、愿望和思想相对应，从而这些状态在模型中的功能就像心理学状态在被模仿的人中的功能一样，因此它们是表征，就像心理学状态是表征一样。存在这样的表征，就存在一个表征系统；那个系统可能同一于用以思维的内部语言。”④ “在简单模型中，表征可能存储在两个地方。信念的表征存储于一个地方，愿望的表征存储于另一个地方。与环境的相互作用会产生新的作为信念存储的表征。食物、爱等的需要会产生作为愿望存储的表征。推理会在信念集合和愿望集合中产生变化。”⑤ 当然，其他哲学家和认知科学家也建立了各种各样的大脑书写模型。

丹尼特根据自己的研究提出，合格的大脑书写假说一般会符合以下六个条件：

（1）表征系统必定有一种生成语法，即如果你理解这个

---

① J. A. 福多：《心理语义学或者：真值条件来自哪里?》载高新民、储昭华主编《心灵哲学》，商务印书馆 2002 年版，第 530 页。

② J. Fodor, *The Language of Thought*, Crowell, 1975, p. 198.

③ Ibid., p. 31.

④ G. Harman, “Language Learning,” *Nous*, IV (1970): 35.

⑤ Ibid., IV (1970): 34.

系统并知道有限的词汇，你就能产生还没有考察的表征（大脑书写的句子）。

(2) 思想语言的句法的同或异必然反映着大脑物理结构的同或异，即通过有限的测试，一个句法类型的标记可以在物理上与其他句法类型的标记区别开。

(3) 这些标记在物理上是醒目的。尽管有的标记在物理方面相似，但由于非常复杂和多维，因此不可能用频率过滤器、立体声定位器等通用的探测装置发现。

(4) 表征存储必须与主体表现出来的信念和愿望以及拥有的常识知识相一致。

(5) 系统中要有一个阅读器或回放机制。

(6) 存储的信念在逻辑上要融贯，不能相互矛盾。[①]

总之，根据心灵表征理论，正确的心理模型必须有一个存储装置，它与行为相联系并保持逻辑的融贯，存储的模式涉及一些在物理上醒目的句法因素，我们对这些因素有一种生成语法。

二　"思维语言"假说的难题及其错误根源

丹尼特认为，思维语言假说和大脑书写模型有很大的诱惑力，但它们都是错误的，只是一种幻觉。因为它们都面对着难以克服的问题。

首先，表征系统需要占据空间，但我们的信念、愿望可能是无穷的。例如，对于普普通通的食盐来说，我们就有无穷多的信念：盐不是糖，不是绿色的、不是油状的；它适合炒鸡蛋，也适合炒青菜；一粒盐比一头大象小很多；我们的衣服不是由盐制造的，等等。对其他事物也是如此。这就意味着要存储它们的表征，所需要的空间比大脑空间要大得多。

其次，有人提出，大脑只存储了有限的信念，其他信念都可以

① 参阅 D. Dennett, *Brainstorms*, The MIT Press, 1981, pp. 42—44。

通过一种推理器—演绎器机制来产生。但丹尼特认为，这会导致恶性后退。因为如果推理器—演绎器机制也需要存储信息，那么它本身就也要有一个推理器—演绎器机制，反过来，这种机制也需要有自己的推理器—演绎器机制，以此类推，以至无穷。显然，这不是可行的办法。

再次，有表征或大脑书写，就要有表征的使用者或书写的阅读者，那么这个使用者或阅读者是如何使用或阅读表征的？是否也需要自己的使用者或阅读者？如果不是，它们怎么能自我理解、自我阅读？如果是，也会陷入恶性循环。

最后，如果信念等是以句子的形式存在于大脑中的，那么，将来脑科学发达后，警察是否可以通过打开犯罪嫌疑人的大脑查看里面的句子来破案呢？我们在思维、推理时，是否像在黑板上写上或擦去一个句子那样，也在大脑的黑板上写上或擦去一个心语句子呢？显然，这种想法是荒谬的。

丹尼特认为，思想语言假说和大脑书写模型是“机器中的幽灵说”的翻版，它们根源于常规研究策略的失误，是由于把人类信念当成一切信念的范本而产生的一种错觉。哲学家们通常研究“相信P”之类的实例，这种研究注重的是直接或间接受到语言感染的心理状态。这种状态确实存在于使用语言的人类身上，但它们不是范例性的或根本的信念状态（丹尼特将人的信念称为意见①）。如果我们的研究从非人动物中出现的认知状态和事件开始，并把它们用作建立人类认知理论的基础，就会看到人类的受语言感染的意见是派生的，并非与行为的解释有直接关联，就会看到思想语言假说的根源。在他看来，人和其他动物一样都沉浸于信息的“浴池”中，人与青蛙等动物的信念和愿望一样都携带着信息。但作为世界上最奇妙的意向系统，人不仅沐浴于信息之中，还沐浴于语词之中。人不仅要

---

① 丹尼特认为，人和许多其他的生物都有信念，但由于它们没有语言，因此它们的信念是与语言分离的，而人有语言，因此人的信念是受语言感染的信念，他称之为意见(opinion)。参阅 D. Dennett，“How to Change Your Mind”，In his *Brainstorms*，The Harvester Press，1981，pp. 300—309。

跳跃、逃跑、走和吃，还要作出断言、否定、请求、命令和承诺。除了外部公开交流的行为之外，我们还在头脑中思考、记忆、接受句子。而且在我们不和别人说时，也要和自己说。而思想语言假说的产生就是由于“没有对这两个浴池进行区别，即我们和青蛙都沉浸于其中的信息浴池，所有生物只有人类会忘记的语词浴池”①。

丹尼特指出，语言存储和传递信息的能力依赖于非语言的存储和传递方式。信息不是像岩石中的化石那样保存于句子之中的，句子之所以能作为信息的载体，只是由于它是这样的系统的一部分，这个系统具有非语言地处理、存储和传递信息的子系统。“这些子系统是整个人、整个神经系统还是它的某些部分，是一个经验问题，但毫无疑问存在这样的子系统。在这些子系统中，言语信息或内容与事件和状态的联系，只有通过指出这些事件和状态对行为方向的……有效贡献，才能被给予理由”。“言语表达式不是最终的意义载体，因为只是就其是最终的非语言系统的工具而言，它们才有意义”②。

三　显性表征、隐性表征与默会表征

认知科学家在探讨心理内容的存在方式时，借助的都是计算机隐喻。因此，要揭示心理内容的存在方式，首先就要考察计算机的表征方式，看看它们与心灵的表征方式是否相似。丹尼特指出，计算机系统中的信息有三种表征方式：

（1）显性（explicit）表征。“信息显性地表征于系统之中，当且仅当在这个系统的相关功能部位实际地存在着一个有物理结构的对象，即作为要素系统（或‘语言’）的成员的公式、字符串或标记（它们具有语义或解释），以及阅读或分析这些公式的（某种机械的）设备。”③ 也就是说，显性表征是一些在句法上有区别的标记或能作出可靠解释的符号。

① D. Dennett, *The Intentional Stance*, The MIT Press, 1987, p. 112.

② D. Dennett, *Content and Consciousness*, Routledge & Kegan Paul plc, 1986, p. 88.

③ D. Dennett, *The Intentional Stance*, The MIT Press, 1987, p. 216.

（2）隐性（implicit）表征。“信息是隐性地表征的……是指它是由某种显性存储的东西在逻辑上蕴涵的。”① 例如，所有欧几里得定理都蕴涵在公理和定义之中，如果我们制造一台机械的欧几里得机，并将公理和定义显性地表征在机器中，它就可以推导出一些定理，这些定理并不是显性地表征在机器中的，而是由这些公理逻辑地蕴涵的。

（3）默会（tacit）表征。丹尼特认为，这种表征是赖尔所说的“知道怎样做”的能力，它既不是显性表征，也不是隐性表征，而是“以某种形式固定于系统之中，不需要在系统中被（显性地）表征”②。

以一台掌上计算器为例。它在屏幕上、键盘上或缓存中可以显性地表征数字，如键盘上印刷的数字或输出结果时在屏幕上显示的液晶数字。另外，如果让它计算 6×7=?，它就快速地做加法：7+7+7+7+7+7，在此过程中每次相加的中间结果都会存储于寄存器或缓存中。根据这些存储状态，我们可以把 6×7 和 7×6 所经历的过程区分开，因为前者的中间结果是 12、18、24、30，后者是 14、21、28、35。这些数字都是显性地表征的。但算术命题或定理却不是显性地表征在计算器中的，如果你检查计算器的硬件，不可能找到这些命题或定理。但它们也不是由这些加和的结果逻辑地蕴涵的，而是被默会地表征的，即具现（embody）在硬件上，就像流体力学原理反映在鱼的身体形状上一样。之所以如此，是由于设计者对它的内部机制作了巧妙的安排，使它具有了进行算术运算的能力。丹尼特说：“这个设计过程……的一个有意思的特征是：设计者通常是由一套关于要尊重的真理和要遵守的规则的规程开始的。他们最后成功地制造出一台装置，它‘遵守’这些规则、‘尊重’这些真理，但它自己根本不需要显性地表征它们。”③ 其他机械装置以及动物和人身上也有这种默会表征的能力，只是表征的

---

① D. Dennett, *The Intentional Stance*, The MIT Press, 1987, p. 216.

② Ibid., p. 218.

③ Ibid., p. 222.

方式更复杂、更巧妙、更灵活。

丹尼特认为，隐性表征依赖于显性表征，而显性表征依赖于默会表征，“默会表征的要义就是它是默会的，系统的状态是直接并且仅仅是从它们的整体定义的功能作用得到其语义属性的”[①]。因此，显性表征自身不可能成为信息的携带者，只有当它们在更大的系统中发挥某种适当的作用时，才能变成信息携带者。而要能在更大的系统中发挥适当的作用，就需要有一个具有某种默会能力的系统，它可以处理表征，但不需要其他隐性或显性的表征来支撑它，也就是说，表征在能力面前就终止了。这样，显性表征只要成为这个系统的一部分，就会发挥作用。因此，默会知识即非表征的技巧和能力比内部标记和内部表征更根本。他说：“没有理由认为这些核心因素，这些具体的、醒目的、分别存储的表征标记（任何复杂的信息加工系统中都肯定有这些因素）就代表（或是）我们信念的一个子集。”[②] 我们日常的大多数信念都是虚拟的，只是隐性地存储或表征的，显性存储的是我们完全不熟悉的信息（如关于记忆地址、解决问题或识别程序等的信息）。当然，大脑中可能有一些核心的信息存储因素，但即便对这些因素进行了个体化，它们也不可能是我们通常所说的信念[③]。

后来，丹尼特对这一思想作了进一步的发挥，指出在确定心理内容时，工具和技巧居核心的地位，内容的首要载体是自主体在文化和生态环境整体中所体现的能力[④]。对此，克拉克（A. Clark）曾精辟地指出：“丹尼特对非命题内容的强调与他对技巧和心灵工具的强调是非常一致的。对丹尼特来说，自主体与世界之间的技巧性结合（engagement）是一切内容之根，这种以技巧为基础的内容

---

① D. Dennett, *The Intentional Stance*, The MIT Press, 1987, p. 223.

② Ibid., p. 55.

③ Ibid., pp. 70—71.

④ 参阅 D. Dennett, “Making Tools for Thinking”, In D. Sperber (ed.), *Metarepresentations: A Multidisciplinary Perspective*, Oxford: Oxford University Press, pp. 17—29. D. Dennett, “Things about Things”, http://ase.tufts.edu/cogstud/pubpage.html. last accessed 19 sept. 2001。

被认为是解释性的，它优先于通常与显性的‘内部表征’相联系的各种内容，实际上，与它相联系的是其他的各种心灵工具：身体、神经或环境结构，这些结构得到了调整和选择，从而能够支持某些与世界的技巧性结合。”① 克拉克认为，丹尼特的这一思想不仅是一个了不起的洞见，更重要的是它成为了看待智能和意义的一种独特方式的基石。

第三节 心理语义性的来源

意向性是心灵（至少是人类心灵）的重要特征。正是由于意向性，人的意向心理状态才能指向、关于或表征世界上存在的（如山川河流、草木虫鱼）和不存在的东西（如孙悟空、七仙女）。换言之，如果人的心灵状态有意向性或处于表征状态，它就会有语义性。但是，有些事物（如烽火、树的年轮）也具有意向性或语义性，它们可以表示某种信号、表征树龄。那么，这些意向性与人的意向性是否相同？如果不同，区别何在？另外，心理的语义性似乎与已知自然现象（如实在、属性、关系等）都判然有别，那么，人的物理系统怎么可能具有意向性？心理的语义性从何而来？我们如何对心理内容进行自然化？这些都是当代意向性研究的重点和难点问题。

一 本源意向性与派生意向性

20 世纪以来随着哲学的两次转向，语言与思想的优先性之争发生了一次根本性的转折。20 世纪初，随着哲学的语言学转向，人们认为语言优先于思想。如达米特（M. Dummett）就说：“思想的本质是，我可以将我的思想本身传达给你，而不是只告诉你我的思想是什么样子。思想的本质是：它借助语言不仅能够进行交流，

---

① A. Clark, “Minds, Brains, and Tools”, In H. Clapin (ed.), *Philosophy of Mental Representation*, Oxford: Clarendon Press, 2002, p. 81.

而且能够毫无遗漏地交流。"[①] 但随着 20 世纪 70 年代之后的认知转向，这个关系被彻底颠倒过来了。哲学界普遍认为思想比语言更根本，语言（以及其他事物）的意义都源自于心灵，或者说，心灵的意向性是本源的意向性，其他事物的意向性都是派生的意向性。塞尔说："我通向语言问题的道路背后有一个基本的假设：语言哲学是心灵哲学的一个分支。表达世上的对象和事态的言语行动能力是心灵（或大脑）的更基本的生物学能力——借助信念和愿望等心理状态，特别是通过活动和知觉将有机体与世界联系起来的能力——的一种延伸。既然言语行动是一种人类行为，既然表达对象和事态的言语能力是心灵将有机体与世界联系起来的更一般的能力的一部分，那么任何对言语和语言的完整解释都要对心灵/大脑如何将有机体与实在联系起来作出解释。"[②] 根据对语言和心灵之间关系的这一认识，他又进一步指出："我们不可能借助语言的意向性来解释心灵的意向性，因为语言的意向性已经依赖于心灵的意向性了。"[③] 他认为，要坚持这一主张，就要把内在的（intrinsic）意向性[④]、派生的意向性和好像的（as-if）意向性区别开。以下面三个陈述为例：

（1）我此刻非常饿。

（2）在法文中，"J' ai grand faim en ce moment" 的意思是我此刻非常饿。

（3）我园中的植物饿得需要养料。

---

① M. Dummett, *Truth and Other Enigmas*, Cambridge, Mass: Harvard University Press, 1978, p. 442.

② J. Searle, *Intentionality: An Essay in the Philosophy of Mind*, Cambridge: Cambridge University Press, 1983, p. vii.

③ 约翰·塞尔：《心灵、语言和社会》，李步楼译，上海译文出版社 2001 年版，第 86 页。

④ 这类意向性有内在的意向性、本源的意向性、客观的意向性、真正的意向性等不同的名称，各自的含义不尽一致。这里主要探讨意向性的起源问题，因此选用"本源的意向性"，并把上述名称当作可以互用的同义词。

塞尔认为，这三个句子都涉及饿的意向性现象。但这三种归属的情况非常不同。第一个是把内在的意向性归属于我。如果我具有那种归属于我的状态，不管别人怎么看它，我都具有这种状态。第二个陈述归属的也是真正的意向性，但法文句子中的意向性不是内在的，而是派生于说法语的人的内在意向性。由于那个句子有可能被法国人用来意指别的东西，或者根本不意指任何东西，因此它的意义不是内在于句子的，而是来自那个具有内在意向性的行为主体。一切语言的意义都是派生的意向性。第三个陈述没有任何真正的意向性归属，它只是象征性的、比喻性的意向性，塞尔称之为好像意向性。他说："有两种真正的意向性，一种是内在的，一种是派生的，但'好像'意向性并不是第三种意向性。'好像'意向性的归属是一种比喻。说某种实体具有'好像'意向性不过是一种表述方式，说明它的行为表现得'好像'具有意向性，而实际上并没有意向性。"①

内在意向性和派生意向性之间的区别代表着一种更为根本的区别，即不依赖于观察者的世界特征（如力、质量、地心引力等）与依赖于观察者的特征（如是一把刀、一把椅子或一个英语句子）之间的区别。内在的意向性是不依赖于观察者的。"内在的意向性是人类和某种动物作为生物本性所具有的现象，与如何使用、如何考虑、如何描述无关。它只是动物的纯粹事实"②。派生的意向性是依赖于观察者的，即只有在与观察者、使用者等的关系上才具有它所具有的意向性。在他看来，意向性就像物理学中的重力、电磁力，生物学中的有丝分裂、光合作用一样是实在世界的实在的、独立于观察者的或内在的特征。因此，通过表明人和其他动物的内在意向性何以能够是自然界的一部分，就能找到意向性自然化的途径。

---

① 约翰·塞尔：《心灵、语言和社会》，李步楼译，上海译文出版社2001年版，第89页。

② 约翰·塞尔：《心灵的再发现》，王巍译，中国人民大学出版社2005年版，第69页。

塞尔特别强调，不能把派生意向性和“好像”意向性当成范式，按照它们来解释一切内在的意向性。他说：

> 任何否认内在意向性和仿佛意向性的区分的企图，都会遇到归谬。如果你否认这种区别，那么宇宙中的一切都有意向性。宇宙中的一切都遵守自然律，因此一切都以某种程度的规则性来运动，因此一切运动都仿佛是在遵守规则，执行某个项目，根据某个欲望来行动等。例如，我丢一块石头，石头试图到达地球中心，因为它想到达地球中心，因此它遵守规则 $S=1/2gt^2$。总之，否认内在意向性和仿佛意向性的区别的代价是荒谬的，因为它使得宇宙中的一切都有了心智。……忽略了这些简单的区分，是当代学术中最大错误的根源。①

塞尔还将矛头直指丹尼特，认为丹尼特的意向系统理论就是这种最大错误的典型代表。由于丹尼特把计算机的派生意向性当成了研究人脑中的内在意向性的模型，把“好像”意向性归属当成了内在意向性归属的正确模型，因此他犯了本末倒置的错误，他根据假象就误以为自己发现了意向性的本质②。

当代心灵哲学中持塞尔这类看法的不乏其人。例如，豪格兰德（J. Haugeland）就说，人造物“……只是由于我们给予它们意义才具有意义；它们的意向性与烟信号和书写符号的意向性一样，本质上是借来的，因此是派生的。坦率地说，计算机本身（与书本一样）用它们的标记并不意指什么——它们只是意指我们让它们意指的东西。另一方面，真正的理解是意向的，这是‘凭自己的资格’而不是派生于其他的东西”③。福多也指出：“烟和树的年轮最终只是相对于我们预言火、确定树龄的兴趣才进行表征的，恒温器

① 约翰·塞尔：《心灵的再发现》，王巍译，中国人民大学出版社 2005 年版，第71 页。
② 同上书，第 71—72 页。
③ J. Haugeland, *Mind Design*, Cambridge, Mass: MIT Press, 1981, pp. 32—33.

只是相对于我们保持室温的兴趣才进行表征，英语单词只是相对于我们用它们来交流思想的意向才进行表征。也就是说，我准备这样说：只有心理状态（从而，根据关于心灵的表征理论，只有心理表征）最终才被证明具有第一位的语义属性，因此，自然化的语义学严格说来只应运用于心理表征。”①

这些主张背后的支撑性预设是米里肯（R. Millikan）所说的“意义理性主义”（meaning rationalism）②，即心理内容的意义或意向性有唯一的、确定的解释，是不依赖于观察者和解释者的，我们有通向自己的心理内容的优越通道。因为福多等人认为，如果没有本源的意向性，心理内容就会失去根基，就无法解决析取问题（disjunction problem）或错误表征问题。以关于“奶牛”的表征为例。根据福多和德雷特斯克（F. Dretske）所倡导的信息语义学或因果协变论，“奶牛”这一表征通常由奶牛引起，但有时（比如晚上看不清楚）也可由马或别的东西引起。因此它意指的就不是奶牛，而是或奶牛或非奶牛（如马等）这样的析取属性。这样一来，心理内容就没有与其外延中的对象协变，两者就没有固定的因果关系。换言之，心理表征既可以与其外延中的对象协变，也可与不是其外延的对象协变，但这并不违背因果协变理论。德雷特斯克提出，要解决析取问题，就要正确地区分学习概念的时期和运用概念的时期。人们在学习时期是通过强化（奖励正确的用法，惩罚错误的用法）来建立表征与所指之间的正确联系。在运用时期人们会尽可能保持其意义。当然该表征有时会被错误引起，这时又会出现一个“后学习”时期，即由别人或自己来对错误表征进行纠正。也就是说，避免或纠正错误的表征靠的是行动，而行动又依赖于意向内容③。但

---

① J. Fodor, *Psychosemantics*, The MIT Press, 1987, p. 99.

② 参阅 R. Millikan, *Language, Thought and Other Biological Categories*, Cambridge: The MIT Press, 1984, p. 10、91—94、157—158、229、326—333。

③ 参阅 F. Dretske, “Misrepresentation”, In R. Bogdan (ed.), *Belief*. Oxford: Oxford University Press, 1986, pp. 34—36. F. Dretske, *Explaining Behavior*, The MIT Press, 1988, pp. 95—107。

是，德雷特斯克提出因果协变论是想借助心理内容与外部对象之间的因果协变而对心理内容进行自然化。而他在处理析取问题时最终又仰仗意向内容，因此，他犯了循环论证的错误，也违背了他将内容自然化的初衷。福多认为，析取问题是由于我们把信息等同于意义所致。信息有两类原因，如“奶牛”标记的信息，它既可以由奶牛引起，也可由非奶牛引起。由此便是两类信息。但意义则不同，不管怎样被引起，它都是其所有标记共有的东西中的一种。此外，信息伴随着原因论，而意义则不然。因此，解决析取问题需要的不是关于错误的理论，而是关于意义的理论。为此，他提出用“非对称的依赖性”（asymmetric dependence）来解决析取问题。奶牛引起“奶牛”标记，马有时也能引起“奶牛”标记。但是“奶牛”始终意指奶牛，而不意指马。因为马之能引起“奶牛”标记，在因果上依赖于奶牛引起“奶牛”标记，而后者却不依赖于前者。这里的因果依赖性是非对称的。“奶牛”意指奶牛，仅仅是因为“奶牛”标记携带着关于奶牛的信息，而不是别的信息。总之，要得到信息，只需要有可靠的因果协变，而要有意义，还离不开非对称的依赖性[①]。不难看出，无论是德雷特斯克提出的学习概念时期与运用概念时期的划分，还是福多的“非对称的依赖性”，都是想通过功能意义的确定性为心理内容的确定性奠定基础。

丹尼特认为，德雷特斯克的解决方案是无效的，因为根据他的解释，错误表征只可能发生在概念运用时期，但这不能解释天赋的表征状态的意义，其错误根源来自于对本源意向性的追求。福多的方案也不彻底，因为他在确定“奶牛”意指奶牛时只有两种选择：要么是走塞尔式的内省道路，认为这是他能够从内部说出的东西，要么是考虑自然选择的设计，但他明确反对目的论或最优化设计的解释。丹尼特指出，多数哲学家都认为心理语义性具有确定性特征，“内容归属的准确性要求和解释的独立性要求，不仅是德雷特斯克

---

① J. Fodor, *A Theory of content and other Eassays*, Cambridge Mass: MIT Press, 1990, pp. 90—100.

的研究纲领的标志，而且是语言哲学和心灵哲学中的许多理论研究……的标志”[①]。因此，确定心理语义性的来源首先要破除这种神话，而这只能求助于漫长的进化历史。

二 漂浮的意向性

丹尼特将塞尔等人的学说称为“本源的意向性学说”。在他看来，持上述学说的人就像亚里士多德把上帝看作不动的动者一样，想把人变为无意的意者（unmeant meaner）。但人根本不是无意的意者，不是心理语义性的最终来源，心理语义性的终极根源是“漫长的自然选择进化过程”。

丹尼特认为，一切人造物之所以具有派生的意向性，是因为它们在其创造者的活动中扮演的角色。因此，写在一张纸上的购物清单只具有派生的意向性，它来自于写下这张清单的自主体的意向性，但这个自主体记忆中的购物清单也只有派生的意向性，因为它与纸上的购物清单有相同的理由。尽管它是内在的，但它仍只是这个自主体的大脑所创造的人造物，它意指什么也只是由于在他的头脑的内部活动中的特定地位，以及这些活动在支配他的行为中的角色。人的意向性同样如此。“脑是一种人造物，它所获得的意向性来自其各部分所拥有的悬向性，而这些部分的意向性又来自于它们作为更大系统的一部分而在这个更大系统的运作中扮演的角色；换句话说，就是从它们的创造者的意图得到意向性的。这个创造者不是别的，就是大自然，亦即人们所说的通过自然选择的进化过程。脑的状态的意向性是由设计它们的系统或者过程的意图衍生来的。”[②]

以机器人为例。假如我们碰到一个机器人在超市中推着购物小车穿行，不时看看一张写着符号的纸条。纸条上有这样的字符：

牛奶@1×升　如果 P<2×斤/P　否则 2×牛奶@斤

---

① D. Dennett, *The Intentional Stance*, The MIT Press, 1987, p. 304.

② 丹尼尔·丹尼特：《心灵种种》，罗军译，上海世纪出版集团 2010 年版，第49 页。

我们对这些胡言乱语可能一头雾水。在问机器人时，它说："那不过是提醒我，买一升牛奶，但是只有在一升的价钱小于一斤的两倍时才买。一斤装的东西我拿起来要更容易些。"当然，这些意义是来自于机器人设计者的设计。假如我们进一步改进机器人的设计：采取各种方式使它对价格敏感，能根据自己的"经验"盘算出应该采取上述原则。这时，原则就不是以硬接线的方式实现的，而是灵活的。很快机器人可能就会根据自己进一步的"经验"判定说这种做法其实并不合算，从此开始总是买一斤装的牛奶，而不管其价钱是多少。丹尼特认为，随着控制系统及附属的信息采集和评估子系统越来越精巧，机器人自己的贡献就会越来越大，因而它关于自己是其意义的"作者"的断言就会越来越有说服力，那么，随着时间的推移，这些意义可能连机器人的设计者也不能预知。

当然，机器人还需要有一个人类设计者。丹尼特认为，这不是问题，因为自然选择理论已经证明了如何从我们关于起源的解释中将这种智慧的设计者取消。"在自然选择进行选择时，它可以由于一个理由而非另一理由'选择'一种特殊的设计，却不需要有意识地（或无意识地）'表征'这种选择或这些理由。……在自然选择过程中根本没有表征。"①

这里的关键是要把自由漂浮的理由与充分理解的理由区别开。换言之，某个事物对于（to）或为了（for）一个系统或有机体的意义是一回事，而那个系统或有机体从内部知道、认出或内省到这种意义是另一回事。例如，布谷鸟在孵化出来后所做的第一件事，是把巢中的其他鸟卵推出去，因为它们在父母面前可能是自己的竞争对手。这种活动的理由或意义是存在的，它"漂浮"于进化的过程之中，但布谷鸟却不知道这种理由。同样，人类意向性的产生也是由于自然选择的结果，进化只是在无意识地进行选择，由于我

---

① D. Dennett, *The Intentional Stance*, The MIT Press, 1987, p. 299.

们与环境相适应，大自然就基于这个理由选择了我们。只是到后来随着我们内部结构越来越复杂，具有了自设计能力，才产生了自我表征，才具有了辨认这些理由、意义的能力。也就是说，进化的设计过程是我们的意向性之源。我们这种理由表征者、自我表征者是一种后来的、特化的产物。因此，我们的意向性与机器人的意向性一样是派生的。当然，我们可以把自己的意向性称为真正的意向性，但必须认识到，相对于自然选择的意向性来说，它是派生的。因此，从根源上讲，如果有本源的意向性，即不派生于任何其他的意向性，那么，只有自然选择的意向性才称得上是本源的意向性。丹尼特说：

> 让我们能够说和写并生出各种奇思妙想的意向性无疑是进化过程里复杂而晚近的产物。它既以更粗朴的意向性（被塞尔和其他人贬为“仿佛而已的意向性”）为祖先又以其为当代的部件。我们是机器人的后裔并由机器人构成，我们所享有的所有意向性都来自这亿万粗朴的意向系统那更为基本的意向性。①

人们之所以坚持本源意向性学说是基于两个原因：一是为了维护我们对自己思想的优越通道或特殊权威。如果我们只是人造物，我们对自己内心思想的意义以及它们是否有意义就会失去权威性。但我们是那些思想的思想者，怎么能没有这种权威呢？二是对本质主义或确定性的追求。如果我们是这样的人造物，我们就不仅没有通向自己思想的优越通道，而且也找不到什么深层次的事实能够完全确定我们思想的意义，因此当对同一生物学专有功能（porper function）有多种解释，而且它们都能得到支持时，就无法确定哪个是最正确的解释。这显然是违背直觉的。丹尼特认为，这些直觉实际上都是幻象。“智能幻觉的产生，是由于我们对过程的有限视

① 丹尼尔·丹尼特：《心灵种种》，罗军译，上海世纪出版集团2010年版，第51页。

野；除了‘聪明的方法’之外，进化可能尝试了一切‘愚蠢的方法’，但这些愚蠢的方法如果失败就会从视野中消失。”我们所看到的是成功的序列，当我们解释了它们为什么成功时，我们就揭示了事物的原因，即得到了进化“认可”的理由。因此，“最初的理由和最初的反应……不是我们的或我们哺乳类祖先的理由，而是大自然的理由。自然鉴赏了这些理由却没有表征它们”①。

事实上，我们的心理内容本质上就是不确定的，这不只是说我们不能确定，而是说根本没有赖以确定它的深层次的事实。以普特南所举的鲁利坦尼亚国为例②。这里的人把沼泽中的一种看不见的爆炸性气体称为“glug”，如果我们给他们看乙炔，他们也称之为“glug”。由此，我们可以假定他们此前遇到的所有气态碳氢化合物都是甲烷，但由于他们的化学知识有限，因此，根据他们过去的行为或当前的倾向，都不能断定他们用“glug”表示的是甲烷还是气态碳氢化合物。我们也没有其他的深层次事实能够对此作出判断。但对他们来说这无关紧要，因为仅仅根据这种粗劣的区分，他们就已经适应了环境，因此，自然选择保证的只是这种不确定的意义。我们之所以对“glug”有更详细的划分，是因为我们基于最优化设计的原则，对它们进行了功能或意义的归属。丹尼特说，对意向性的起源，“要么你必须放弃意义理性主义（即这种观念：你与布谷鸟幼鸟的不同在于你不仅具有通向你的意义的通道，而且还是优越通道），要么你必须放弃自然主义，它坚持认为你只是自然选择的产物，因此你的意向性是派生的，从而是潜在不确定的”③。

当然，仅有派生的意向性不会影响人类的生活。就像上面提到的购物机器人一样，它可以把派生的意向性传授给其他的人造物。

---

① D. Dennett, *The Intentional Stance*, The MIT Press, 1987, p. 317.

② 参阅普特南《计算心理学与解释理论》，载高新民、储昭华主编《心灵哲学》，商务印书馆 2002 年版，第 700—703 页。丹尼特借用的是普特南的例子，但只用了例子的名称，内容完全改变了。

③ D. Dennett, *The Intentional Stance*, The MIT Press, 1987, p. 313.

它游行于世间，干着自己的事，同时避免伤害，所有这些依赖的都是它自己仅有的派生意向性，这种意向性是设计者设计的，但当它获得了关于世界的更多信息之后，就会逐渐具有自设计。“我们自己可能正是处于同样的境地，在我们自己那衍生‘而已’的意向性的光辉照耀下过着自己的生活。究竟有什么好处是我们作为进化设计产物所不能被赠与的，而必须仰仗内禀意向性（不管它是啥）的恩赐呢？或许我们不过是在追逐镜花水月罢了。”[①]

马克思主义意识论也涉及心理内容问题，如认为意识是对客观实在的“复写、摄影、反映”[②]，感觉、意识“是外部世界的映象”[③]，“观念的东西不外是移入人的头脑并在人的头脑中改造过的物质的东西而已”[④]。“外部世界对人的影响表现在人的头脑中，反映在人的头脑中，成为感觉、思想、动机、意志，总之，成为‘理想的意图’，并且以这种形态变成‘理想的力量’。”[⑤] 这些基本原理坚持了世界的物质统一性，对于确定内容的来源、内容对世界的依存关系具有重要的意义。但总的看，当前的研究还不够深入，比较笼统、模糊，多数研究是对经典论断的阐述和解释，对于“映象”是什么、意识的存在方式、意义的根源等深层次问题，还缺乏深入细致的研究。如果借助丹尼特关于人/亚人的划分，可以说我们当前的研究基本上还处在人的层次。由此，也出现了一些误区或错误。如有的学者认为，主观的观念、心理映象是客观地存在于大脑中的，它们构成了人的“精神世界”、“内心世界”；有的学者认为，对象是“意识外的存在”，映象是“意识界的存在”，我们可以在头脑中再现“马”的形象、“牛”的形象，等等。如果这些论述是形象的、隐喻性的说法是可以的，但如果真的认为头脑中有一个精神世界、存在一个“马”的形象，则是非常荒谬的。著

① 丹尼尔·丹尼特：《心灵种种》，罗军译，上海世纪出版集团 2010 年版，第 51 页。

② 《列宁选集》第 2 卷，人民出版社 1995 年版，第 89 页。

③ 同上书，第 66 页。

④ 《马克思恩格斯选集》第 2 卷，人民出版社 1995 年版，第 112 页。

⑤ 《马克思恩格斯选集》第 4 卷，人民出版社 1995 年版，第 232 页。

名科学家克里克（F. Crick）指出：心灵或意识“实际上都不过是一大群神经细胞及其相关分子的集体行为”[①]，当然，这种“集体行为”并不是意识本身，但我们头脑中也确实只有这些“集体行为”，你不可能找到什么“映象”、“精神世界”之类的东西。如果坚持这种说法，那么，只能与丹尼特所说的“观念世界”归于一类，都不过是解释的产物、度量的工具。

当代认知科学和神经科学证明，大脑虽然可以看成是一个信息加工装置，但它是一个复杂性系统、分布式神经网络，信息在其中的表征不是局域的，而是整体的、分布式的，“分布式表征不是传统意义上的词汇意义上的表征。它分布于表征系统的所有组成之中。在此没有‘代表’着某种事物的符号，也没有它们之间的语法关系，系统本身也完全不需要语义的解释层。我们既不需要某种中心处理器，也不需要外部的观察者”[②]。当然，当代认知科学的神经模型不太关心神经结构和过程的细节，它还不是神经系统本身，而只是神经系统的抽象模型。它与信息加工模型一样，只揭示了计算的心灵（computational mind），与经验的心灵（experiential mind）之间还有一道鸿沟。但至少有一点可以肯定：我们平常所说的信念、愿望并不是与物理实在并行的独立实在，它们在大脑中也不是完整保存的，关于它们的表征是分布于整个神经网络的。用丹尼特的话说，它们都是隐性地存储于大脑之中。要把这些表征看成是信念、愿望等，需要更高的描述层次，即从亚人层次转换到人的层次或者从物理、设计的立场转换到意向立场，而确定它的意义，既要参照大脑、人、社会以及世界构成的大系统，也要考虑文化、历史以及进化的因素。

---

① 弗朗西斯·克里克：《惊人的假说——灵魂的科学考察》，汪云九等译，湖南科学技术出版社 2000 年版，第 3 页。

② 保罗·西利亚斯：《复杂性与后现代主义：理解复杂系统》，曾国屏译，上海科技教育出版社 2006 年版，第 100 页。

第五章

意识模型的建构

当代心灵哲学界，尽管在意向性问题上仍有很大分歧，但人们至少会承认它是一个“容易问题”,[①] 可以接受科学的研究，但意识则另当别论。在人们的眼中，它似乎像一匹不可驯服的野马仍然游离于科学的围栏之外，只能成为“深夜边喝边谈的话题”[②]。著名哲学家内格尔（T. Nagel）就曾感叹道：“如果没有意识的话，心身问题将会是索然无味的；但如果有意识，心身问题又好像无望解决。”[③] 布莱克摩尔（S. Blackmore）也说：对哲学家和科学家来说，意识都是一块“硬骨头”，“意识的主观性使意识成为一个令人烦恼、纠缠不清的事实。也许，正是这个事实决定了下述情况，即在20世纪，几乎整个意识问题都被排斥到了科学讨论的范围之

---

① 意识的“容易问题”和“困难问题”是大卫·查默斯提出的一种划分。他认为，容易问题可直接接受标准的认知科学方法的处理，可以用计算的或神经机制的术语予以解释，这类问题主要包括对刺激的辨别、反应，对信息的整合，心理状态的可报告性等。困难问题主要是与意识经验有关的问题，即通常所说的现象学意识、意识的主观特性、感受性、质的特征等。内格尔的“蝙蝠假说”、杰克逊（F. Jackson）的“黑白玛丽”（或知识论证）以及列文（J. Levine）关于“解释鸿沟”的划分等针对的都是意识的困难问题。参阅高新民、储昭华主编《心灵哲学》，商务印书馆2002年版，第二部分、第四部分。

② 大卫·查默斯：《意识感受之谜》，载王文清主编《脑与意识》，科学技术文献出版社1999年版，第102页。

③ 托马斯·内格尔：《成为一只蝙蝠可能是什么样子》，载高新民、储昭华主编《心灵哲学》，商务印书馆2002年版，第106页。

外”[①]。丹尼特也谈道：“人类的意识大概是最后的未解之谜了。”这个谜比其他的谜更难破解，因为尽管宇宙的起源、生命与繁殖、自然界的设计等人类之谜还没有最终的答案，但它们已经被驯服，人们至少知道如何思考它们、知道怎样去寻找更好的解答。但对于意识，我们至今仍如坠五里云雾中，它“迄今仍常常令最睿智的思想家张口结舌、不知所措。与过去遇到过的所有奥秘一样，许多人坚持认为——并且希望——不会出现对意识的祛魅”[②]。不过，经过“脑的十年”之后，意识研究已经逐渐成为科学界的“新宠”，“惊人的假说”层出不穷，“中间层理论”（intermediate-level theory）[③]、“整体工作舱理论”（global workspace theory）[④]、“神经元群选择理论”（theory of neuronal group selection）[⑤]、“大脑达尔文机”[⑥] 等理论、模型纷纷“吐蕾于科学的花园中”，对意识的研究起到了极大的推动作用。丹尼特近年来也越来越重视科学对于破解意识之谜的重要意义。他在与神经科学家伽扎尼加（M. Gazzaniga）谈话时说：

> 我渴望创造、辩护和确认（或否定）与这些现象（指心理现象——引者注）直接相关的理论，而不是与这些现象的理论相关的理论。哲学家的元批评通常会对混乱进行澄清和揭露，因此是——或应该是——不可忽视的贡献，但我自己也喜

---

① 苏珊·布莱克摩尔：《谜米机器：文化之社会传递过程的“基因学”》，高申春等译，吉林人民出版社 2001 年版，第 3 页。

② D. Dennett, *Consciousness Explained*, Little, Brown and Company, 1991, pp. 21—22.

③ R. Jackendoff, *Consciousness and the Computional Mind*, Cambridge, Mass: MIT Press, 1987.

④ 巴尔斯：《在意识的剧院中——心灵的工作空间》，陈玉翠等译，高等教育出版社 2002 年版。

⑤ 杰拉尔德·埃德尔曼等：《意识的宇宙：物质如何转变为精神》，顾丹及译，上海科学技术出版社 2004 年版。

⑥ 威廉·卡尔文：《大脑如何思维——智力演化的今昔》，杨雄里等译，上海科学技术出版社 1996 年版。

欢对理论做出直接的贡献。[①]

自打把内容和意识作为自己的研究重点以来，丹尼特就踏上了建构认知的意识理论的征程。随着对大脑工作机制了解的不断深入，他的理论的技术细节更加丰富，论证更加翔实，但回答“意识的主题问题”这个目标和基本的主张没有改变[②]。他的理论有积极和消极或者说建构和解构两个方面：从消极或解构的一面看，他要彻底颠覆传统的二元论以及“笛卡尔式的唯物主义”，解构常识的意识观，取消他认为不存在的意识属性；从积极或建构的一面看，他建立了一种新颖的意识理论，对意识问题作出了独到的解答[③]。根据历时态和共时态两个视角，我们可以把丹尼特的意识理论分为两个部分：一是心灵的进化理论，所得出的结论是：“有意识的人类心灵或多或少是在进化为我们提供的平行硬件上——低效率地——执行序列式加工的虚拟机器。”[④] 二是意识的神经模型，即“多草稿模型”（multiple drafts model）。第八章再讨论心灵的进化问题，这里主要考察他的意识模型。

第一节 “笛卡尔剧场”模型及其难题

笛卡尔是现代心灵哲学之父。他所提出的心—身问题框架不仅

---

① 转引自 J. Symons，*On Dennett*，Wadsworth，2002，p. 15。

② 丹尼特的个别观点也有变化，有的甚至后来被他自己彻底否定。例如，他早期在《内容和意识》中提出大脑的某个地方有条“知觉线”，越过这条线之前发生的内容修改会改变意识的内容；后来发生的修改（或错误）被当作后验的篡改；一切调整，不论是否真实，原则上都处在这个设定的界线的某一边。按照他后来的观点，这种看法应当是“笛卡尔式的唯物主义”，因此，他后来说这是自己犯的“最大错误”。参阅 D. Dennett，*Consciousness Explained*，Little，Brown and Company，1991，p. 246. D. Dennett，*Brainchildren*，Cambridge，Mass：MIT Press，1998，p. 364。

③ 布鲁克（A. Brook）指出，丹尼特的这两个方面命运迥然不同：解构的一面引起了很大反响，在与此相关的讨论中他的论点引用率极高，但建构的一面却没有被意识研究者广泛接受，反对者也非常多。参阅 A. Brook et al（ed.），*Daniel Dennett*，Cambridge：Cambridge University Press，2002，p. 41。

④ D. Dennett，*Consciousness Explained*，Little，Brown and Company，1991，p. 218.

进入了“常识”，成为我们“标准的”思维模式，而且也为他之后的意识研究确定了基本框架。正如黎黑（T. Leahey）所说：“在这个框架内，实际上所有的哲学家和心理学家都是从这个问题（指心身问题——引者注）开始进行研究的，甚至当他们忙于对笛卡尔思想予以抨击时，仍然脱离不了笛卡尔制订的框架。”[①] 丹尼特也说：“即使我们中那些反对笛卡尔观点的人，也有种很强的将心灵（即是说脑）看作身体的老板、轮船的驾驶员的倾向。”[②]

笛卡尔的心身学说与这里的讨论有关的主要是三个方面：一是对内在自我的证明。笛卡尔在运用普遍怀疑方法，把世界上的一切都排除掉之后，发现唯有一件事情是他无法怀疑的，即“我在怀疑”本身。“我在怀疑”实际上就是“我在思维”，因此，怀疑或思维本身无可怀疑地证明：思维者即自我也是无可怀疑的。他说：

> 我仔细研究我是什么，发现我可以设想我没有形体，可以设想没有我所在的世界，也没有我立身的地点，却不能因此设想我不是。恰恰相反，正是根据我想怀疑其他事物的真实性这一点，可以十分明显、十分确定地推出我是。另一方面，只要我停止了思想，尽管我想象过的其他一切事物都是真的，我也没有理由相信我是过。因此我认识了我是一个本体，它的全部本质或本性只是思想。它之所以是，并不需要地点，并不依赖任何物质性的东西。[③]

笛卡尔认为，自我只是一个在思维的东西，是一个在怀疑、领会、想象、感觉的东西。我是通过感觉器官接受和认识事物的，因此我可以看见光、听到声音、感觉到热等[④]。这些都反过来证明了

---

① 托马斯·H. 黎黑：《心理学史》（上册），李维译，浙江教育出版社 1998 年版，第 191 页。

② 丹尼尔·丹尼特：《心灵种种》，罗军译，上海世纪出版集团 2010 年版，第70 页。

③ 笛卡尔：《谈谈方法》，王太庆译，商务印书馆 2001 年版，第 27—28 页。

④ 笛卡尔：《第一哲学沉思录》，庞景仁译，商务印书馆 1998 年版，第 26—28 页。

我的存在，而且由于外部的一切都是有形体的，因此我不可能存在于外部，只可能存在于人的内部。二是对自我或意识的定位。笛卡尔承认，尽管心、身性质不同，但有相互作用。通过详细研究生理学、人体解剖学特别是血液、神经中的运动，他发现松果腺“位于大脑实体的中央，悬挂在通道之上，大脑先前空腔中的精气神在这个通道中与它随后空腔中的精气神相互沟通”①，他由此推测松果腺可能是心灵的居所。感觉神经向松果腺投射，在其平滑表面展现关于世界的一个映象，以供灵魂观看。三是对心灵的生理机制的猜想。笛卡尔认为，松果腺位于大脑的基部，因此它是神经管的会聚之地。在神经管中有两种东西：一种是生命精气，即像风或火那样精微的流质，它储藏在脑室中；另一种是细线即我们通常所说的“神经纤维”。人的感官受刺激，这些线被拉动，就会拉开松果腺中的孔道口的活塞，生命精气的活动就影响松果腺中相应的精神部分，发生印象，这样灵魂就有感觉。反过来，灵魂也可以控制生命精气流动的方向，使它由神经管流到特定的肌肉，并引发某种行为。人的有意识的行为就是灵魂控制的结果。黎黑指出，笛卡尔的这些设想创造了现代的“点状”自我（point-like self），“根据笛卡尔的观点，灵魂就像数学上的一个点，它位于空间之中，但实际上并不占据任何空间，而且它只是从事一件事，那就是思考。把灵魂视作一个点，无疑是一个崭新的观点”②。尽管后来的哲学家和心理学家不认同笛卡尔的设想，但都保留了“点状心灵”。

丹尼特对此深有同感。在他看来，笛卡尔在心灵机制的具体细节上确实犯了一个“美丽的错误”：虽然错误但合乎情理。笛卡尔理论的最大特色是认为存在一个“点状心灵”，以为松果腺是将一切合成一体的地方，从而最终可以在大脑中对意识进行定位。他说：“存在有意识的心灵，就存在一个观点，这是我们关于心

---

① 转引自约翰·科廷汉《理性主义者》，江怡译，辽宁教育出版社 1998 年版，第 136 页。

② 托马斯·H. 黎黑：《心理学史》（上册），李维译，浙江教育出版社 1998 年版，第 204 页。

灵——或关于意识——的一个最基本的观念。有意识的心灵是一个观察者，它接受了所有信息的一个有限的子集。”[1] 他将这种理论称为“笛卡尔剧场”（Cartesian Theater），用它来表示“关于有意识的经验在大脑中如何定位的隐喻式图画”[2]。根据这幅图画，大脑就像一个剧场，里面的某个地方有一块屏幕，来自感官的刺激最终都会被投射到这块屏幕上，观众（即自我）通过观看屏幕上的演出就可以了解世界上和内心中发生的一切。

这幅图画不仅为我们普通人所接受，而且在科学界也很有影响。例如，巴尔斯（B. Baars）认为，大脑工作舱就像一个剧场，其中工作记忆是剧场的舞台，意识体验的内容是前台演员，注意是照在舞台上的聚光灯，背景在幕后操作来形成前台上演的事件，导演就是自我，观众是一个巨大的智慧的无意识机制，只有成为前台演员，即在这个舞台上发生的事件才“处于意识之中”，因此意识只是“把少量信息传播给脑内大量的无意识观众的工具，它是心灵的宣传器官”[3]。认知科学家在研究心/脑问题时，一般也将大脑分为外围系统和中枢系统，认为外围的知觉系统为中枢的思维系统（思维的场所）提供刺激“输入”，而中枢系统又通过向外围系统发出“指令”来控制身体的活动。丹尼特认为，这些人虽然都反对笛卡尔二元论，但他们都以某种隐秘的方式认可了笛卡尔剧场，即认为大脑中有一个“一切合成于此”的神秘场所，正是在这里发生了我们的意识；正是在这里有一个心理屏幕，我们从这个心理屏幕看到了投射于其上的心理意象；正是在这里我们作出决定，并发动我们的行为；正是在这里，我们体验着生命的悲欢、人生的意义等。

他后来在批评经典功能主义时指出，这些模型很容易导致“双重传感神话”，即认为神经系统首先将光、声、温度等传感为神经

---

① D. Dennett, *Consciousness Explained*, Little, Brown and Company, 1991, p. 101.

② Ibid., p. 107.

③ 参阅巴尔斯《在意识的剧院中——心灵的工作空间》，陈玉翠等译，高等教育出版社 2002 年版，第 24—29 页。

信号（神经纤维中的冲动序列），然后在一些特殊的中枢地带，这些冲动序列被传感成某种其他媒体（意识的媒体）。在他看来，这与笛卡尔把松果腺看成是心灵居所的看法如出一辙，唯一的区别是笛卡尔认为第二次传感的结果是某种神秘的、非物质的媒体，而功能主义者认为是一种物质的媒体。他说："今天，几乎每个研究心灵的人都认为不存在这样的非物质媒体。然而，奇怪的是，脑中某个尚待确定的地方发生了第二次传感为某种特殊物理或物质媒体这一想法，继续诱骗着轻率的理论家们。他们似乎明白了，或者他们认为明白了，既然神经系统的边缘活动不过是敏感性而已，那就必须还有某个更核心的、创造出感知的地方。……人们容易认为单纯的神经冲动不可能是意识的材料。这些冲动需要以某种方式翻译成另一种东西。否则，神经系统就会像没有人在家接电话的电话系统或者没有任何观众的电视网——或者一艘没有舵手的船。大家觉得好像必须有个中央能主体或老板或听众来接纳（来传感）所有信息，领会它，然后再'给船掌舵'。"① 他将这类承认大脑中有一个意识发生场所的主张称为"笛卡尔式唯物主义"（Cartesian Materialism）。他说，唯物主义者都经常会忘记，松果腺并不是通向灵魂的传真机，也不是大脑的"总统办公室"，大脑的任何其他部分都不是。因此，一旦笛卡尔的幽灵般的心灵被抛弃了，中心化的大门或任何功能性的大脑中心也就没有什么用了。

> 大脑是总部，是最终的观察者所处的场所。但是，没有理由相信大脑本身有一些更深层的总部、什么内部的密室（sanctum），到达这里是有意识经验的必要或充分条件。简言之，大脑内部没有观察者。②

---

① 丹尼尔·丹尼特：《心灵种种》，罗军译，上海世纪出版集团 2010 年版，第 65—66 页。

② D. Dennett, *Consciousness Explained*, Little, Brown and Company, 1991, p. 107.

因此，笛卡尔剧场根本就不存在。当感觉信息被传输到我们的大脑时，它们并不投射于某个内部的屏幕上，以供微小的自我观看。丹尼特指出，坚持笛卡尔剧场模型会遇到两个问题：一是无穷后退。假如有内部的屏幕和自我，这个自我内部就应该也有一个屏幕和另一个自我，而这个自我内部，同样也需要有一个屏幕和自我，如此往复，永无止境。二是会遇到无法解决的逻辑难题。笛卡尔剧场是根据对外部世界的观察类比、推导出来的。我们通常可以将世界上的事件分为未观察到的和已观察到的两类。分类的方法是将观察者定位于一个点，然后测量事件相对于这个点的运动，先进入观察者视野范围的就会先被观察到，后进入的会晚一些被观察到。这在宏观领域是可行的，但推广到大脑事件就会遇到逻辑难题，因为大脑事件的时间间隔都在毫秒之间，它们都在平行的网络中“你追我赶”，但没有什么终点。而观察者在观察时，他的观“点”必然要扫过大脑的很大区域，那么他关于事件是先后还是同时的主观感觉必须是由不同于“到达顺序”的东西决定的，因为没有确定的终点，也就没有到达的先后。丹尼特用赛马的例子形象地说明了这一点①。假如你看到三匹马 A、B、C 绕着赛道飞奔。第 97 圈 A 领先，第 98 圈 B 领先，第 99 圈 C 领先，然后又是 A 领先，随后 B 和 C 又各领先了一圈，最后三匹马都慢慢停下来回到了马厩。如果谁问：“哪匹马赢了?”我们无法说出，因为没有终点。同样，大脑事件也没有终点，我们也无法说出哪个点或哪条线是经验顺序的决定者。

丹尼特认为，二元论肯定是错误的，但接受唯物主义本身不会自动地解决意识难题，“在某种意义上，大脑肯定就是心灵，但在我们弄清楚这何以可能之前，我们的唯物主义并没有解释意识，而只是承诺要解释它。这种承诺不可能兑现……除非我们学会怎样放弃更多的笛卡尔的遗产”②。在笛卡尔的遗产中，最顽固、最难以

---

① 参阅 D. Dennett，*Brainchildren*，Cambridge，Mass：MIT Press，1998，p. 132。

② D. Dennett，*Consciousness Explained*，Little，Brown and Company，1991，pp. 41—42.

克服的就是这种以为大脑中有某个中心的观念，它至今仍像幽灵一样弥漫于意识研究领域。他说：

> 我们千万不要这样看待大脑：它似乎有一个功能的顶点或中心点。这不是一条无害的捷径，而是一个坏习惯。要打破这个坏的思维习惯，我们需要考虑现实中的坏习惯的实例，但也需要一个取代它的好的图像。①

第二节 多草稿模型

丹尼特认为，“一个好的意识理论应当使有意识的心灵看起来像一座废弃的工厂……里面满是轰鸣的机器，却没有人看护、欣赏或见证”②。因此，对于唯物主义者来说，解释意识的唯一希望就是要将笛卡尔剧场中的小人所承担的工作分解给脑中的各个更小的、没有意识的自主体，让大脑网络自身来充当内部的老板。他用来取代“笛卡尔剧场”的新图像就是“多草稿模型”。丹尼特的论证非常复杂，运用了神经科学、认知心理学、人工智能等研究的成果，涉及经验的时间—空间、语言的产生机制、计算机有无意识等诸多具体问题，真正体现了跨学科的方向。这里我们不纠缠这些细节，只勾勒他的理论的轮廓。

根据多草稿模型，一切心理状态和心理活动在大脑中都是由对感觉输入的平行的、多路径的解释和加工过程完成的，进入神经系统的信息都经过了连续不断地“编辑修改”，在此过程中，以各种各样的顺序发生着对刺激内容的增加、合并、修改和重写。因此，我们直接经验的不是感官表面（如视网膜、耳朵、皮肤表面等）的刺激，而是这些解释或编辑过程的结果。例如，人的眼睛就像是一部微型摄像机，利用角膜透镜把外界的景象聚焦到视网膜上。如

---

① D. Dennett, *Consciousness Explained*, Little, Brown and Company, 1991, p. 111.

② D. Dennett, *Sweet Dreams*, The MIT Press, 2005, p. 70.

果我们看东西时，不动头只移动眼球，那么视网膜上的影像就是晃动的，就像电视信号不好时的抖动一样，但我们的感觉并非如此，这是由于从眼球到意识之间的大脑过程进行了编辑加工。这在知觉理论中已经得到了证实。克里克在研究视觉心理学时就指出："看是一个建构过程，即大脑并非是被动地记录进入眼睛的视觉信息……大脑主动地寻求对这些信息的解释。……你看见的东西并不一定真正存在，而是你的大脑认为它存在。……看是一个主动的建构过程。你的大脑可根据先前的经验和眼睛提供的有限而又模糊的信息作出最好的解释。"①

不过，多草稿模型与相关理论有一个重要的不同：在多草稿模型中，"特征的探测或辨别只需一次完成，即是说，一旦对某个特征的特殊的'观察'被大脑的一个特化的、固定的部分完成了，所确定的信息内容就不必发送到其他地方由某个'总'辨别器重新辨别"②。也就是说，感觉系统在辨别了某个特征后，不会再产生另外一类表征，并将它传送到某个中心位置，供笛卡尔式的意识来观察。丹尼特说："辨别不会为了笛卡尔剧场中的观众而再现已经辨别了的特征——因为没有笛卡尔剧场。"③

大脑中任一时间、空间都分布着许多内容固着（content-fixation），我们可以确定它们的时间和空间，但它们的开始并不标志着对这些内容的意识的开始。丹尼特说：

> 这些分布的内容辨别——在此期间——产生了类似于叙述流（narrative stream）或叙述序列的东西，它们可以被看作是由分布于整个大脑的很多过程持续编辑的主题（subject），这种编辑会无限持续下去直到将来。这种内容流类似于叙述，仅仅是由于它的多样性；在任何时间不同大脑部位的编辑舞台上

① 弗朗西斯·克里克：《惊人的假说——灵魂的科学探索》，汪云九等译，湖南科学技术出版社2000年版，第32—33页。

② D. Dennett, *Consciousness Explained*, Little, Brown and Company, 1991, p. 113.

③ Ibid..

都有多个叙述片断的“草稿”。①

这些草稿中的有些内容在作出短暂的贡献后就会消失，不会再发挥其他作用，有的根本没有什么贡献，而有些则会持续存在下去，在内部状态和行为的控制中发挥作用，还有一些最后甚至会影响言语中枢，使之可以用言语报告出来，从而让我们知道它们的存在。这种看法与当代神经科学的主流见解是一致的，但丹尼特更关注它的哲学含义，即不存在将一切神经加工组合成一体的中心，在这些分布式的神经加工中，有的只是昙花一现，“轻轻地来，轻轻地走，不带走一片云彩”。有的则会留下踪迹，甚至影响随后的言语报告和行为。这些能用言语报告的内容就是我们的异己现象学文本的来源。当然，言语行为不一定是神经过程的最后目的。然而，即使某个内容对言语行为没有影响，也会对随后的特征辨别有所帮助。例如，心理学实验证明，如果以非常快的速度向你展示一张卡片，上面写着“医生”这个词，由于速度太快，你无法说出卡片上写的是什么，但在给你展示其他卡片时，你更倾向于注意写有“护士”、“医院”等词的卡片。总之，根据多草稿模型，在任一时刻大脑中都有多个草稿在被编辑修改，你不可能断定哪个权威的草稿就是意识，我们平常所说的意识只是影响了言语报告的草稿。因此，“有意识的经验是由脑中的各种过程构成的一个状态序列，而不是这些过程之上的东西”②。

我们用例子对上面的叙述作一番解释③。假如我请你在这一页寻找“丹尼特”的“丹”字，然后用左手食指指给我看。你在这样做时的具体过程可能是这样的：你用眼睛从第一行开始找，然后第二行、第三行……最终找到了“丹”字，然后把左手食指移动

---

① D. Dennett, *Consciousness Explained*, Little, Brown and Company, 1991, p. 113.

② D. Dennett, *Brainchildren*, Cambridge, Mass: MIT Press, 1998, p. 136.

③ 这是借用布莱克摩尔的一个例子，但具体的解释有所不同。参阅苏珊·布莱克摩尔《谜米机器：文化之社会传递过程的“基因学”》，高申春等译，吉林人民出版社2001年版，第408—409页。

到这个字下面指着它。这是你的异己现象学的基本内容。现在我们用多草稿模型来解释这个文本。首先，光线进入你的眼睛，并被聚焦于视网膜的感光细胞层上。由感光细胞发生的信息脉冲，又穿过视网膜内其他四个不同类型的细胞层，在此过程中信息进行了初步的加工处理。经过视网膜细胞加工过的信息，通过视神经传输到大脑。在这里，关于视觉印象的各种不同的信息分别在不同的区域加工处理，形成了各种不同的“草稿”，有些草稿很快就消失了，有些则继续存在下去，并对随后的加工有所贡献。由于你识字并拥有阅读能力，因此当你找到一个“丹”字时，就会产生一些神经脉冲以及具有相关内容的“草稿”，这些草稿影响了脑皮层的运动中枢。在运动中枢中，诸如将你的左手食指伸出来等的行为活动的指令信息预先得到加工，然后又在行为活动进行过程中与有关行为活动的结果的视觉反馈信息发生相互作用，并对行为活动的实际执行过程起着调节作用，结果便是你的左手食指指向了你所找到并辨认出的“丹”字。这里的技术细节并不重要，重要的是要认识到，根据多草稿模型，大脑中并没有一个可以被认为是意识场所的部位，也就是说，并不存在这样一个场所：一方面各种感觉信息脉冲被汇聚于此，另一方面是由此发出各种运动信息脉冲到身体的各个运动机构；整个大脑作为一个系统，是一个巨大而复杂的平行加工系统。在上面的例子中，根本没有一个将各种信息合成意识的区域。只要你的身体和大脑存在，只要有这页文字和要你完成的任务，你就会自动地把“丹”找出来。

丹尼特还通过意识与名望（fame）的类比作了进一步解释。他说：“在批判笛卡尔剧场时，我论证的是成为意识中的东西根本不是像上电视一样；它是一种心理的名望（mental fame）。意识是脑中的名流（cerebral cerebrity）。”① 一个人上了电视可能会被千百万人看到，但这不等于出名。我们每天晚上在新闻联播里都可以看到很多人，但过后对他们一点印象都没有了，这是因为他们在电视

① D. Dennett, *Brainchildren*, Cambridge, Mass: MIT Press, 1998, p. 137.

上的露面没有引起恰当的结果，因此，要出名不仅要在电视上露面，更要能引起反响。丹尼特说："这个类比的重要意义是，意识与名望一样是一种功能主义现象：干得漂亮才算漂亮（handsome is as handsome does）。"[①] 他后来又对这个类比作了改进：

> 意识与其说是名望，不如说是影响力（influence）——在最终控制身体的竞争过程中的一种相对的"政治"权力。[②]
>
> 意识与名望一样，不是一种内在的属性，甚至也不只是一种倾向属性，它是这样一种现象，即要求某种潜能的现实化。[③]

他还举了一个有趣的例子。假如吉姆写的一本小说被著名评论家看到了，觉得很了不起。消息传出后，各大媒体、出版单位、电影导演等纷纷和他联系，表示要宣传、出版、改编成电影等，这些都发生在星期一。但是，星期二吉姆所在的城市在地震中被毁，随即媒体和人们的注意力在一个月内都集中到了这场灾难上。我们可以说，要不是这场灾难，吉姆就会闻名遐迩，而且灾难过后他还可能出名，但这个月内他肯定仍是一个无名小卒，即使他的小说已经送到了印刷厂或已经被改编成剧本。也就是说，吉姆出名的一切倾向属性都具备了，但它们通常的结果却没有被触发，因此仍没有名望。丹尼特指出："真正的名望不是所有正常结果的原因，而是正常的结果。"[④] 对于意识来说，大脑中也有各种各样的神经活动，但这些只是意识的倾向属性，只是"出名的原因"。这些倾向属性如果不转化为现实，即影响言语、行动，以言语报告或行为表现出来，就不会产生意识的结果。丹尼特说：

---

① D. Dennett, *Sweet Dreams*, The MIT Press, 2005, p. 164.

② Ibid., p. 161.

③ Ibid., p. 141.

④ Ibid., p. 142.

> 意识不是脑中的一种特殊的表征媒体，即有内容的事件为了成为有意识的就必须被传输到其中的媒体。……要成为有意识的内容，此前无意识的内容不是要转换媒体或到某个地方，而是呆在它们所处的位置，它们在与其他追求名望（或只是潜在地追求名望）的内容竞争时，可以得到类似于名望的东西。根据这个观点，这就是意识。①

理解一种新的意识理论，不仅要看它论证是否严密，更要看它如何化解旧理论难以解释的现象。丹尼特认为，他的理论在这方面比笛卡尔剧场要高明得多。他运用多草稿模型对似动现象（apparent motion）、皮肤兔（cutaneous rabbit）、无意识驾驶等现象作出了解释。我们以似动现象为例来展示一下这种模型的解释力。

似动现象是一种错觉现象，指引起运动知觉经验的刺激物本身并未运动，但观察者在主观意识上却感觉它们在运动。似动现象的产生，既非由于物体的真实运动，也非由于个人与物体之间的相对运动，而是一种假的运动②。似动是现代生活中非常熟悉、经常利用的一种现象，例如，电影、霓虹灯等所依赖的就是大脑的这种把一系列静止影像整合为运动影像的倾向。格式塔心理学家韦特海默（M. Wertheimer）1912 年在《运动知觉的实验研究》中首次描述了这种现象，他称之为 phi 现象。丹尼特的例子是最简单的似动现象：在屏幕上依次亮两个点，一个是红色，另一个是绿色，每个点亮 150 毫秒，中间间隔 50 毫秒。但被试的经验（异己现象学文本）是：首先是红点亮了，然后红色变成绿色，最后是绿点亮了。这里要特别注意：被试报告说在第二个点（即绿点）亮前，他经验到了点的颜色的变化。这是怎么回事？被试的大脑发生了什么？我们如何解释被试的异己现象学世界的内容？

根据笛卡尔剧场模型，我们可以提出两种机制，丹尼特分别称

---

① D. Dennett, *Sweet Dreams*, The MIT Press, 2005, pp. 136—137.

② 参阅张春兴《现代心理学》，上海人民出版社 2003 年版，第 144—146 页。

之为奥威尔[①]式（Orwellian）机制和斯大林式（Stalinesque）机制。所谓奥威尔式机制，是指后验的（post-experience）篡改，即被试在意识到红点和绿点后，大脑中有某个“修正主义历史学家”把真实的内容篡改成这样的关于中间过程的叙述：在红点向绿点运动过程中变成了绿色，然后把这个叙述放到被试的记忆中，因此被试记忆的是篡改后的历史，报告的是这段编造的叙述。

所谓斯大林式机制，是指前验的（pre-experience）臆造，即上演了一幕“摆样子公审”（show trial）：在前意识的大脑“编辑室”中有一个延滞回路，红点和绿点出现在“编辑室”中后，编辑室会臆造关于两个点之间的中间过程的叙述，然后将这个叙述上行传送到意识剧场中，这样被试报告的就是在意识发生之前所臆造的叙述。丹尼特说：

> 这里的中心思想是，对颜色的 phi 现象中所发生的事情，我们有两个不同的模型。一个是在上行的、前验的通道上设定了一个斯大林式的“填充”（fill in），另一个是在下行的、后验的通道上设定了一个奥威尔式的“记忆修改”，它们两者对于被试所说、所想或所记忆的东西是一致的。[②]

也就是说，这两种关于大脑过程的机制坚持的是相同的理论（即笛卡尔剧场），它们的分歧是：错觉的内容是前验的还是后验的。那么，如果笛卡尔剧场是正确的，我们就应当能够确定哪种机制是正确的，但是丹尼特通过各种考察，以令人信服的证据表明，不仅意识者本人无法断定哪种解释是正确的，而且外部观察者、科

---

① 奥威尔（George Orwell，1903—1950），英国作家。他临死前发表的长篇小说《1984》描绘了未来的一个极权社会。这个极权社会中有一个真理部，其主要任务是依据独裁者的旨意不断地篡改历史，然后通过宣传机器对人们进行“洗脑”，从而达到巩固独裁统治的目的。因此，这里的人所知道的历史都是经过篡改后的历史，所了解的“真相”都是被歪曲的真相。

② D. Dennett, *Consciousness Explained*, Little, Brown and Company, 1991, pp. 122—123.

学家也不能断定，由此丹尼特得出结论说：

> 这两个理论之间实际上只是言语的不同。……这两个理论讲述的是完全相同的故事，除了它们的神秘分水岭（Great Divide）放置的位置之外。这个分水岭是一个时间点（从而是空间中的一个部位），就这个点的准确位置来说，被试是无法提供帮助的，它的位置对于他们理论的一切其他特征也是中立的。①

由这两种机制的缺陷我们不难推出，大脑中不存在一条终点线或意识中心，因此确定大脑活动的时间顺序并不能确定主观经验的顺序。以论文影响力的变迁为例。对于传统出版业来说，论文的影响是在发表后才产生的，因此发表在杂志上的论文是标准文本。但随着电子媒体的发展，现在一篇论文有许多不同的草稿在同时流传，许多读者可能读的只是最早的草稿，发表后的论文可能只是作为档案留存。因此，论文的影响是由许多草稿而不只是发表的论文带来的，那么把哪个草稿称作标准文本就是一件相当随意的事情。

> 同样——这是多草稿模型最重要的含义——如果人们想将大脑加工的某个时刻确定为意识的时刻，这必然是任意的。人们总可以在大脑的加工流中“划一条界线”，但不存在什么功能的区别能够断定此前的一切阶段和修改是无意识的或前意识的调节，随后的一切对内容的修改……都是后验的记忆污染。在仔细研究之下，这种区别就消失了。②

丹尼特隐含的意思是，我们都是由机械部件构成的，要完成某项知觉工作需要时间，在此期间大脑中有很多平行的加工过程，但

---

① D. Dennett, *Consciousness Explained*, Little, Brown and Company, 1991, p. 125.

② Ibid., p. 126.

有些过程是我们意识不到的。以计算器为例。假如我们把一组待计算的数字（如 12 ×9）输入计算器。在 t_0 时我们按下"="键，那么，在 t_2 时液晶屏幕上就会出现答案"108"。但我们知道在 t_0 和 t_2 之间计算器肯定经过了千百次的中间步骤，那么，在 t_0 之后、t_2 之前，计算器关于答案的"思想"是什么？当然这个问题是无法回答的。但这没有什么神秘可言，因为就实践目的来说，对于计算器认为加和是什么总有确定的答案，但这是由于我们只在适当的时候才"考察"（probe）计算器来得到答案。同样，对人来说，除非进行"自我考查"，即除非产生了一个异己现象学文本，对于什么是有意识的就不存在什么事实。我们与计算器的不同在于我们可以更早或更晚地考查。当一次探查发生时，一条特殊的叙述就会"显形"（precipitated）[①]，即对于被试认为事情是什么样子就可以给出确定的回答，"离开了各种内容载体对随后行动（当然，从而对记忆）的影响，就没有什么关于有意识经验的实在性"[②]。他强调说："对于（有意识的经验）……某些能恰当问的问题是没有答案的，因为这些问题预设了不适当的……时间和空间界线，这些界线比这些现象所允许的更详尽"[③]。正如我们不可能超出某个范围来改进对某个人的信念和愿望的解释一样，我们也不能改进对某个人的经验的解释。大脑微观领域的时间和空间比宏观领域的时间和空间要详尽得多，神经事件可以在大脑中准确定位，而且瞬间会发生很多过程，但异己现象学文本的内容只能大致地定位于头脑。

丹尼特对他的多草稿模型非常自信，他甚至说即使他的"意识是虚拟机器"的主张被否定了，也不会影响多草稿模型[④]。但多草稿理论遇到的批评却最多，也最尖锐，既有对技术细节的批评，更有对其哲学立场的批评。例如，克里克就说他对"填充"和感受性机制的解释是不合理的，并且认为如果我们确切地知道脑在事

---

① D. Dennett, *Consciousness Explained*, Little, Brown and Company, 1991, p. 135.

② Ibid., p. 132.

③ D. Dennett, *Brainchildren*, Cambridge, Mass: MIT Press, 1998, p. 135.

④ D. Dennett, *Sweet Dreams*, The MIT Press, 2005, pp. 171—172.

件过程中做了什么，是可以将斯大林机制和奥威尔机制区分开的[①]。赖特（R. Wright）认为丹尼特是在取消意识，“丹尼特等人越打算向我解释他们用这意指什么，我越相信他们的真正意思是意识不存在”[②]。布鲁克也提到，多草稿模型并没有为意识研究者所接受[③]。实际上，很多哲学家都批评他脱离了意识的主题。丹尼特也谈到了当代意识研究所面对的两难处境：如果保持意识的主题，就没有解释意识，而如果放弃意识的主题，似乎解释的又不是意识。但他认为，通过异己现象学方法，他已经解释了意识的主题问题。他甚至把自己的理论比作哥白尼理论：

> （就像哥白尼理论一样——至少刚开始时）真正的唯物主义意识理论是极其反直觉的，这意味着在科学发展把它从苦难中解救出来以前，“纯”哲学本身必然会漠视真理，并撤退到保守的概念人类学。哲学家有一个选择：要么他们可以玩民间概念游戏……要么他们要重视这一主张，即有些民间概念是幻觉发生器。重视这一前景的方法是考虑这样的理论，它们对那些概念进行了修改。[④]

围绕多草稿模型的争论还在进行中，目前还难下定论，我们这里感兴趣的是如下三点：首先，丹尼特提出了一个好问题，并作出了很有启发性的解答。正如他所说，批判和抛弃二元论本身并没有解决意识问题，而只是承诺要解决它。要解决它就要始终围绕意识的主题问题，即神经过程何以能产生出意识这种奇妙的现象？他通过建构异己现象学世界，从人的层次确定科学解释的对象，然后又

---

① 弗朗西斯·克里克：《惊人的假说——灵魂的科学探索》，汪云九等译，湖南科学技术出版社 2000 年版，第 56—67、295 页。

② R. Wright, *Nonaero*: *The Logic of Human Destiny*, New York: Pantheon, 2000, ch. 21, n. 14.

③ A. Brook and Don Ross, *Daniel Dennett*, Cambridge University Press, 2002, pp. 41—42.

④ D. Dennett, *Sweet Dreams*, The MIT Press, 2005, p. 129.

运用多草稿模型从亚人层次解释意识的基础和原因。笔者认为，两者的结合回答的就是意识的主题问题。特别是他强调原因（即神经事件）不等于意识，意识是原因造成的结果，是倾向或潜能的现实化，这与马克思主义意识论的结论是一致的。但他通过意识产生的微观机制，把主观感觉与客观过程比较好地结合了起来，而我们目前对此研究还比较薄弱。我们虽然强调意识是大脑的机能，但由于对具体机制研究得不深入，没有找到沟通意识与神经过程的令人信服的桥梁，有时也支持了笛卡尔式唯物主义，甚至有时候还不知不觉地支持了二元论，因此，研究意识要始终关注主题，关注联系的机制。其次，不管大脑的功能活动是如何运作的，但它确实是一个巨大的平行加工网络，在任一时刻，大脑内部都有不计其数的功能活动在同时进行。因此，尽管我们通常会有这样的感觉：头脑中有一个中枢区域，感觉从外部传入这个区域，意识又从这个区域传出，但事实上这个区域并不存在。最后，丹尼特并不否定人有意识，他否定的是某些意识概念。在他看来，意识是发生在大脑空间、时间中的真实的事件，我们在某种限度内可以确定它们的时间，可以对它进行定位，因此意识不是精神实体，但他也反对还原论，反对将意识同一于神经事件。他的基本主张是：就物理基础来说，意识是神经活动、人类进化的结果，但对这种结果的描述受到了文化的影响，意识实际上是物理与文化共同作用的结果，因此，破解意识之谜的一项重要任务，就是要先清除意识概念上的历史文化尘埃。他说："意识就像爱和钱一样，是这样一种现象：它确实令人惊奇地依赖于相关的概念。但与爱一样，它有复杂的生物学基础，与钱相似，它的一些最重要的特征是与文化相伴生的，而不只是……物理结构中固有的。"① 如果我们能够成功地颠覆某些意识概念，依赖于它们的意识现象就会随之消失。

当然，多草稿理论还有需要澄清的地方，它依赖的一个前提是：我们所说即我们所感，但我们所感的并不一定能说出来，"言

---

① D. Dennett, *Consciousness Explained*, Little, Brown and Company, 1991, p. 24.

不尽意”、“得意忘言”的情况并不罕见，而且语言本身已经覆盖了太多的文化、历史尘埃，个人感受的独特性可能会被这些尘埃掩盖，因此异己现象学文本还有疏漏之处，从而多草稿模型的解释还不能涵盖一切经验，仍留有空白。

第三节　自我的本质

根据布莱克摩尔的概括，对于自我的本质主要有两种主张：一种是把自我理解为一种持续存在的、贯穿于一个人的全部生命过程之中的实体，它与大脑和世界相互分离，它拥有感觉、记忆、信念等等，正是它引发了我们的行为活动，正是它在体验着世界，也正是它在为我们作出各种抉择，因此它是我们思想的思考者、记忆的仓库和意义、价值之源。另一种认为自我是由大脑所述说的一个故事或由大脑所虚构的一个幻觉。但具体的主张又有差异，如休谟等人认为，自我就是一束思想、感觉、体验，等等，这些思想、感觉、体验等通过它们的共同历史被结合在了一起；而斯特劳森（G. Strawson）则认为自我是串联于一条线上的珍珠[①]。丹尼特将这两种主张分别称为“真实自我观”和“虚构自我观”[②]。他不承认人内部有意识中心，因此也否认人有内部的“见证者”[③]和“中心意义者”[④]。他说：“意识剧场中孤独的观众、内部的决策者、推理者、意志或指令之源，如果被看成人的一部分，只会推迟分析。从我们的分析中驱除这些概念，也促使我们驱除各种别的自我欺骗的道具，如等着阅读的大脑书写，等着看的心理意象，等着发布的意志和等着认识的事实。”[⑤]他坚持的自我观是“虚构自我观”，但反

---

① 苏珊·布莱克摩尔：《谜米机器：文化之社会传递过程的“基因学”》，高申春等译，吉林人民出版社2001年版，第417—418页。

② D. Dennett, *Brainchildren*, Cambridge, Mass: MIT Press, 1998, pp. 38—39.

③ D. Dennett, *Consciousness Explained*, Little, Brown and Company, 1991, ch. 11.

④ Ibid., ch. 8.

⑤ D. Dennett, *Content and Consciousness*, Routledge & Kegan Paul plc, 1986, p. 190.

对把自我看成是“灵魂珠”(soul-pearls)。他说:

> 自我……是一个由各种归属和解释(包括自我归属和自我解释)定义的抽象物,这些归属和解释构成了有生命的身体的传记,自我就是这个身体的叙述引力中心。①

自我与人不同,自我是人的产物。他通过生物学自我与叙述性自我的对比,对此作出了论证:任何生物为了自保都会产生“我”与“世界”、内部与外部的边界。例如,即使是低级的龙虾也会“自我关注”,它们在饿的时候,绝对不会把自己的腿撕下来吃掉。它们都有一个神经系统,可以准确地将自我毁灭的行为与毁灭他者的行为区别开,而且它们明显喜欢后一种“损人利己”的行为。这种将自我与他者区别开的倾向构成了生物学自我,但这种生物学自我“不是一个具体物,而是一个抽象物,是一条组织原则”②。这条组织原则不仅存在于动物身上,也存在于人身上。例如,如果让你把唾沫吐在一个干净的杯子里,然后再把它喝掉,一般人都会觉得很恶心。这就是由于这条边界、原则的作用:我们通常认为某物一旦处于我们身体的外部,它就不再是我们的一部分了,而变成了需要拒斥的异类。当然,这条边界是可以扩展和收缩的。例如,海狸通过筑坝、蜘蛛通过结网等都把自己的自然边界扩展到了外部装置(如坝、网等),而且也会把同类动物包括在自己的边界之内。如海狸不会独立筑坝,而是需要群体的配合,蚂蚁也需要整个蚁群的力量来建筑蚁穴。不过,人类与其他动物有一个重要不同:我们有语言、能说话,而动物没有语言、不能说话。由于不能说话,动物就不能表征自己的边界,也不能进行自我表征。而我们人类却可以用语言或手势向别人、向自己描述和表征我们自己。因此,我们扩展和收缩边界的手段不是筑坝或结网,而是讲故事或

---

① D. Dennett, *Consciousness Explained*, Little, Brown and Company, 1991, pp. 426—427.

② Ibid., p. 414.

叙述：

> 我们的自我保护、自我控制和自我定义的基本策略，不是织网或筑坝，而是讲故事，特别是编造和控制告诉别人——和自己——的关于我们是谁的故事。而且，正如蜘蛛不一定是自觉地和刻意地思考如何结网一样……我们（与专业的讲故事者不同）也不会自觉地和刻意地考虑要说出什么叙述、如何说。我们的故事是被编织出来的，但大体而言我们没有编织它们，它们在编织我们。我们人类的意识以及叙述性自我是它们的产物，而不是它们的源头。这些叙述串或叙述流……对听众的影响是鼓励他们（努力）设想一个统一的自主体……简言之，设想一个叙述引力中心。……与生物学自我一样，这种心理学的或叙述性自我是另一个抽象物，而不是脑中的一种东西，但它仍是一种非常强健的、总是实在的属性吸引者，是无人认领的事物和属性的“记录拥有者”。①

这张“话语之网”与动物界的其他结构一样，都是一种生物学的产物。如果剥夺它，人就会像没有羽毛的鸟或没有壳的乌龟一样是不完整的。但人们通过叙述所建立的“自我”在生物界是最奇妙的构造。

> 整个动物界中最奇妙、最杰出的结构是灵长类智人所建造的令人惊奇的复杂结构。这个物种的每个正常的个体都建造了一个自我。它从其大脑中编织了一张语词和行为之网，而且与其他生物一样，它不必知道它在做的事情，它只是做。②

因此，自我并不是独立存在的灵魂珠，而是在社会过程中创造

---

① D. Dennett, *Consciousness Explained*, Little, Brown and Company, 1991, p. 418.

② Ibid., p. 416.

的人造物。丹尼特认为，正如我们可以在生物学和人工智能中看到的，复杂系统不需要任何中枢的自我，只通过许多子系统完成各自的工作，就能表现出似乎是完全有目的的统一行动，同样，人身上也不存在一个供自我居住的中心，神经系统的各个部分通过完成各自的辨别任务，就能自动地保证我们做出合理的行为。但是由于社会生活的复杂性，人们受外部世界影响，会讲述关于自己的各种各样的故事，用这些故事编造一个内部的代言人或"傀儡领袖"，给自己进行社会定位。他说："一个人首先——无意识地——创造一个或更多的理想的虚构自我，然后选择其中之一让他进入政府，作为他的心灵首脑，然而，在人的身上有一个重要不同：可能有很多外部影响（父母、朋友甚至是敌人）都会对'我指什么'的图像有所贡献……内部的新闻媒体也有贡献。"① 也就是说，最初人没有任何心灵的首脑，但在正常的成长发展过程中，通过观察和外部影响，他会逐渐了解各种合情合理的自我，这时他会选择一个作为自己的"心灵首脑"，作为自己的真实自我。例如，如果我问你是谁，你可能会从你的姓名、职业、你与别人的关系等不同的角度来回答我。所有这些自我描述，既取决于你对语言的掌握，也取决于你与其他人的相互关系。尽管这些自我描述在某些场合非常有用，但它们并不是对什么"内在自我"的描述。这些描述不过是我们作为社会生物的标志而已，而这种标志则取决于我们所处的社会环境以及我们与之发生相互关系的其他人。

丹尼特的自我观严重违背了我们的直觉，遭到了激烈的反驳。沃尔希斯（B. Voorhees）就尖刻地批评说："丹尼特是个魔鬼……除了抽象的'叙述引力中心'——它本身不过是一个方便的虚构——之外，没有内部的见证者，没有中心的意义认知者，没有自我。对丹尼特来说，不只是皇帝未穿衣服，而是衣服没有皇帝。"②

---

① D. Dennett, *Brainchildren*, Cambridge, Mass: MIT Press, 1998, p. 41.

② B. Voorhees, "Dennett and the Deep Blue Sea", *Journal of Consciousness Studies*, 7 (2000): 55—56.

当然，丹尼特的表述确有欠妥之处，正如埃尔顿所说，丹尼特将自我称为虚构物是有误导作用的①。从根本意义上说，我们不是一个叙述性自我，不是一个抽象物，而是在进行叙述的自主体。因此，由于能够叙述，我们不同于其他动物，但我们与其他动物一样也是一个有机体，也是由具有质量和广延的物质构成的，因此我们不可能只是“理论家的虚构”。

丹尼特曾经说过：“自我表征的关键特征不在于它‘看上去怎么样’，而在于它能起的作用。”② 因此，我们作为有理性的自主体，仅仅有理性是不够的，还要向自己和别人表现自己的理性。这是他的叙述性自我观的核心。对他来说，如果没有我们现在的行动、过去的行动和将来的行动，我们的理性就无法表现出来，自我的观念就不可能形成。这与马克思主义哲学的基本原理有契合之处。马克思说：“个人怎样表现自己的生活，他自己就是怎样的。”③ 马克思关注的是生产对人的决定作用，但丹尼特所说的行为包括人所作出的一切活动④，而这些活动必然是与他人相关的，这些活动“确证并表现”着人自身，因此在这些活动和他人身上，我们可以确定自我的本质，但这种自我只是从活动和他人身上确证的自己的本质力量，并不是什么“内在的自我”。而且，由于人有语言，因而在我们将这种本质力量描述出来时，就会形成自我的图像，这幅图像实际上就是在进行实践（包括叙述活动）的自主体，这就是自我的本质。

---

① M. Eltion, *Daniel Dennett: Reconciling Science and Our Self-Conception*, Polity Press, p. 199.

② 霍夫斯塔特、丹尼特：《心我论：对自我和灵魂的奇思冥想》，陈鲁明译，上海译文出版社 1999 年版，第 304 页。

③ 《马克思恩格斯选集》第 1 卷，人民出版社 1995 年版，第 67—68 页。

④ 参阅 D. Dennett, “Back Form the Drawing Board”, in Bo Dahlbom (ed.), *Dennett and His Critics*, Blackwell, 1993, pp. 210—211。

第六章

解构感受性

所谓感受性（qualia），是指“感受、体验到的经验本身的性质或质的特征，也指对经验的质的特征或内容的感受”[①]，通常也被称为“经验的主观特征”、“感觉”、“现象学性质”、“意识经验的内在属性”、“心理状态的质的内容”、“原感觉”（raw feels）等。比如，在我们感到疼痛时，所体验到的“剧烈”、“轻微”、“难受”等质的特征就是感受性。它是近二三十年心灵哲学重新开发的一块“新大陆”。哲学家们提出了各种稀奇古怪的思想实验，想以此证明唯物主义或物理主义心灵理论是不完善的，他们遗漏了感受性。例如，查默斯就声称：“第一人称材料不能由关于大脑过程等的第三人称材料完全表达……那就是说，纯粹的关于大脑过程和行为的第三人称描述不会准确地表达我想要解释的材料，尽管它在解释中起着核心的作用。因此，‘作为材料’，第一人称材料不能还原为第三人称材料。”[②] 丹尼特不否认意识经验的存在，但对感受性却采取了强硬的取消主义立场，认为“‘感受性’是哲学家的一个词藻，它除了产生混乱之外什么也没有，最终它根本不指称任何属性或特征”[③]。他认为，感受性问题之所以是个困难问题，

---

① 高新民：《人心与人生》，北京大学出版社 2006 年版，第 148 页。

② D. Chalmers, “First-Person Methods in the Science of Consciousness”, *Consciousness Bulletin*, fall (1999): p. 8.

③ D. Dennett, “Quining Qualia”, in W. Lycan (ed.), *Mind and Cognition: A Reader*, Cambridge, Mass: Basil Blackwell, 1990, p. 524.

是因为它是由未经考察的前提和循环的定义共同造成的。哲学家们在定义感受性时，通常会使用“现象学的”、“感觉的”等词语，但是，“在‘现象学的’被正面定义之前，我们就不能对有关现象学方面的主张作出真正的评价，如果这个词语是与‘感受性’相互定义的，那么在谈论的主题是感受性时，我们就不会明白所谈论的究竟是什么”①。因此，对待感受性应当像对待一团解不开的乱麻一样：彻底抛弃。

第一节　色觉感受性

丹尼特不否认意识的实在性，因此也承认意识状态具有一些属性，但他坚持主张这是此刻发生的内部事件的倾向属性，而不是什么感受性。在他看来，感受性是一系列的错觉所致。首先，它根源于一个错误的预设，即认为除了事物显现（the thing appearing）之外，还有显现本身的内容或性质。例如，在我们从某个角度看一枚圆形硬币时，它看起来似乎是椭圆形。感受性支持者认为，这时我们除了把硬币经验为椭圆形之外，还存在椭圆的感觉这种质的状态。丹尼特认为，说“我们把这枚硬币经验为椭圆形”是正确的，但说“还存在椭圆性（oblingness）感觉本身”则是错误的，因为这是对人内部的神经生理事件的拟人化虚构。其次，通常认为，感受性作为主体心理状态的属性，具有四个特征：它是无法言表的（ineffable）、内在的、私密的（private）和可在意识中直接认识的②。丹尼特认为，这些特征都是经不起推敲的。例如，为什么感受性无法言表？通常的解释是它实际上根本无法说出。在丹尼特看来，这是一句既不能否定也不能证实的废话。如果感受性不存在，当然无法说出它是什么，但如果它存在，我们就可以用某种方式说

---

① D. Dennett, *Sweet Dreams*, The MIT Press, 2005, p. 79.

② D. Dennett, “Quining Qualia”, in W. Lycan (ed.), *Mind and Cognition: A Reader*, Cambridge, Mass: Basil Blackwell, 1990, p. 523.

出来。例如，我可能从未听过鱼鹰的叫声，但我知道书本上对它的声音是怎样描述的。假如，有一天我听到的一种声音与这种描述相符，我就可以断定这是鱼鹰的叫声。这个过程是一种心理过程，如果其中有感受性的话，我们就可以给它起个代号：S。这样一来，我不是把它说出来了吗？尽管无法更详细地描述或辨认我的经验及其特征，但我能以诚实的方式知道它，我能指称我感觉到的东西，它就是我这时感受到的属性，我的经验给予我思考鱼鹰叫声的新方法，也给予我说出它的方法。

既然感受性不存在，那么为什么会产生这种错觉呢？丹尼特通过对颜色视觉的考察作了具体说明。

牛顿在 1671 年说过：

> 准确地说，光线是没有颜色的。在光线的成分里面，除了能引起这种或那种颜色的特定能量和配置外，没有其他成分。就像铃声、音符串或者其他发声物体的声音一样，只有振动，在空气中只有从物体上传播的振动。……因此，物体上的颜色只是一种配置，它充分反映了某种光线而不是其他的光线。[①]

因此，从某种意义上说，颜色只存在于观察者的眼睛和大脑中。但是，假如我们想象一头紫色的奶牛，在我们脑中却根本找不到什么紫色的东西，可是我们又确实感觉到有颜色存在，那么它究竟存在于何处呢？洛克曾通过将物体的属性划分为第一性质和第二性质对此作出了解释。第一性质是“不论在什么情形下，都是和物体完全不能分离的；物体不论经过了什么变化，外部加于它的力量不论多大，它仍然永远保有这些性质”[②]。这样的性质有物体的凝性、广延、形相、运动、静止、数目等。而颜色、声音、滋味等

---

① 转引自理查德·格里格、菲利普·津巴多《心理学与生活》，王垒等译，人民邮电出版社 2004 年版，第 81 页。

② 洛克：《人类理解论》（上册），关文运译，商务印书馆 1983 年版，第 100 页。

属于第二性质。“第二性质，正确说来，并不是物象本身所具有的东西，而是能借其第一性质在我们心中产生各种感觉的那些能力。类如颜色、声音、滋味，等等，都是借物体中微细部分的体积、形相、组织和运动，表现于心中的。”① 也就是说，第二性质是借助于第一性质而在我们心中形成红色、甜味等观念的倾向属性或能力。但红色的观念是什么？它有颜色吗？如果没有颜色，红的观念何以能关于或表征红色？

塞拉斯（W. Sellars）在解决这一传统难题时，把物体的倾向属性（即洛克的第二性质）与当下的属性（occurrent property）作了区别。以冰箱中的红色冰块为例。在你没有打开冰箱门，从而冰箱中的灯没有亮时，冰块具有红色这种第二性质，但除非有人打开冰箱门看到它，否则就不会有当下的红色属性。塞拉斯认为，当下的红色是真实事物的一种“同源”（homogeneous）属性。他论证的目的是想否定下面两个假说：第一个是认为当下的红色是大脑中某个区域的神经活动，第二个是认为红色的主观现象学可以由“某物是或看起来是红色的”这样的判断完全表达出来。例如，如果你想到了一个红色的苹果并作出判断：它是红色的，这种行为不会使当下的红色这种属性的例示存在。也就是说，它只是判断某物是红色，但这个判断本身没有当下的红色，就像一首关于苹果的诗不是红色一样。塞拉斯由此得出的结论是：要容纳当下的属性就需要变革我们的物理学。②

丹尼特认为，塞拉斯的立场过于激进，而且它还引发了比较严重的后果。例如，查默斯就由此得出结论：意识理论应“把经验本身当作世界的根本特征，就像质量、电荷、时间、空间一样”③。斯特劳森（G. Strawson）也指出：“我们发现意识是神秘的，只是

---

① 洛克：《人类理解论》（上册），关文运译，商务印书馆 1983 年版，第 101 页。

② 参阅塞拉斯《经验论和心灵哲学》，李绍猛等译，载陈波、韩林合主编《逻辑与语言：分析哲学经典文选》，人民出版社 2005 年版，第 673—764 页；W. Sellars，“Foundations for a Metaphysics of Pure Process”，（the Carus Lectures）*Monist*，64（1981）：3—90.

③ 大卫·查默斯：《勇敢地面对意识难题》，载高新民、储昭华主编《心灵哲学》，商务印书馆 2002 年版，第 378—379 页。

因为有一幅糟糕的物质图画，”“我们有很多描述物质行为的数学公式，但我们并没有真正了解它的内在本质。我们对其内在本质拥有的其他线索，实际上只有在你像将事物组合成大脑那样来组合它时，你就得到了意识。”① 内格尔也说：“意识应被看成实在的一种在概念上不可还原的方面，它必然是与其他同样不可还原的方面相联系的——正如电磁场是不可还原的，但必然与电荷粒子的行为相联系，引力场与物质的行为相联系，反之亦然。”② 事实上，莱布尼兹很早就通过“心灵的磨房”提出了类似的主张：

> 假如有一架机器，构造得可以思想、感觉，具有知觉，我们可以设想，把这架机器放大了，而仍然保持着同样的比例时，我们可以走进去，像走进一座磨房一样。这样一来，我们在视察它的内部的时候，将会只发现一些零件在彼此相互推动，而找不出什么东西来说明一个知觉。因此，应当在单纯实体中而不应当在复合物或机器中去寻找知觉。因此，在单纯实体中所能找到的，只有这个，也就是说，只有知觉和知觉的变化。③

查默斯等人与莱布尼兹一样，都认为现行的科学无法解释“大脑相互作用的各个部分何以能产生意识经验”，因此必须寻找或设想处于科学之外的一种实体或属性。这类主张需要回答的一个问题是：神经细胞与酵母细胞等的物理学是完全相同的，它们功能上的不同，都可以根据细胞解剖学或细胞结构学来解释，这种解剖学上的不同怎么会使神经细胞完全不同于酵母细胞呢？肯定不能说是由于某种神秘的东西或科学之外的东西。因此，我们可以看出，

---

① G. Strawson, “Little Gray Cells”, *New York Times Book Review*, July 7 (1999): 13.

② T. Nagel, “Conceiving the Impossible and the Mind-Body Problem”, *Philosophy*, 73 (1998): 338.

③ 北京大学哲学系外国哲学史教研室编译：《十六—十八世纪西欧各国哲学》，商务印书馆 1975 年版，第 485—486 页。

查默斯等人只是把莱布尼兹的“磨房”移到了更微观的层次上，只是“用一个鬼魂代替了另一个鬼魂而已”。丹尼特认为，他们都误解了科学。就颜色来说，科学所证明的实际上是物体的反光性使生物进入了各种辨别状态，而这些状态分布于大脑，支持着许多复杂的先天倾向和后天习得的习惯。他说：

> 感受性……就是那些倾向的复合体（complex）。在你说“这是我的感受性”时，你所辨别或指称的——无论你是否意识到——是你特有的倾向复合体。你似乎在指称你的心灵之眼中的某种私密的、无法言表的东西……但这只是它向你呈现的样子（how it seem to you），而不是它实际的样子（how it is）。你的“感受性”是你的异己现象学的虚构世界中的一种特征，但在你大脑的真实世界中，它最终只是一个倾向的复合体。[①]

因此，我们在看某种颜色时，只存在两种属性：一是大脑辨别状态所具有的各种第一性质（如它们的机械性质、激活状态等）；二是由于这些性质，它们所具有的第二性的纯倾向性质。由于人类有语言，因此这些辨别状态最终常常会导致言语判断，即表达各种事物的“颜色”的判断，颜色就是这些辨别状态的内容。在这些内部的辨别状态之外，没有什么额外的不可言表的感受性。

那么，为什么会有颜色知觉呢？它关于的是什么？对此一般有三种解释：一是认为每种颜色都与某种波长的光相联系，红色这种属性就是反射一切红色波长的光并吸收其他波长的光的属性。二是认为颜色属性是物体的“表面光谱反射系数”。三是认为颜色属性是严格按照大脑状态定义的。

丹尼特认为，这些回答都有难以克服的问题，要解释颜色视觉必须追溯它的进化之源。他说，颜色和颜色视觉是相互生成的，“‘自然的’颜色视觉从一开始就是与颜色——其存在的理由是颜

---

① D. Dennett, *Consciousness Explained*, Little, Brown and Company, 1991, p. 389.

色编码（color-coding）——共同进化的”[1]。自然中的有些事物“需要被看见”，其他的事物也需要看见它们，这样一个得到进化的系统就倾向于使前者更加醒目，而使后者的任务最小化。以昆虫为例。它们的颜色视觉是与它们所授粉的植物的颜色共同进化的，这种设计对双方都有利。如果没有鲜花的颜色编码，昆虫的颜色视觉也不会进化，反之亦然。因此，颜色编码的原则是昆虫视觉的基础，而不只是聪明的哺乳类动物最近的一项发明。照此看来，对于苹果成熟时为什么会变成红色这个问题，我们当然可以根据苹果中糖和其他元素浓度的变化来解释，但不能忽视进化的事实，即如果最初没有以苹果为食的撒种者看见它们，苹果就不可能存在，因此苹果要容易被吃苹果者看见是它们存在的一个条件。而苹果所具有的表面光谱反射系数只是感光色素的一种功能，这些色素可以为食苹果者的视椎细胞利用。因此，最初颜色的产生是为了被那些设计来看它们的东西看的。但这个过程是逐渐进化的。一旦某种生物可以将红色的浆果与绿色的浆果区分开，它们就也能将红宝石与绿宝石区分开，丹尼特认为这是一笔额外的红利，这种区分只是一种派生的区分。他说：

> 认为首先有颜色——有颜色的石头、有颜色的水、有颜色的天空、橘红色的铁锈和天蓝色的钴——然后大自然出现了，它运用这些属性来对事物进行颜色编码，这是错误的。事实是：首先有表面的各种反射属性、感光色素的反应属性等，然后大自然从这些原材料中产生了有效率的、相互调节的“颜色”编码/“颜色”视觉系统，在这些由设计过程确定的属性中，有我们人类称作颜色的属性。如果钴的蓝色与蝴蝶翅膀的蓝色（在正常人的视觉中）碰巧是一致的，这只是一种巧合，是这些产生颜色视觉的过程的一个无足轻重的副作用。[2]

---

① D. Dennett, *Consciousness Explained*, Little, Brown and Company, 1991, p. 377.

② Ibid., p. 378.

因此，在没有颜色视觉之前，可以导致视觉的反射属性是存在的。那时，也有绚丽的晚霞、红通通的西红柿，但那时它们都还没有“红”的名字。丹尼特指出，就此而言，第二性质与可爱性（lovely quality）相似。某个人可能很可爱，但她可能从未被觉得她可爱的人看到过，因此可爱性的定义不可能不考虑观察者的嗜好、感情和倾向，在没有观察者时，说存在可爱性是没有意义的。同样，“颜色类似于可爱性，它的存在——是与一个观察者的参照集合相联系的——在没有观察者的世界上是没有意义的”[①]。这种观点看起来像是主观主义和相对主义，但丹尼特认为求助于进化，这种主观主义或相对主义的意义就会弱化。我们的颜色空间（以及我们的味觉、声音空间）的基本范畴是由选择过程塑造的，因此一般来说，问一种特殊的辨别或偏向的目的是什么是有道理的。当然，由于人类的发展，有些偏向的理由并不是我们的理由，而是我们祖先的理由，我们身上的这种偏向只是他们留在我们身上的化石遗迹，我们继承了祖先的“性质探测器”。

由于颜色与颜色视觉是共同进化的，因此不提及这种进化，我们就无法打破感受性的神话。丹尼特认为，感受性的爱好者们只是断定了感受性的存在，断定它是一种“内在的”属性，但没有做进一步的解释，这就像把怀孕作为妊娠的原因一样，并不是真正的解释，而他的解释不仅说明了感受性的原因，而且解释了为什么它难以言表，因此比通常的解释更合理、更令人信服。

第二节 颠倒的感受性

在西方，颠倒感受性的可能性最早是由洛克提出来的。他在论述真实的观念与虚妄的观念时提到：

---

① D. Dennett, *Consciousness Explained*, Little, Brown and Company, 1991, p. 380.

我们的器官组织纵然不同，同一物象纵然在同时能在各人心中产生出不同的观念来；就如紫罗兰在经过眼官后在此人心中所生的观念，正等于彼人心中金簪花的观念（或反转来亦是一样）。纵然如此，人们亦不能说我们的简单观念会虚妄了。（这一点是无从知道的，因为此一人的心并不能进于另一人的体内，看看那些器官所发生的现象是什么样的。）因为凡有紫罗兰组织的一切东西，都可以恒常地产生他所谓的“蓝”的那个观念；凡有金簪花组织的一切东西都可以恒常地产生他所谓“黄”的那个观念；因此，那些现象不论在他心中是什么样的，他总可以有规则地按照那些现象，来分别那些事物，以合他的用途；他总可以了解并表示“蓝”、“黄”二名所标记的那两层分别，一如他心中所有的那两种花的现象或观念，是同别人心中的观念一样。不过我猜想，任何物象在各人心中所产生的可感的观念，大部分是相近的，而且相似的程度，不易使人分辨其差异。对于这个意见，我倒有许多理由可提出来。不过这既然不是我现在的职务，因此，我就不再以此一层麻烦读者了。不过我仍可以告诉他说，相反的假设，纵然可以证明，亦并不能助进我们的知识、调理我们的生活。因此，我们就不必费心来考虑它。①

洛克当时只是提出了这样一种猜测，即由于我们都是通过外部有颜色的东西来学习颜色词语的，因此即使我们的经验完全不同，我们的言语行为也可能是一致的。他感到这虽然是可能的，但对增进知识、调理生活没有什么用处，因此不必费心考虑。实际上，中国提出这个问题要早得多。庄子和惠施在濠水桥上关于鲦鱼之乐的辩论就涉及了这个问题：

庄子曰：“鲦鱼出游从容，是鱼之乐也。”

---

① 洛克：《人类理解论》（上册），关文运译，商务印书馆 1983 年版，第 368—369 页。

惠子曰："子非鱼，安知鱼之乐。"

庄子曰："子非我，安知我不知鱼之乐?"

惠子曰："我非子，固不知子矣；子固非知鱼也，子之不知鱼之乐，全矣。"

庄子曰："请循其本。子曰'汝安知鱼乐'云者，既已知吾知之而问我，我知之濠上也。"①

我们普通百姓日常生活实际上也经常遇到这样的问题，而在当代心灵哲学中它更是各派哲学家相互辩驳的重要话题。颠倒的感受性一般有两种形式：一种是人际间的颠倒，即在我和你看的是同一个西红柿时，我们都把它的颜色称作红色，但我的感受性是红，你的感受性是绿，因此尽管我们的言语行为相同，但感受性是不同的。二是人内部的颠倒，即我的外部行为表现一切正常，但原来红色的感受性却变成了绿色的感受性。支持感受性的人认为，无论是哪种情况，用第三人称的科学方法都无法确定。

丹尼特认为，上述两种情况是一回事，可以相互转化，它们共同的错误就是坚持了笛卡尔剧场模型。在他看来，如果人脑中真有一个笛卡尔剧场。那么颠倒感受性是可能的，但人脑中没有这样一个剧场，没有一条单一的因果链，而是有一个巨大的因果网，有多条路径，有多个草稿同时被编辑加工，我们"没有办法将意识中呈现的属性与大脑对其环境中的各种反应分离开，因为不存在额外的呈现过程"②，因此，颠倒感受性是没有道理的。

以喝啤酒为例。一般人在第一次喝啤酒时都觉得很难喝，但过一段时间后，这种难喝的感觉就没有了。这是怎么回事？假如我们问两个人 A 和 B，可能有下面两种回答：

A：啤酒的味道没有变，只是我的口味变了。

---

① 《庄子·秋水》。

② D. Dennett, *Consciousness Explained*, Little, Brown and Company, 1991, p. 393.

B：我的口味没变，而是啤酒的味道变了。

A和B都声称他们说的是真话。这里，对同一个态度（即他们现在都觉得啤酒味道不错）有了两种不同的经验。一般人认为，这只有当事人根据自己的内省才能辨别，其他手段是不可行的。但丹尼特认为，他们经验中的不同根本不是不同，两种选择都是靠不住的，因为在异己现象学层面没有什么证据会因为支持了A而反对B，反之亦然。但是两者又都声称存在感受性的不同，那么如何对此作出解释呢？二元论者当然可以求助于超自然物，但对于唯物主义者来说，只能求助于自然的手段，只能到物理世界（大脑微观世界）寻找支持这种不同的根据。丹尼特说：

> 异己现象学当然是不同的，但这种不同是需要解释的。这些不同的确信可能源于下面两种辨别能力上的不同：对第一个喝啤酒者来说，“训练”已经改变了口味的性质空间的“形状”，而对第二个喝啤酒者来说，这个性质空间大致没变，但对该空间的“评价函数”（evaluation function）被修改了。或者某个或所有喝啤酒者可能都在自我欺骗。……要了解对于喝啤酒者的主张是否有一种成真的（如果是“牵强的”）解释，我们必须超越异己现象学，研究大脑中的真实事件，如果有这样的解释，这只是因为我们决定将“它尝起来的样子”还原为某种反应倾向性的复合体。为了“拯救”感受性，我们必须“摧毁”感受性。①

因此，如果一个喝啤酒者声称他所指的是“啤酒在我现在尝起来的样子”，如果他认为他是在指称他熟知的一种感受性，即不依赖于其改变的反应态度的主观状态，那么他肯定是在自我欺骗。但我们仍然觉得主观的感受性确实存在，丹尼特说这充分表明你仍处于笛卡尔剧场的束缚之中。他认为如果理解了下面这个例子，我

---

① D. Dennett, *Consciousness Explained*, Little, Brown and Company, 1991, p. 396.

们就可以彻底摆脱它的束缚。

假如给你戴上一副眼镜，通过它你看到的一切景象都是颠倒的。刚开始你可能很不适应，但经过一段时间后，你不但适应了，而且和不戴这种眼镜的人一样可以自如地骑车、滑冰。那么，这时候你的适应是通过将经验世界恢复正常，还是习惯了颠倒的经验世界呢？丹尼特认为，对这个问题可能有不同的回答，但都取决于你适应的程度，你越适应，你就越会觉得这个问题是不恰当的、无法回答的。因为根据多草稿模型，在你的行为过程中，有很多需要调整的辨别和反应，它们都分布于大脑，其中一些处理的是低层次的反射，还有一些处理意向行动，那么在你完全适应后，你就不能确定“事物看起来就像过去的样子”，还是“事物的样子变了，但我适应了”，因为在某种意义上（即根据你的反应来判断），事物在你看来是相同的，但在另一种意义上（即根据其他的反应判断），事物看起来又是不同的。丹尼特说，如果有一种关于视觉运动空间的表征，一切对视觉刺激的反应都必须通过这个空间，那么这种表征必然是“某种样子”，但事实上没有这种单独的表征。感受性是由许多部分独立的反应习惯构成的，大脑内没有什么内在的正立的图像或颠倒的图像。重要的是输入与输出之间的符合，而由于这在大脑中是在不同的部位以不同的、独立的方式完成的，因此我们不能说出我们视野中什么算是颠倒的。

> 这对于“感受性”的颠倒同样成立。这种观念，即感受性是人的一切反应倾向之外的东西，从而如果这些倾向恢复正常，颠倒的感受性仍不受影响，只是顽固的笛卡尔剧场神话的一部分。这个神话在巧妙的关于光谱颠倒的思想实验中得到了赞美，但赞美不是支持或证明。如果在一切反应倾向之上没有感受性，这种观念——认为在调整这些倾向时，感受性保持不变——就是自相矛盾的。①

---

① D. Dennett, *Consciousness Explained*, Little, Brown and Company, 1991, pp. 397—398.

第三节 黑白玛丽与知识论证

“黑白玛丽”是弗兰克·杰克逊提出来的一个思想实验，旨在证明物理主义不足以解释感受性问题。他的思想实验是这样的：

> 玛丽从出生以来就被关在一间黑白房间里。房子里的一切都只有黑白两种颜色，但她可以通过黑白电视、网络（当然也是黑白色的）、手机等了解世界。通过学习，她成为了一位杰出的科学家，精通关于色彩和色彩知觉的一切科学知识。她不仅知道什么东西是什么颜色，而且知道什么颜色是什么光波波长，人的大脑如何处理颜色信息进而产生色彩知觉。总之，她对有关色彩和色彩知觉的物理知识、神经科学知识以及进化机制的知识等无所不通。
>
> 终于有一天，玛丽被放出来了。在她看到一朵鲜红的玫瑰花、湛蓝的天空、碧绿的青草等时，睁大眼睛兴奋地说：“原来红色、蓝色、绿色是这个样子呀！”

杰克逊借这个故事提出了他的“知识论证”。它包括两个结论：一是物理主义是错误的。因为根据上面的故事，玛丽在放出来之前，通晓一切物理知识，但在她看到红花、蓝天、绿草等时却惊呼：“红色、蓝色、绿色是这个样子呀！”这表明她学到了新的知识，而这种知识显然不在物理知识之列。这种知识就是“色彩看起来是什么样子”的知识，即通常所说的感受性。杰克逊认为，知识论证可以推广到味觉、听觉、躯体感觉以及其他具有感受性的心理状态。由此可以证明，“感受性质是物理主义描述所遗漏的东西……人们可能有一切物理信息，而并没有一切应有的信息”①。

---

① 弗兰克·杰克逊：《副现象的感受性质》，载高新民、储昭华主编《心灵哲学》，商务印书馆2002年版，第86页。

他由此引申出了第二个结论：感受性是副现象。他说："我想作出辩护的不过是：坚持下述观点是可能的，即某些心理状态的某些属性即我称之为感受性质的属性，是这样的属性，有它们或没有它们对物理世界没有什么影响……我要说的是，你不得不坚持认为：感受性质的例示即使对任何物理的东西没有用，但对其他心理状态会造成影响。"①

丹尼特认为，"黑白玛丽"是一个糟糕的思想实验，因为它经常使我们误解它的前提。他对杰克逊的第一个结论的反驳非常简单：杰克逊以及相信知识论证的人并没有真正地重视论证的前提，即玛丽拥有一切物理知识，而是仅仅想象她有很多很多物理知识，就断定她会学到新的知识。为此，丹尼特对上面的故事作了延伸：

> 监禁者放玛丽出来前，想对她玩个花招。于是，他让玛丽看一个蓝色的假香蕉。没料到玛丽一下子识破了诡计："你想骗我！香蕉是黄色的，而这个是蓝色。"监禁者目瞪口呆："你是怎么知道的？""很简单，我知道一切物理知识，而不是很多，其中包括色彩视觉的一切物理原因和结果。我很早就知道各种颜色的物体对我的神经系统的物理印象是什么了，因此我知道我会有什么思想，知道思考这或那的'纯粹倾向性'是什么，这不就是你所熟悉的感受性吗？因此，我早就有蓝色的经验了。令我吃惊的是，你竟用这种不入流的把戏骗我，太小看我了！"

丹尼特说，他的这个故事不是要证明玛丽没有学到新知识，而是证明我们通常的想象并没有证明她学到了新知识。"它没有证明任何东西；它只是通过哄骗你想象不是这些前提所要求的东西而蹦

---

① 弗兰克·杰克逊：《副现象的感受性质》，载高新民、储昭华主编《心灵哲学》，商务印书馆2002年版，第90页。

出这样的直觉：她学到了一些东西。”[①] 在他看来，玛丽知道一切物理知识，就隐含着她知道大脑对种种色彩的一切反应倾向，而知道了这些，就知道了感受性。

丹尼特重点反驳了杰克逊的第二个结论。他认为，哲学家和认知科学家对“副现象”的理解不尽一致。人们之所以相信副现象论是感受性的天堂，就是由于把“副现象”的心理学意义和哲学意义混为了一谈。

“副现象”这个词语第一次出现在1706年，是一个病理学术语，指的是一种次要的现象或症候。后来进化生物学家赫胥黎（T. Huxley）将它推广到心理学，用来指称非功能的属性。在这种意义下，副现象就是没有任何能动作用、没有任何设计作用的现象，是一种纯粹的副产品。但它们也会在世界上产生一定的作用。例如，跺脚会产生可以录音的噪音，人的影子会影响摄影胶片的感光。

哲学意义的副现象更强。根据布罗德（C. Broad）的解释，“x是一种副现象”是指“x是一种结果，但它自身在世界上没有任何作用”[②]。丹尼特认为，哲学的意义太强了，因此它是一个没有什么用处的概念。因为如果x没有任何物理作用，那么就没有什么工具能够直接或间接地发现它，世界也不会因为它的出现或缺失受到任何影响，那么有什么理由断言x存在呢？

丹尼特认为，如果认为感受性是这种哲学意义上的副现象，必然会陷入唯我论的泥潭。由于感受性是副现象，那么它在世界上不会产生任何影响，你无法证实它存在还是不存在，最终只能求助于内部的证据，但这种内部的证据不能是物理的，只能是非物理的。假如你相信你拥有副现象的感受性，而这个信念也是非物理的，因此也没有任何作用。如果你突然失去了副现象的感受性，你就不再

---

① D. Dennett, *Consciousness Explained*, Little, Brown and Company, 1991, p. 400.

② C. Broad, *The Mind and its Place in Nature*, London: Routledge & Kegan, 1925, p. 118.

相信你有，但你仍可以说你有，因为你只是不相信自己正在说的话而已。因此，你证明感受性的实在性的唯一方法是退回到唯我论的世界，在这里只有你自己、你的信念和你的感受性，与物理世界没有任何关系。这显然不是唯物主义者的选择。丹尼特承认，他的这种观点是证实主义，但不是粗野的（village）证实主义，而是文雅的（urbane）证实主义。在他看来，对待感受性这类问题每个人实际上都是文雅的证实主义。例如，假如你坚持认为：你的汽车发动机里有 14 个小鬼，这些小鬼没有质量、没有能量、没有物理属性，对世界也没有任何影响，它们出现与否也没有经验的证据，那么，假如我说里面有 13 个，张三说里面有 18 个，我们如何解决这些争端呢？显然不能根据常识，只能根据证实主义原则。

丹尼特主张，任何唯物主义者都应当愉快地承认感受性是非功能意义上的副现象，即它是物理的结果，并且具有某种物理作用，只不过这种作用不是功能性的作用。我们的神经系统中有很多属性，大致可以分为两类：一类是在信息加工中发挥关键作用的属性，一类是可以随意修改的副现象属性。丹尼特说："哲学家在推测感受性是大脑状态的副现象属性时，可能是指感受性最终是神经元新陈代谢所产生的局部的热的变化。……如果是这样，作为副现象就不是对唯物主义的挑战。"①

第四节　蝙蝠的感觉是什么样子

当代意识研究领域引用率最高、影响最大的思想实验恐怕就是内格尔的"蝙蝠"了，可以说在心灵哲学界和认知科学界是"家喻户晓"、"妇孺皆知"。我们先看内格尔的"直觉泵"（intuition pumps）及其用意。

> 蝙蝠是会飞的哺乳动物，但它没有视觉，它的行动是通过

---

① D. Dennett, *Consciousness Explained*, Little, Brown and Company, 1991, p. 405.

> 回声定位系统调整的，因此它们的大脑肯定是通过处理回声的信息来分辨距离、大小、形状、运动和构造特征的。那么，假设蝙蝠和人一样有意识，我们有可能理解它的感受性吗？科学有可能研究它的意识吗？

内格尔的回答是：“我们永远不可能奢望用我们的语言提供对……蝙蝠的现象学的详尽描述。”“对于成为一只蝙蝠可能是什么样子的思考似乎把我们引向了这样一个结论，即有这样的事实，它们不存在于能用人类语言表达的命题的真理之中。我们即使不能陈述或理解这些事实，也能被迫认识它们的存在。”[1]

内格尔用“蝙蝠”是想论证意识经验具有“主观的观点”，即第一人称的特征。意识经验必定是以“某个样子”呈现给它的主体的。“寒鸭饮水，冷暖自知!”幸福不幸福，只有“我”知道。别人看着很幸福的一对，可能他们很痛苦，而别人看着不幸，他们自己却可能“幸福得像花儿一样”。同样，也没有人知道蝙蝠的感觉是什么样子，除了蝙蝠自己。你也许可以想象你是一只蝙蝠，有膜翼，有回声定位系统，能够用它来指引自己飞行，想象自己体验到蝙蝠的经验，但这真是蝙蝠的经验吗？蝙蝠的经验是从它们自己的观点来体验的，跟我们的想象无关，因为我们的任何想象都是从我们自己的观点出发的，都是用我们自己的观点来体验那种经验的，最终只是我们自己的经验。如果承认经验的主观性，唯物主义或物理主义就有麻烦了。因为唯物主义是第三人称的研究，只承认物质世界的存在，而物质世界是第三人称的存在，经验是第一人称的存在，因此经验肯定处于物质世界之外，也不可能用第三人称的方法研究。由此可见，内格尔是“项庄舞剑，意在沛公”，用的是蝙蝠，锋芒却直指人的经验。你老丹不是声称异己现象学是研究意识的“利器”嘛，那你就先在蝙蝠身上给我演示一下吧。

---

① 托马斯·内格尔：《成为一只蝙蝠可能是什么样子》，载高新民、储昭华主编《心灵哲学》，商务印书馆 2002 年版，第 111—112 页。

丹尼特指出，破解这个难题，首先，要弄清内格尔的结论是什么。在他看来，它不是一个认识论的主张，即不是说如果某个人偶然成功地想象出身为蝙蝠是什么样子，我们也不能确定他是否成功了。实际上内格尔的结论是，我们人类没有也不可能有任何向自己表达成为蝙蝠是什么样子的必要手段和表征机制。丹尼特说，认识论问题很困难，但经过努力是可以解决的。例如，如果我们想知道1945 年人们听《二泉映月》时的感觉与我们的有什么区别，我们可以把他们听音乐时的倾向和知识等列出清单，然后与我们自己的进行比较，就会逐渐地理解他们的感觉与我们的感觉有什么不同。当然，如果我们要直接体验他们的感觉，就需要根据他们的清单重建我们的倾向结构。在此过程中，我们要忘掉很多他们没有的知识、联想、习惯，等等，并设法重建他们的知识、联想和习惯。这对于蝙蝠也同样成立。不过，丹尼特说："我们应当感兴趣的是我们对蝙蝠的意识（如果有的话）可以知道什么，而不是我们是否可以将我们的心灵暂时或永久地变成蝙蝠的心灵。"[1]

丹尼特认为，蝙蝠的经验是科学可以研究的。采取的方法与研究人的经验的方法一样，都是要建立异己现象学世界。当然，由于蝙蝠没有语言，采取异己现象学方法很困难，但不是不可能的，因为"它们是以很多非言语的方式活动的，这可以为描述它们的异己现象学世界或……它们周围的世界和内部世界提供一个清晰的基础"[2]。动物异己现象学的一个分支是认知生态学。根据这个分支，"蝙蝠的心灵结构就像它的消化结构一样是可以了解的，研究它们的方法是在其心灵的内容与派生这些内容的世界之间进行往返穿梭的系统研究，并注意派生的方法和目的"[3]。目前的研究已经证明无语言动物的生态环境没有为它们提供形成我们人类这种高级心理活动的机会，因此我们可以断定它们没有发展出这些活动。那么，

---

① D. Dennett, *Consciousness Explained*, Little, Brown and Company, 1991, p. 442.

② Ibid. , p. 446.

③ Ibid. , p. 447.

在建立蝙蝠的异己现象学世界时，我们要先根据生物学、认知生态学以及蝙蝠生理学等知识排除掉一些明显错误的描述，得到一个准确可靠的文本，然后就可以理解成为蝙蝠是什么样子。

其次，要特别注意有无语言所产生的重大差别。语言在人类心灵的构成中起着至关重要的作用，而无语言动物的心灵显然不是以这种方式构成的，因此，我们的意识与蝙蝠的意识之间有很大的不同。而我们在想象成为蝙蝠是什么样子时，自然要从我们自己的经验出发，这样涌现到我们心灵中的大多数东西就必须向下调整，蝙蝠享有的意识相对于我们的来说，要大大地删减。例如，蝙蝠不仅不知道今天是不是星期五，而且它甚至不知道它是不是一只蝙蝠，在它的认知结构中，“想知道”没有任何作用。然而，“蝙蝠——就像低等的螃蟹一样——有一个生物学的自我，但它没有自我性的（selfy）自我——没有叙述引力中心，或至多有一个可以忽略的自我。它不仅没有嘴边的词语，也没有遗憾，没有复杂的向往，没有绵绵的乡愁，没有宏伟的计划，没有对身为蝙蝠是什么样子的思考，甚至也没有思考蝙蝠是什么”①。如果不考虑这些重大区别，内格尔的“蝙蝠”确实有很大的诱惑力，许多人就是一看他的标题就将自己置于了错误的立足点上。事实上，尽管蝙蝠和其他动物能够以不同的方式表现出巧妙的行为，但它们并没有感受性。因此，“如果我们一声不吭就假定内格尔的问题有意义并假定我们知道自己在追问些什么，那我们就是为自己创造了一个一般认为是神秘莫测的谜”②。当然，这不是说我们现在就可以确证蝙蝠不能有感受性，而是说在我们研究之初不要假定它们有。

丹尼特认为，只有当一个理论根据无意识事件来解释有意识的事件时，它才能解释意识。如果你关于疼痛的解释仍要提到疼痛，那你就还没有开始解释疼痛，如果你的意识模型仍然需要奇迹，那你就还没有解释意识。液体、固体和气体都可以依据本身

---

① D. Dennett, *Consciousness Explained*, Little, Brown and Company, 1991, p. 448.

② 丹尼尔·丹尼特：《心灵种种》，罗军译，上海世纪出版集团 2010 年版，第142 页。

不是液体、固体或气体的东西解释。生命也可以根据本身无生命的东西解释，而且这种解释不会使有生命的东西失去生命。他说：

> 我猜测，意识是个例外这种幻觉的产生，是由于没有理解成功解释的这个一般特征，错误地以为这种解释遗漏了一些东西，我们想通过将之作为感受性——或其他的奇妙的“内在”属性——放回到观察者中，来拯救否则就会失去的东西。心灵变成了保护裙，所有这些可爱的小猫都藏身于其下。可能有认为意识不可能被解释的动机，但我希望我已经证明，有很好的理由相信它是能够被解释的。①

恩格斯曾经说过：“我们永远不会知道，化学光线在蚂蚁的眼睛里究竟是怎样呈现出来的。谁要为这件事苦恼，我们可一点忙也帮不了。”表面上看，恩格斯是说动物感受性研究是一个无聊的问题，但事实上他并没有反对这类研究，而是说我们要在现有的基础上不断推进认识的深化。他说：“我们宁可从我们的思维已经探索到和每天还在探索的东西中，来认识我们的思维究竟能探索什么东西。这从量上和质上来说已经足够了。相反地，对思维形式、思维规定的研究，是非常值得做的和必要的，而且自亚里士多德以来，只有黑格尔系统地从事过。”② 从当代感受性研究来看，尽管哲学家们提出的一些思想实验稀奇古怪，甚至荒诞不经，但它们涉及的问题非常重大，对唯物主义的冲击力、杀伤力也是非常巨大的，很多人都是在这些思想实验的影响下倒向了二元论。因此，我们要维护唯物主义、维护世界的物质统一性，就应当关注这些研究，并积极参与相关的对话。首先，传统意识论研究关注的焦点是心理状态、过程、事件以及心理与物理的关系，对心理的属性关注不够。

---

① D. Dennett, *Consciousness Explained*, Little, Brown and Company, 1991, p. 455.

② 《马克思恩格斯选集》第4卷，人民出版社1995年版，第332页。

从上面的分析可以看出，感受性涉及的范围非常广泛，不仅与我们的常识相关，也与人的主体性、自我认识密切相连，涉及常识与科学、主观与客观、意识与物质、唯物与唯心等重大哲学问题。因此，推进哲学的创新和发展，要重视具体问题特别是像感受性这样的新问题的研究。其次，感受性对唯物主义的挑战，也从反面说明我们的唯物主义还有疏漏、不完善之处，说明我们在沟通主观世界与客观世界、意识与大脑机制的关系方面还有大量工作要做。就此而言，丹尼特的目标和方向无疑是正确的。他反对笛卡尔剧场模型，就是反对用超自然的手段解释意识。他采用异己现象学方法，就是为了使意识与物理基础真正联系起来。用他的话说就是“最终要将异己现象学世界的对象与此时发生在大脑中的事件联系起来”①。当然，他反对还原论或同一论，认为“感受性是大脑的倾向属性，但它们不能严格地用功能术语定义。或者如果你真地理解了与神经系统的功能相关的一切，理解了人们声称的在讨论他们的感受性时，关于他们所讨论的属性的一切，那么你可以用它来定义”②。他的真实目的是要寻找意识的真正基础，实际上是使意识真正扎根于物理的土壤之中，这时就需要架起令人信服的桥梁，而这又需要整合文化、社会、进化等具体研究领域的成果。最后，丹尼特关于感受性的取消主义主张可以说是毁誉参半。奥尔波特（A. Allport）说：“我发现他（丹尼特）对这个前后矛盾的概念的分析或毋宁说摧毁，令人耳目一新，真的使人摆脱了禁锢。”③ 而戈德曼（A. Goldman）则列出了丹尼特遇到的三个问题：无法辨别感受性的差别是否就等于最终没有事实根据；感受性无法言表是否就意味着不存在；在运用科学证据时过于草率。④ 笔者认为，这些具体问题确实需要进一步澄清，但更重要的是要看到，丹尼特对二

---

① D. Dennett, *Consciousness Explained*, Little, Brown and Company, 1991, p. 407.

② Ibid., pp. 459—460.

③ 转引自阿尔文·戈德曼《意识、民众心理学与认知科学》，载高新民、储昭华主编《心灵哲学》，商务印书馆 2002 年版，第 437 页。

④ 同上书，第 443—444 页。

元论、副现象论的批判是击中要害、相当有力的，确如他所说，如果我们容忍这些直觉泵的成立，我们就要接受许多看似合理，但却无法证实的废话。

第七章

心灵的实在性

人有心灵吗？对普通人来说这根本不构成一个问题。如果有谁说人没有心灵，没有信念、愿望，人们肯定认为他要么是脑子进水了，要么是另有所图。但20世纪以来特别是随着取消主义的横空出世，这个问题却成了心灵研究征程中的第一个“拦路虎”，因为如果人根本没有心灵，那么“心灵是什么”、“心灵有何属性”等问题就是假问题，研究它们就像中世纪经院哲学研究“一个针尖上能站几个天使”一样，研究得再深入、再细致也不会有正确的答案。如果说人有心灵，可是取消主义者指出大脑中只有神经生理组织、神经活动和过程，并没有我们所说的心灵或意识，而且这也得到了神经科学的证实，那么，心灵存在于何处？是什么样的存在形态？它能否与自然界的其他事物“和平共处”？围绕这些问题，各派哲学家相互辩驳、斗智斗勇，各种学说粉墨登场、崭露锋芒。这些学说通常被划分为两大阵营：实在论和取消论。一般认为，我们只能二选一，不可能两者都选。你要么是实在论者，要么是取消论者，不可能是“半实在论者”或“半取消论者”。按此划分，马克思主义意识论肯定是实在论，因为它主张“意识是物质世界发展到一定阶段的产物，是人脑的机能”、“意识是人所特有的精神活动，是一种社会现象，它对物质具有能动的反作用”。但丹尼特似乎是个另类，他既不认同一般的实在论，又不赞成激进的取消论，声称自己的立场处于“简单的实在论和简单的相对主义之间的刀尖上"[1]。他虽然把自己的立场称为实在论，但又不同意"大写的实在论"（Realism），而强调自己的立场是"温和的实在论"、"雨林实在论"（rainforest realism）或"小写的实在论"（realism）。他虽然不主张取消心灵，但又否认我们通常所说的心灵存在，声称心灵只是"半真半假"（a grain of salt）的存在。那么，在他眼中，心灵是什么？这种"半真半假"的存在是什么样的存在？是具体物还是抽象物？他的理由和根据是什么？这些都需要我们认真研究。

第一节　自然主义范式下的本体论承诺

近代以来，心灵哲学的一个基本趋势是，根据物理学等基础科学的成果来化解由心灵所引发的种种难题，以此维护科学的统一性。在当代，这种趋势主要表现为心灵的自然化运动。正如鲍德温（T. R. Baldwin）所说："当代哲学的一个首要问题是哲学的'自然化'问题。"[2] 泰（Michael Tye）也指出："许多当代哲学家都认为，提出一种令人满意的自然主义心灵理论是一个极其重要的构想。人们担心，没有这样一种理论，心理现象将永远是一个谜。"[3] 所谓自然化，就是为心灵构筑自然主义条件，"用非意向性的术语如自然科学的术语来说明意向属性，或阐明意向属性可由非意向属性来实现。换言之，就是要根据自然科学的成果来证明它在自然秩序、在世界的本体论结构中占有一席之地"[4]。当代的各种自然化方案千差万别，但都是通过赞同或批判标准的自然主义范式而提出来的。

---

① D. Dennett, *The Intentional Stance*, The MIT Press, 1987, p. 37.

② T. R. Baldwin, "Two Types of Naturism", *Proceedings of the British Academy*, 80 (1993): 171.

③ M. Tye, "Naturalism and the Mental", *Mind*, vol. 101 (1992): 421.

④ 高新民：《人心与人生》，北京大学出版社 2006 年版，第 57 页。

一 标准的自然主义范式

广义的自然主义是指那些主张用自然原因或自然原理解释一切现象的哲学思潮，它的起源至少可以追溯到亚里士多德和斯宾诺莎。狭义的或现代自然主义主要指19世纪末20世纪初以来形成的一种哲学思潮和哲学派别。根据陈波先生的解释，现代自然主义主张：

> 整个可知的宇宙是并且仅是由自然对象构成的，任何自然对象都存在于时空的因果序列之中，所有解释最终都必须涉及时空中的对象和事物。自然过程是自然对象由于自然原因而发生的改变，不存在非自然的过程。自然的序列不只是所有自然对象的集合，而且是所有自然过程的系统。自然的每一部分都是可认识的，其原因在于自然过程具有某种规则性、统一性和整体性。认识自然必须运用自然的方法，后者即是某类自然对象通过人作用于其他的自然对象。理性就是对自然方法始终一贯的运用，自然科学是其最好的典范。科学与其说是一种理论，毋宁说是一种行为方式，并且是唯一能够使我们获得知识的方式。没有最终的永恒的知识，任何科学都将在自然方法的进一步运用中受到反诘和驳斥。尽管人类是可以与自然相区别的竞争者，但人类与自然是一个整体，因此通过运用自然科学的方法，可以认识人类及其社会。①

当代心灵哲学的自然化思潮与蒯因的自然主义思想密不可分。蒯因的自然主义包含两个重要的思想。从否定方面看，它要抛弃“第一哲学”，主张不可能在科学之外找到确定自然科学、美学、政治学等的规则的立足点。从肯定方面看，它认为科学是确定事物的实在性的最后仲裁者。蒯因说：“我的立场是自然主义的；我不是把

---

① 陈波：《奎因哲学研究》，三联书店1998年版，第3页。

哲学看作是先于科学的预备性课程或基础性工作，而是把它看成与科学相连续的。我认为，哲学和科学处在同一条船上——回到纽拉特的比喻……我们只能在海上漂流时待在船中重修这条船。没有任何外在的优越点，没有第一哲学。”[①] 由此，自然主义者认为，一切事物或属性若不能根据自然科学解释，就不可能是实在的。

根据鲍德温的概括，当代心灵哲学中的自然主义主要有两种：一种是形而上学的自然主义，认为对心灵、知识、语言的哲学解释最终必须与自然科学保持连续和协调；二是认识论的自然主义，认为对知识和信念的研究必然是行为主义心理学的一个分支。[②] 丹尼特接受的自然主义是形而上学的自然主义，但又与标准的形而上学自然主义范式有分歧。

在衡量事物或属性的实在性时，标准的自然主义通常有两个重要的标准。第一条标准是能否还原为更基本的物理事物或属性，或者说这一事物的描述能否还原为更基础的科学语言，如果能就是实在的，否则就不存在。例如，通过将水还原为 H_2O，将闪电还原为电的释放，将温度还原为平均分子动能，我们就可以证明它们的实在性。同样，心灵只有能够被还原为某种特殊科学或基础科学，才能被证明是真实的，才能在自然秩序中找到自己的位置。福多就指出：“我认为，物理学家们迟早会完成他们一直在编撰的关于事物的终极的、不可还原的属性的目录。当他们完成的时候，眩晕（spin）、诱惑力（charm）、电荷（charge）等可能会出现在他们的清单上。但关于性不会；意向性恰恰不在此列。在面对这一考虑时，很难明白一个人如何能成为一个关于意向性的实在论者，而不同时是某种程度的还原论者。如果语义（即意义）和意向是事物的真实属性，这必然是由于它们同一于自身既非意向也非语义的属性。如果关于

---

① W. V. O. Quine, *Ontological Relativity and Other Essays*, NY: Columbia University Press, 1969, pp. 126—127.

② T. R. Baldwin, “Two Types of Naturism”, *Proceedings of the British Academy*, 80 (1993): 172.

性是真实的，那么它实际上必然是别的东西。”①

第二条标准是是否有因果作用，或者说是否受因果规律支配。只有能在世界上“推推拉拉的”（pushing and pulling）东西才是真实的。就心灵来说，如果它是真实的，就必须具有因果性，如果没有因果性，心灵的存在有什么用呢？因此，克兰（Tim Crane）说：“机械论心灵观的核心思想是：心灵是自然的一部分，是某种具有非偶然的（regular）、受规律控制的因果结构的东西。”② 根据标准的自然主义范式，因果关系要满足两个条件：

（1）因果相关的两个事件是相互独立的；

（2）在一定条件下，两个事件之间引起与被引起的关系具有规律性。

先看第一个条件。假如我们说：

（A）怀孕是妊娠的原因。③

同时，假如我们又把“怀孕”定义为：

（B）在其他条件不变时，导致妊娠的事件。

那么，这里表达的就不是一种因果关系，因为（A）实际上是：

（C）在其他条件不变时，导致妊娠的事件是妊娠的原因。

也就是说，这里的“怀孕”和“妊娠”不是相互独立的事件。

---

① J. Fodor, *Psychosemantics*, Cambridge, Mass: MIT Press, 1987, p. 97.

② T. Crane, *The Mechanical Mind*, London: Penguin, 1995, p. 131.

③ D. Dennett, *Content and Consciousness*, Routledge & Kegan Paul plc, 1986, p. 35. Dennett, *Consciousness Explained*, Little, Brown and Company, 1991, p. 386.

这就像在我问谁偷了我的钱包时你回答说是小偷偷的一样，我们援引为原因的事件并没有与结果区别开。当然，如果我们把怀孕定义为某种生理过程，即这样来表达（A）：

（D）如此这般的生理过程是妊娠的原因。

这里表达的就是一种因果关系。

再看第二个条件。假如周二来我办公室的人碰巧都理了小平头。但我们不能由此说“进我办公室”与“小平头”之间是因果关系，因为这两个事件只是巧合，并没有什么规律性。如果一个留披肩发的人进我办公室，也不会由此而变成小平头。因此，两个事件之间是因果关系必须具有规律性，而不能只是偶然或巧合。根据上面两个条件，我们一般可以说（E）是一种因果关系：

（E）把石头扔向窗户，窗玻璃通常会破。

因为“扔石头”和“窗玻璃破”是两个独立的事件，而且两者之间的关系是非偶然的关系。当然，描述因果关系时，我们会加上“通常”、“在一定条件下”或“其他条件不变时”等限定语，这是因为许多因果规律都有例外。例如，有时候把石头扔向窗户，结果窗玻璃却没破，这可能是由于扔的力量太小，或者窗玻璃是防弹玻璃，等等。但这些例外并不表明这个规律是错误的，只是说它有一定的适用范围。更重要的是，在遇到这样的例外时，我们可以根据其他的更普遍的规律对之加以解释。

当然，并非所有的心灵哲学家都认同这两个标准，但即便如此，他们也把这些标准作为背景，通过对它们的批驳来阐述自己的立场。

二　本体论承诺的阶梯

丹尼特在谈论蒯因对当代心灵哲学的影响时指出：“几乎每个人

都接受了布伦塔诺的非还原性论题，但如果一个人接受它主要是由于蒯因的理由——因为他看到彻底翻译具有不确定性——他通常不会成为一个关于命题态度归属的（严格的）大写实在论者，从而也不会成为一个关于心理内容（真正的或内在的意向性）的大写实在论者。"[①] 但由于人们对蒯因的这一原则没有达成共识，因此在心灵的实在性问题上存在较大分歧。后来，他根据对心灵实在性承诺的强弱，从强到弱划分了五个本体论等级[②]：一是福多的“优质的大写实在论”（industrial strength Realism），二是戴维森（D. Davidson）的“适度的强实在论”（regular strength realism），三是他自己的“温和的实在论”，四是罗蒂（R. Rorty）的“极温和的非实在论”（milder-than-mild irrealism），五是保罗·丘奇兰德的“取消式唯物主义”（eliminative materialism）。

福多是意向实在论的主要代表。他既坚持意向状态的非还原性，又支持关于它们的大写实在论。在他看来，一个人要成为实在论者必须符合两个条件：（1）承认存在这样的心理状态，它们的产生和相互作用引起行为，并且这样做是以遵守（至少是接近）常识信念/愿望心理学规则的方式进行的；（2）这些因果效力相同的心理状态也是在语义上可评价的。[③] 福多认为，意向状态是有机体与心理表征的计算关系。所谓心理表征就是思想语言或心语中的符号，它与自然语言一样也有句法和语义，心语的作用是表达意向状态的内容。所谓计算关系就是态度关系，如对“天要下雨”这个命题，我们可以持相信态度，也可以持希望、盼望等态度，每种态度就是一种态度关系。说它是计算关系，是因为它实质上是心理表征与输入、输出之间的功能关系或因果关系。总之，意向状态的语义属性来自于心语的语义属性，而对命题的态度取决于心理表征

---

① D. Dennett, *The Intentional Stance*, The MIT Press, 1987, p. 345.

② D. Dennett, *Brainchildren*, Cambridge, Mass: MIT Press, 1998, pp. 98—99.

③ J. Fodor, "Fodor's Guide to Mental Representation: The Intelligent Auntie's Vade-mecum", In J. D. Greenwood (ed.), *The Future of Folk Psychology*, New York: Cambridge University of Press, 1991, p. 24.

个例与输入、输出之间的因果或功能关系。这样，意向状态通过心语就获得了特定的本体论地位。

意向状态的因果性也与心语符号有关。福多认为，洞察意向状态的因果性的秘密有赖于句法，“正是通过句法，符号的因果属性才与它的语义属性关联起来。……符号的句法可以决定其标记的原因与结果，就像钥匙的几何形状可以决定它能开哪把锁一样”。也就是说，符号的句法是与钥匙的几何形状相似的二阶物理属性，它既表现语义属性，同时它的形状又潜在地决定其因果作用。就此而言，句法与语义属性是不对称的：语义属性的因果作用必须借助一个“代理人”（proxy）即句法的结构属性才能实现。而句法之所以能如此完全是一个目的论的事实，即被设计如此。对此，福多借助计算机类比指出，计算机的操作“完全是由符号的转换构成的；在执行这些操作的过程中，计算机只对符号的句法属性敏感；它借符号所完成的操作完全限制在符号的形态转换之内。然而它是如此被设计出来的，当且仅当被转换的符号具有特定的语义关系时，它才将一符号转换为另一符号”①。

戴维森的观点通常被称为解释主义或异常一元论（anamolous monism），实际上这二者是统一的。根据他的解释主义，信念、愿望等命题态度是我们在描述别人、解释和预言其行为时归属给他们的，它们只是一种解释性的投射或强加，而不是描述、表达或反映他们身上的某种状态。这就像我们在解释质量、长度或方位时，可以使用“500 克”、“5 米长”或“位于东经 20°、北纬 40°”一样，但这些都只是把一种测量方法加之于解释对象，而不是在描述事物内部的“500 克”、“5 米长”之类的东西。如果真有这样的东西，我们就不可能用其他方法来解释，而事实上我们有各种各样的解释方法，如我们也可以说它是“1 市斤”、“15 尺长”等。同样，在解释和预

---

① J. Fodor, “Fodor's Guide to Mental Representation: The Intelligent Auntie's Vade-mecum”, In J. D. Greenwood (ed.), *The Future of Folk Psychology*, New York: Cambridge University of Press, 1991, p. 42.

言人时，我们也有设计的、物理的等多种解释和描述方法，它们可能会把不同的信念归属给一个人，但每种解释可能都正确，这样意向解释就具有“不确定性”。因此，谈论信念、愿望和意向的命题内容不是在谈论人的物理构造，“命题态度归属和允许这样归属的解释理论没有必要对行为提供这种准机械论的说明，就像关于一个城市的位置的话语或关于它相对于某个别的城市的方位的话语没有必要对那个地面提供地理学上的有启发性的评价一样”[①]。换言之，心灵的有无取决于我们使用哪种解释理论。戴维森说：“一个事件是心理的或物理的，这一说法的含意是什么？一种很自然的回答是：如果一个事件可用纯物理的词汇来描述，它便是物理的；如果它可用心理的词汇来描述，它便是心理的。”[②] 也就是说，事件本身并无物理、心理之别，“一个事件是心理的当且仅当它有一个心理摹状词或……存在一个仅对那个事件成立的心理开语句”[③]。

既然承认了心理事件和物理事件，那么它们之间是什么关系？这就涉及戴维森的异常一元论。它由三条基本原则构成：

> （1）因果相互作用原则：心理事件与物理事件之间有因果作用。
>
> （2）因果性的法则学特征原则：有因果性，必有规律，作为原因和结果相关联的事件必须例示一条严格的规律。
>
> （3）心理的异常性原则：不存在把心理事件与物理事件关联起来的心理物理规律。

戴维森指出，这三者之间看似矛盾，其实是可以调解的。这是因为因果性和同一性是事件之间的关系，不管这些事件被怎样描述。

---

① 约翰·海尔：《当代心灵哲学导论》，高新民等译，中国人民大学出版社 2006 年版，第 149 页。

② 唐纳德·戴维森：《真理、意义、行动与事件》，牟博编译，商务印书馆 1993 年版，第 246 页。

③ 同上书，第 247 页。

而规律与语言有关，事件只有在被以一种适当的方式描述时，才能例示规律，才能为因果规律解释和预言。上面的因果相互作用原则是从外延角度来处理事件的，它并不涉及心理/物理的二分。心理的异常性原则所涉及的是被描述为心理的事件，这个事件实际上是由科学语言所描述的物理事件。因果性的法则学特征原则说的是，当一些事件作为原因和结果而被联系在一起时，它们具有例示一个规律的描述表达式，而不是说每一个为真的单称因果陈述例示了一条规律，因此，这三条原则是不冲突的①。异常一元论实质上是一种交织着概念二元论的本体论承诺，即世界上只有一种实在，但可用心理概念和物理概念去描述和解释。“心理实在只是一种解释上的设想，因为说人有心理实在并没有增加世界的物理内容。既然如此，它也不能进入与物理事件的因果关系网络之中。”② 如果说它有因果作用，也是由它所随附的（supervenine）③ 物理事件行使的。

---

① 唐纳德·戴维森：《真理、意义、行动与事件》，牟博编译，商务印书馆 1993 年版，第 252 页。

② 高新民：《人心与人生》，北京大学出版社 2006 年版，第 136 页。

③ 随附性是近年来心灵哲学在讨论心理/物理关系时使用频率很高的概念。它的思想萌芽至少可以追溯到亚里士多德。在《尼各马可伦理学》中，亚里士多德用希腊文“epiginomenon”来表达两个事物或属性的一种“后生”或伴随关系，如血气方刚伴随年纪轻等。拉丁文翻译家在迻译亚氏作品时，将它翻译为“supervenirne”。20 世纪 20 年代，Sir D. Ross 在英译亚氏拉丁文作品时，把这个词译成了“supervene”，随后该词及其派生词才正式成为一个专门的哲学概念。不过，20 世纪 20—60 年代，哲学家们主要是在突现论或发生学意义上使用随附性的。当代随附性观念主要源于摩尔（G. E. Moore）、黑尔（R. M. Hare）等人的伦理学理论。例如，黑尔认为，伦理学谓词如“善”就是随附性谓词。如果两个东西在所有描述的或自然的方面都一样，它们在伦理谓词上就不可能不同。例如，如果两个人在所有善良的行为、心理等方面的表现完全相同，我们就不能说这两个人在“善良”这种道德属性上有什么不同。戴维森第一个将随附性引入心灵哲学，并将之提升到普遍哲学的高度。所谓随附性，是指两个事件若在所有物理方面都完全相同，就不可能在心理方面不同，或者说没有物理方面的改变就不可能有心理方面的改变。在当代心灵哲学中，随附性一般是指心理与物理之间的一种伴随、依赖、共变关系，即心理随附于物理的“基础”之上，被其决定、与之共变，但心理不能还原为物理，心理对物理具有反作用。参阅 R. Hare, *The Language of Morals*, Harcout, Braoe and World, 1952, p. 80。唐纳德·戴维森：《真理、意义、行动与事件》，牟博编译，商务印书馆 1993 年版，第 251 页；高新民：《人心与人生》，北京大学出版社 2006 年版，第 60—61 页。

罗蒂通常也被归于取消主义者之列[①]，丹尼特这里的划分是基于罗蒂的视角主义或反本质主义。罗蒂对心身问题的思考源于他的元哲学反思，而这些反思则是通过分析语言在哲学话语中的作用表现出来的。在罗蒂看来，哲学不是要发现实在，而是要进行对话，是“一种玩弄语言的游戏”。他说：“决定着我们大部分哲学信念的是图画而非命题，是隐喻而非陈述。”[②] 也就是说，语言（图画、隐喻）在哲学研究中发挥着生死攸关的作用，但由于图画和隐喻都具有任意性，因此，“它们是表现性的，而不是描述性的；它们是被创造的，而不是被发现的”[③]。同样，在我们谈论自己的方式中，也没有什么永恒不变的东西，我们只是习惯了某套词汇，如果我们改换这套词汇，也不会损失任何东西。就此而言，近代以来所形成的“自然之镜”的心灵图景，不过是笛卡尔提出的一种谈论心灵的新隐喻，实际上根本没有“心灵”实体，我们之所以在直观上认为有心存在，不过是“赞同某种专门哲学的语言游戏的倾向而已。……不过是支配某种技术性词汇的能力，这词汇在哲学书籍之外毫无用处，而且不会在日常生活、经验科学、道德和宗教中导致任何结果”[④]。现在我们觉得这样谈论心灵很正常，不过是说我们都这样谈论而已。可是我们都把“正常的”误认为是“本质性的”了。其实，在谈论心灵的时候，还有各种可供选择的隐喻。严格来说，罗蒂对“心灵之镜”的批驳，并不是简单地否定心灵的存在，因为根据他的元哲学观和语言观，心灵词汇只是一种“占位符号”（place-holders），它们什么也没有描述，它们的意义

---

① 鲁玛纳（R. Rumana）指出，尽管罗蒂在《哲学和自然之镜》中说他改变了过去有关唯物主义的观点，但实际上罗蒂早期思想与晚期思想几乎没有什么差异，他并没有根本否认早期关于心身问题的看法。其间的差异是：在早期著作中，罗蒂试图提出一种唯物主义理论（即取消主义），以反对同一论。而在《哲学和自然之镜》中，罗蒂对于提出一种唯物主义理论或其他任何类型的哲学理论不再感兴趣了。他所提出的只是一种谈论人类的方式，而这种谈论方式恰恰不会谈论什么心灵。参阅理查德·鲁玛纳《罗蒂》，刘清平译，中华书局 2003 年版，第 64—65 页，注释 7。

② 理查·罗蒂：《哲学和自然之镜》，李幼蒸译，三联书店 1987 年版，第 9 页。

③ 理查德·鲁玛纳：《罗蒂》，刘清平译，中华书局 2003 年版，第 20 页。

④ 理查·罗蒂：《哲学和自然之镜》，李幼蒸译，三联书店 1987 年版，第 18 页。

仅仅在于它们在一个相对的语言—文化共同体中所扮演的角色或实现的“兑现价值”，因此，这种批判根本没有什么东西需要否定。罗蒂在谈到自己的这种批驳时说：“我想说明的是，这样做的最后结果……不是给我们提供一种有关‘心智的本性’或是‘我们有关心智的概念’的更加清晰的观念，而仅仅是使我们能够放弃那种试图找到心智领域的真实本质的努力。”①

丘奇兰德认为，民间心理学确实存在于日常的解释、预测活动中，并渗透到了心理学、哲学和经典认知科学之中。但它是完全错误的，它所设想的信念、愿望等心理状态是不存在的，其概念表示的是一种完全错误的地形学、原因论和动力论。他说：“我们关于心理现象的常识概念是一种完全虚假的理论，它有根本的缺陷，因此其基本原理和本体论最终都将被完善的神经科学所取代，而不是被平稳地还原。我们的相互理解和内省都可以在成熟的神经科学的概念框架中得到重构，与之所取代的民间心理学相比，我们可以期待神经科学有大得多的威力，而且在一般意义的物理科学范围内实质上更加完整。”② 他的理由主要有三条：（1）民间心理学不能解释睡眠、梦、创造性思维等现象，而且即使在其作出了正确解释的现象上，它所根据的理由也往往是错误的。（2）它是一个停滞的研究纲领，几千年来没有任何显著的发展。（3）它无法还原为基础科学，常识心理概念与科学概念要么是不可通约的，要么是毫不相关的。③ 因此，信念、愿望等迟早会像燃素、热质、妖魔一样被科学取消。

从上面的分析，我们不难看出，各派哲学家对自然主义范式的两个标准都有所损益。具体来说，福多不赞成还原，认为民间心理学具有自主性，但坚持意向状态具有因果作用；戴维森反对类型同一论，但支持个例同一论，即心理事件可以还原为物理事件，就因

---

① 转引自理查德·鲁玛纳《罗蒂》，刘清平译，中华书局 2003 年版，第 57 页。

② P. M. Churchland, “Eliminative Materialism and the Propositional Attitudes”, In Lycan, W. (ed.), (1990): *Mind and Cognition: A Reader*, Mass: Basil Blackwell, p. 206.

③ Ibid., p. 212.

果性来说，在严格意义上，心理事件没有因果作用，如果说它有，也是由于它所随附的物理事件；罗蒂对两个标准都未作承诺，因为这些都是假问题，心理语言只是我们谈论心灵的一种工具，与心灵实在根本没有关系；丘奇兰德对两个标准都反对，因为常识心理理论及其概念根本是错误的，迟早会被神经科学及其语言取消。

丹尼特对上述主张都不认同。首先，他不赞成福多的实在论。因为在他看来，“实际引起行为的内部状态不会像信念/愿望心理学划分事物那样在功能上被个体化”，因此，如果信念是大写实在论者所主张的东西，我们就没有信念[①]。同时，他又认为，戴维森比他更像一个实在论者，因为戴维森没有将蒯因的翻译不确定性原则贯彻到底，“戴维森通过其关于信念……的坚定的本体论的实在论揭示出：他总是想半信半疑地对待蒯因的双重标准。他对待命题的态度比蒯因推荐的更严肃，虽然他在彻底翻译的不确定性上赞成蒯因”[②]。豪格兰德把丹尼特与戴维森之间的分歧归结为两个方面：一是戴维森只谈论事件，而丹尼特不仅谈论事件，还谈论状态、过程、结构等。二是戴维森将每个心理事件都同一于某个物理事件，而丹尼特根本不接受同一论，他认为信念只是在意向框架内规定的，它们作为实在的地位反映了这种框架上的差异。[③] 当然，丹尼特也拒绝接受罗蒂的视角主义，因为罗蒂无法对意向解释的流行和有效性作出令人满意的解释[④]。丹尼特承认丘奇兰德勾画的取消目标有可能实现，但认为他只提供了一种不太合理的直觉。而且即使我们可以用神经科学语言进行解释和预言，我们也离不开意向语言，因为日常的解释不可能建立在大量计算的基础之上，而是需要一种方便、经济、快捷的解释和预言策略，民间心理学正是这样一种解释策略[⑤]。

---

① D. Dennett, *The Intentional Stance*, The MIT Press, 1987, p. 71, 110.

② Ibid., p. 349.

③ Ibid., pp. 348—349.

④ D. Dennett, *Brainchildren*, Cambridge, Mass: MIT Press, 1998, pp. 118—119.

⑤ Ibid., p. 119.

三　丹尼特的定位

前面我们提到，丹尼特始终都反对还原论，因为如果要将意向状态还原为物理生理状态，我们就得下降到亚人层次，就得采取物理立场，这样一来我们所谈论的就不是意向状态而是神经状态，也就是说，我们就会偏离意向的主题。如果要谈论意向状态，我们必须给物理立场和设计立场的事物贴上心灵主义的标签。这里我们重点分析他的意向系统理论与自然主义范式的第二个标准即因果性的关系。

首先，如果采取物理立场，我们会直接使用因果规律，因为这时我们处理的是电子、原子或有机分子等之间的关系。其次，如果采取设计立场，我们也直接使用因果规律，因为这时处理的是系统的输入、内部状态与输出之间的相互作用。当然，设计立场的成功依赖于系统运转正常。不过，如果出现故障，我们也可以援引更基础的因果规律进行解释。最后，在运用意向立场进行解释和预言时，我们依据的一条重要原则是合理性或最优化设计原则，就是说，解释的对象在其环境中会做合理的事情，这与因果关系标准是冲突的。

先看原因与结果的相互独立性。以下棋计算机为例。假如它“相信”不出车就会输棋，并且它“希望”赢棋，由此我们可以预言：它会出车。这里假定的原因与结果之间存在的只是一种逻辑关系，而不是因果关系。根据丹尼特的解释，说下棋计算机有“不出车会输棋”的信念和“想赢棋”的愿望，就是说如果它同时拥有上述信念和愿望，那么在其他条件不变时它就会出车。因此，“‘不出车会输棋’的信念和‘想赢棋’的愿望使这台下棋计算机出车”这个预言实际上可以改写为：在其他条件不变时，这台下棋计算机出车是它出车的原因。这等于什么也没说。

再看原因与结果之间的规律性。例如，假如你口渴想喝水，并且相信暖瓶里有水，我们通常可以预测：如果其他条件不变，你就会拿起暖瓶倒水。尽管这个预言经常是正确的，但并非总会正确，因为除了亲自倒水之外，你还有别的很多解决口渴的方式。比如，你可以请朋友帮你倒水；或者你知道很快有人会来倒，于是坐在那里等；或者你干脆忍着，等等。对这种情况，转向设计立场或物理立场是没有用的，因为你没有“出故障”。这里显然不符合因果关系的条件，从而也不符合标准的自然主义范式，但由此能证明信念、愿望不真实吗？如何寻找出路？

丹尼特认为，关键问题是我们衡量实在性的标准有问题。标准的自然主义范式太保守了，对它来说，一事物要是实在的，必须有某种受规律支配的因果结构。但事实并非如此，如果一事物具有某种受规范控制（norm-governed）的行为结构，它也具有实在性。由此可见，丹尼特在为心灵安排位置时的一项重要任务就是要颠覆标准的自然主义图式，转换衡量实在性的标准和根据。

第二节　工具主义——心灵类似于引力中心

丹尼特曾经谈道：“想谈论信念的一个常见的、似乎合理的理由是：我们想解释和预言人（和动物）的行为。但这个理由还不够好，因为在人们谈论信念时，他会使自己陷入一些没有出路的哲学难题。”[①] 他找到的解决这些难题的第一个利器就是工具主义。当然，他的工具主义不是静止不变的，而是经历了重大的变化。例如，在《内容和意识》和《大脑风暴》中，他坚持强工具主义立场，认为“信念”、“愿望”等语词就像“缘故”、“噪音”、“没劲”等一样是非指称性的，包含它们的意向语句也没有真值，意向语词和句子只是预言行为的工具、策略，意向解释也不是一种因果解释。后来，在“三类意向心理学”中，他转向了弱工具主义，认为信念、愿望等不是具体存在物，而是抽象存在物，类似于引力中心。

---

① D. Dennett, *The Intentional Stance*, The MIT Press, 1987, p. 117.

一　强工具主义阐释

工具主义是实用主义的核心内容。它认为，知识、思维的功用不是反映客观世界，获得客观真理，而是提出概念、理论，并把它们作为一种工具，来引导行动、达到预期目的。如威廉·詹姆斯就明确提出，概念、理论等不反映客观实在，它们是“行动工具”，人们“借着这种工具的帮助去改造自然”。观念的真假、好坏，不在于它们是否反映客观实在，而在于是否能引导人们的行动，获得满意的效果。因此，给人的生活带来好处的观念就是真理，反之就是假观念。杜威（J. Dewey）进一步发展了这一思想，并提出了“工具主义”这个概念。在他看来，认识、思维是人的生活、活动的一部分，认识的功用不是反映在先的、提供出来的事物，寻找客观真理，而是提出概念、计划、理论等，作为人们在改造环境时解决问题的假设、工具。如果概念、理论等能帮助人们排除困难和苦恼，实现了满意的结果，就是真的、好的。反之，就是假的[①]。科学哲学在处理不能直接观察的实在的本体论地位时也经常使用工具主义。科学哲学语境下的工具主义是指这样一种观点：“科学理论是有用的工具、有启发性的装置、我们用于组织我们的经验的器具，而不是关于它为真为假的字面上的刻板主张。”[②] 以电子为例。工具主义者认为，它们只是我们解释的工具，运用电子理论可以对可观察的现象作出解释，因此假定它存在是有用的，但我们并没有理由认为它们是真实的。也就是说，它们本身无所谓真假，对它们只能进行有效/无效、有用/无用或经济/浪费的评价。

基于工具主义的原则和方法，丹尼特肯定“信念”、“愿望”等概念是有用的，但又坚决否定其所指的实在性。一方面，与取消主义者一样，丹尼特认为人体内只有物理实在、生理状态和神经过

---

① 参阅谭鑫田等编《西方哲学词典》，山东人民出版社 1992 年版，第 168—169 页。

② 亚历克斯·罗森堡：《科学哲学：当代进阶教程》，刘华杰译，上海科技教育出版社 2004 年版，第 124 页。

程，而没有信念、愿望等实在和过程。从科学实在论的角度看，民间心理学及其概念、术语没有指称，没有描述任何实在、过程和状态，因为如果信念等意向状态是真实的，我们就会有许多指谓它的方式，其中一些比另一些更有用。例如，我们在指谓一本书时，既可以用手指，也可以用笔画，还可以用嘴说；我们也可以谈论它的作者、主题或物理位置。但对于信念等意向状态，我们除了说有如此这般的状态之外，别无他法。换言之，说“信念在那里”、“我有关于信念的理论”等都是不明确的说法①。但另一方面，他又不同意抛弃民间心理学。因为它作为一种有用的解释、预言策略仍有存在的理由和价值。例如，对于复杂系统的行为或反常行为，我们往往只能通过述说某种信念或愿望来解释。更重要的是，意向系统理论具有自己独特的适应范围，我们不能用不适当的标准来衡量它。首先，意向系统理论只是一种解释、预测行为的策略，而不是关于实在的理论。意向立场“是否成功自然是从效用方面来确定的，而不涉及对象是否真有信念、意图等；因此不管计算机是否有意识、思想或愿望，某些计算机无疑是意向系统。因为它们是这样的系统，即其行为能够通过采取意向立场来预言，有时可做出最有效的预言”②。也就是说，采取这种立场只是一个决策的问题，而不是要去发现什么。因此，追问一个系统是否真有信念和愿望是不恰当的。因为说它有还是无，取决于你所采取的态度或立场。说一系统有信念、愿望，不过是它适合于用信念、愿望来描述。他说：“我所给出的意向系统的定义并没有说意向系统真有信念和愿望，而是说人们可以通过向它们归属信念和愿望来解释、预言其行为，人们是否把归属给计算机的东西称作信念、信念类似物、信息复合体或意向的东西，对于人们基于这些归属所做的运算的实质无关紧要。”③ 其次，意向系统理论是根据规范原则，把各种相互关联的

---

① 参阅高新民《现代西方心灵哲学》，武汉出版社 1996 年版，第 342 页；D. Dennett, *The Intentional Stance*, The MIT Press, 1987, p. 119。

② D. Dennett, *Brainstorms*, The Harvester Press, 1981, p. 238.

③ Ibid., p. 7.

信念、愿望归属给整个系统，它模拟的是系统的抽象能力，是一种“黑箱”理论、“能力”模型，“意向立场的描述尽管有预言和解释力，但它并没有说明作为基础的机制”①。信念和愿望等只是“行动预言和行动解释演算中理想化的虚构角色”②，描述人的信念和愿望，并不是描述了某种物理实在的任何碎片，而是像拨动了算盘上的算珠。算珠并不是真实的数量关系，因而拨动算珠并不是拨动了真实的存在，但拨算珠有助于我们认识真实的数量关系。而亚人认知心理学是一种“执行”理论，处理的是系统内部的加工机制和过程，因此，意向系统理论不能还原为亚人认知心理学。丹尼特的这一思想是合理的，因为我们日常在谈论信念、愿望时，尽管大脑内部有过程发生，但我们谈论的并不是这些过程。因此，把它们还原为内部过程肯定是“方枘圆凿”、难以契合。贝希特尔（W. Bechtel）就曾指出：

> 民众心理学最好被理解为关于人的说明，而不是关于人的内在心理过程的说明。人有信念和愿望，但这些并不是人的内部状态。民众心理学可以为我们提供一种描述面对环境的人的方法，但事实上人不可能内在地表征他们环境的一切方面。他们的内部状态使他们能根据他们所面对的环境的特定方面适当地行动，但绝没有构成那种知识的内部状态本身。……民众心理学提供了对于行为主体的描述，具体说明了它所具有的、关于它的环境和它的行动目的的信息。就此而言，民众心理学（或某种关于它的修改过的看法）仍会扮演重要的角色。……对于人有关于他们的世界以及他们在其中所进行的认知活动的什么信息，民众心理学给了我们一种透视的方法。……这类方法，对于那些想发展任何内在加工说明……的人有着至关重要的作用。因而这种观点不会为内在加工说明所摈除。恰恰相

---

① D. Dennett, *The Intentional Stance*, The MIT Press, 1987, p. 77.

② D. Dennett, *Brainstorms*, The Harvester Press, 1981, p. 30.

> 反，一种成功的内在加工说明将会解释：当某人面对一现实环境时，是什么使他满足民众心理学描述或生态心理学描述成为可能。[①]

当然，丹尼特的这种工具主义策略太强了，因此，一经提出就遭到了激烈的反驳。福多指出，工具主义的优点是，它得到了所有的好处，却避开了所有的弊端，"你可以使用命题态度心理学来对行为进行预言，你可以接受所有的意向解释……却不必回答态度是什么这样的困难问题"[②]。但是，一理论预言的成功是与它的真实性密切相关的，特别是当它是某个领域唯一能作出成功预言的理论时更是如此。那么，如果信念/愿望心理学不是真的，它为什么如此有效呢？富勒（G. Fuller）根据事实概念与工具主义概念之间的区别，也对丹尼特的强工具主义主张进行了批驳。他认为，民间心理学的事实概念不同于其强工具主义的对应概念。因为民间心理学概念不仅仅是预言的策略，而且也是实在论的。换言之，关于系统的内在状态（以及它们之间的因果关系，它们与输入、输出的关系）的事实是与这些概念的应用密切相关的。例如，假如张三用枪对着李四，并且有扣扳机杀死李四的意图。随后他真的扣了扳机，李四死了。但是这时促使他扣扳机的不是他杀死李四的意图，而是某种与他的心理状态完全无关的意外的大脑事件。在解释这个事件时，我们通常不会把李四之死的责任归咎于张三，但强工具主义者则会。富勒认为，用这种工具主义为日常心理概念和实践辩护，必然会陷入困境，因此，他说丹尼特早期的强工具主义立场并不能为信念、愿望等日常心理概念辩护[③]。

---

① 威廉·贝希特尔：《联结主义与心灵哲学概论》，载高新民、储昭华主编《心灵哲学》，商务印书馆 2002 年版，第 1130—1131 页。

② J. Fodor, "Fodor's Guide to Mental Representation: The Intelligent Auntie's Vade-mecum", In J. Greenwood (ed.), *The Future of Folk Psychology*, Cambridge University Press, 1991, p. 26.

③ 加里·富勒：《心灵哲学中的工具主义》，载高新民、储昭华主编《心灵哲学》，商务印书馆 2002 年版，第 1033 页。

面对这些反驳，丹尼特对其工具主义主张作出了新的阐释，实际上是进行了弱化处理。他声称自己没有回避福多等人所提到的信念和其他命题态度的本体论问题，“从一开始，我就坚持关于大脑及其各种神经生理部位、状态和过程的实在论，与人们在运用意向立场来解释所有那些真实现象时对作为抽象物出现的信念状态所持的‘工具主义’之间的区别”。他还援引弗莱德曼（M. Friedman）对还原和表征之间的区别的分析为自己辩护。弗莱德曼说：“还原/表征的区别不只是哲学家的发明；它在科学实践中也起着真正的作用。科学家们将下面两个方面作了区别：一是理论结构的方面，人们打算实际地（literally）看待它们；二是充当一种纯粹的表征功能的方面。没有人相信（例如）力学中的所谓‘状态空间’（state space）——经典力学中的相空间（phase space）和量子力学中的希尔伯特空间——是物理世界结构的一部分。”[①] 丹尼特认为，这是对工具主义思想在实在论科学中的地位的精辟分析。同时，他还根据谢弗（I. Scheffier）对工具主义与虚构主义（fictionalism）所作的区别，指出民间心理学是工具主义的，而不是虚构主义的[②]。基于这些分析，丹尼特主张：“我的主义就是严肃的实在论者对于引力中心之类的东西所采取的主义，因为我认为信念（以及从民间心理学中得到的其他一些心理项目）与它们类似——是抽象物而不是‘物理世界结构’的一部分，是在陈述中被归属的，这些陈述只有在我们不根据某种熟悉的真实性标准来看时才为真。”[③] 不难看出，这里丹尼特已经不再把信念等仅仅看成是“演算的工具”，而主张它们是某种抽象物。

二　弱工具主义阐释

丹尼特在“三类意向心理学”中指出：“在大多数忠诚的实在

---

① M. Friedman, "Theoretical Explanation", In R. Healy (ed.), *Reduction, Time and Reality*, Cambridge: Cambridge University Press, 1981, p. 4.

② D. Dennett, *The Intentional Stance*, The MIT Press, 1987, p. 53. n. 5.

③ Ibid., p. 72.

论者都应当承认的意义上，民间心理学是工具主义的：根据我的民间心理学观，人们真的有信念和愿望，就像他们真的有引力中心，地球真的有赤道一样。”[①] 他还借用赖欣巴哈（H. Reichenbach）的推定物（illata）和抽象物（abstracta）概念提出：“民间心理学的信念和愿望（但不是一切心理事件和状态）是抽象物。”[②]

赖欣巴哈在解释推定物和抽象物时说：“我们对具体事物（concreta）的观察给推定物的存在带来了某种可能……其次，存在关于抽象物的推理。这些推理是……等价的，而不是或然性推理。结果，抽象物的存在可以还原为具体事物的存在。因此它们的客观存在是没有问题的；它们的地位依赖于约定（convention）。”[③] 根据他的解释，推定物是假定的理论实在，“推定的事物不是具体事物的组合，而是从具体事物中推论出来的分立的一些实体，它们存在只是因为有这些具体事物才成为有概率性的”[④]。抽象物是与运算相关联的实在和逻辑构造，是不能直接观察的“具体事物的组合”，“是一些包罗宏富的总体”[⑤]。两者都是理论上的假设，只不过前者对应于现实存在的具体事物，即是从观察具体事物推断出来的，因此它们有具体的特征和内容，可以进行经验研究，而后者不对应于具体事物，不能从经验上进行研究，没有具体特征和内容。例如，为了解释电现象，我们引入了一个假说，说有一种叫做电的物质实体，它沿着电线流动，在开放空间中像波一样运动。这里的电就是一种推定物。原子、电子和行星等都是推定物，它们在科学理论中有确定的位置，即使我们不能准确地解释它们究竟是什么，也承认它们是具体的。而引力中心、赤道等则是抽象物，即使我们踢到它们，也不会因此而被绊倒。但根据推定物的知识进行运算，

---

① D. Dennett, *The Intentional Stance*, The MIT Press, 1987, pp. 52—53.

② Ibid., p. 53.

③ H. Reichenbach, *Experience and Prediction*, Chicago: University of Chicago Press, 1938, pp. 211—212.

④ 赖欣巴哈：《科学哲学的兴起》，伯尼译，商务印书馆 1983 年版，第 203 页。

⑤ 同上。

我们可以推测它们的属性。从解释上说，两种存在物的作用也不同，“诉诸前者的解释揭示的是世界上具体存在的因果关系，而诉诸后者的解释只是一种理想化的、合理化的解释”[①]。丹尼特认为，诉诸两者的解释都是有效的解释，而解释的有效性表明它们有实在性，“我们在解释中所述及的一切东西，都可看作是真实的原因”[②]。

把信念等看成是抽象物有一定的合理性，因为信念确实不像桌子、电子那样具体，不是像笛卡尔所说的那样存在于我们的心灵之中。以电子和磁性为例。我们通常认为，电子是世界上物体的一个构成单元，但磁性却不是物体内部的东西，它只是磁性物体内部原子的一种排列方式。如果我们将一根磁铁棒去磁，它不会因此而失去任何一个原子。丹尼特认为，我们有某个信念或愿望与铁棒拥有磁性类似，它只是我们的某种属性或特征，而不是我们头脑中的某种东西。我们日常所说的“我心中有一个梦想”、“眉头一皱，计上心来”等只是我们习惯的一种说话方式，并不表示头脑中真有个独立的“梦想”或“计策”状态。正是在这个意义上，丹尼特才说：“我可以将我的工具主义重新设想为关于某些抽象的关系属性的实在论，这些属性间接地将有机体（或人造物）与其环境联系了起来。”[③]

但从另一方面看，这种类比是不恰当的。丘奇兰德就曾指出，赤道、引力中心等都是某个地方或地点，我们可以通过提及相关物体的形状和行为对之作出具体的说明，但与信念、愿望等相关的东西不可能通过具体的东西来说明。另外，所有具有虚假本体论的理论在某些专门领域都曾表现出预言力，但这不会给予它们实在性。例如，在科学发展史中，钢铁和矿石的许多行为曾根据炼金术得到

---

① 高新民、刘占峰等：《心灵的解构——心灵哲学本体论变革研究》，中国社会科学出版社 2005 年版，第 124 页。

② D. Dennett, “With a Little Help From My Friends”, In D. Ross. et al (eds.), *Dennett's Philosophy*, Cambridge, Mass: MIT Press, 2000, p. 361.

③ D. Dennett, *The Intentional Stance*, The MIT Press, 1987, p. 81.

了预言，天堂的行为也曾根据水晶天球的理论进行了预言，但我们却不能由此说炼金术、水晶天球是存在的。由此，丘奇兰德说："我们当然可以认为这些'东西'是真实的，尽管只是抽象物，但我们不能通过这种被歪曲的、很容易被拆穿的策略来拯救其实在性。"①

丹尼特也看到了由此所引发的分歧②。他提到了史密斯（P. Smith）和德雷特斯克之间的争论。史密斯认为引力中心是有用的虚构，而德雷特斯克则认为引力中心是完全真实的。丹尼特认为，引力中心是一种抽象物，是可以根据物理学的力和其他属性界定的数学的点。对于这样的抽象物是否真实的问题，可以走两条不同的道路：一条是形而上学道路，另一条是科学的道路。形而上学道路一般只关心抽象物的实在性或存在，而不会根据它们的科学效用（utility）对它们作出区分。因此，走这条道路的人会认为，引力中心与美国的人口中心、丹尼特一生中丢掉的袜子的中心具有相同的形而上学地位，即都是真实的，但这种抽象物在科学理论中没有任何价值。而根据科学的道路，引力中心之所以是真实的，是因为它们是好的抽象物，它们适合于清楚地表征真实的力、"自然的"属性等。因此，它们应当受到重视，应当被了解和使用。丹尼特说："我感兴趣的意见分歧，不是关于物理事物或抽象物（如电子或引力中心）最终的形而上学地位的分歧，而是关于信念和其他心理状态是否像电子或引力中心那样真实的分歧。"③ 因此，他认为科学的道路使我们更接近关于信念实在性的争论的实质。

实际上，隐藏在上述争论中的一个关键问题是：心灵能否受因果规律支配。在科学哲学中，对于推定物（如电子）和抽象物（如磁性）来说，无论它们是否真实，都必然受因果规律的支配，正是由于这一点，人们才不能把它们与水晶天球之类的虚构物归于

---

① P. M. Churchland, "Folk Psychology and Explanation of Human Behavior", In J. Greenwood (ed.), *The Future of Folk Psychology*, Cambridge University Press, 1991, p. 66.

② D. Dennett, *Brainchildren*, Cambridge, Mass: MIT Press, 1998, pp. 95—97.

③ Ibid., p. 99.

一类。但根据丹尼特的立场，意向解释是合理化解释，不管它所涉及的是推定物还是抽象物，都不可能还原为因果规律解释。因此，无论丹尼特如何强调心灵是抽象物（与引力中心一样）都没有用，因为涉及引力中心的解释是因果规律解释。而标准的自然主义图式对于从属于因果规律解释和不从属于因果规律解释的抽象物，采取的是不同的态度：从属的就是实在的，不从属的就像水晶天球一样是虚构的。埃尔顿就指出："丹尼特及其批评者所关注的问题实际上与工具主义毫无关系。因为所争论的不是我们——作为一条普遍原则——是否应当抵制谈论隐藏实体的真实性，而是自主体及其意向状态是否与电子或计算状态有重要的区别。工具主义者会说这些实体都不是真实的。但她仍会对那些属于成功理论的实体与不属于的实体进行区别。丹尼特的看法是，尽管自主体及其意向状态不属于成功的因果规律理论，但那也不是将它们与水晶天球和燃素划为一类的理由。"①

后来，丹尼特也承认把自己称为工具主义者是一个策略错误。他说，自己原来是抱着合作的精神，接受布洛克（Ned Block）的建议，默许了工具主义的称号，但后来却发现，在经典工具主义者的眼中，电子和赤道处于同等的形而上学地位。如果他再自称为工具主义者，就要承担起消除由此而来的曲解的重任②。因此，他放弃了工具主义称号，而把自己的立场称为"温和的实在论"。他说：

> 温和的实在论是这样的学说：在我们谈论的是真实的模式比如可以从意向立场辨认的真实模式时，它是完全合乎情理的。③
>
> 我通过模式这个概念来对我以前的尝试进行概括和拓展。

---

① M. Eltion, *Daniel Dennett: Reconciling Science and Our Self-Conception*, Polity Press, 2003, p. 80.

② 参阅 D. Dennett, *The Intentional Stance*, The MIT Press, 1987, pp. 71—72. D. Dennett, "Back Form the Drawing Board", In Bo Dahlbom (ed.), *Dennett and His Critics*, Blackwell, 1993, p. 210。

③ D. Dennett, *Brainchildren*, Cambridge, Mass: MIT Press, 1998, p. 99.

> 我这时的主要目标与其说是证明我关于心理状态实在性的折中学说是正确的，不如说是证明它很可能是正确的，因为一个类似的学说对一些更简单的情形可能是正确的。[①]

在他看来，信念等是我们在行动中表现出来的一种模式，但只有从意向立场才能把它们分辨出来。雅各布（P. Jacob）将这种温和的实在论称为“模式主义”（patternalism）[②]。

第三节　模式主义——心灵是真实的模式

前面提到，丹尼特对标准自然主义范式的两个标准都不认同，他认为心灵并非纯粹受因果规律支配，它可能是一种受规范控制的行为结构。实际上丹尼特对还原的否定取决于对因果性的否定，因为正是由于行为规范不同于因果规律，心灵才不能向物理还原。因此，只有证明粉碎因果规律的霸权是合理的，才能为反还原奠定坚实的基础。为了做到这一点，丹尼特至少必须回答三个问题：一是受规范控制的行为结构是什么？它是否真实存在？二是这种结构是否与自然主义（不是标准的自然主义）相一致？三是如果除人之外的许多事物都有这样的结构，它们是否也有心灵？对这些问题的回答集中体现于丹尼特关于“真实的模式”（real patten）的思想中。

一　模式的实在性

丹尼特指出，日常心理解释和预言之所以能够成功进行，关键是我们的行为中存在某种模式。如果人的行为只是布朗式的运动，

---

① D. Dennett, *Brainchildren*, Cambridge, Mass: MIT Press, 1998, p. 97.

② 丹尼特后来甚至对“温和的实在论”这个称号也不满意，认为选择它也是一个策略错误。因此，我这里借用雅各布的“模式主义”来指称他后期的观点。雅各布提到最好是用“patternism”，但他选择采用了瑞（G. Rey）的双关语“patternalism”。参阅 D. Dennett. “Back Form the Drawing Board”, In Bo Dahlbom (ed.), *Dennett and His Critics*, Blackwell, 1993, pp. 212—213. P. Jacob. *What Mind Can Do*? Cambridge: Cambridge University Press, 1997, p. 17。

我们就将成为一堆无法破解的密码。“在完全没有模式或随机性盛行的地方，就没有什么可以预言。民间心理学预言的成功，与任何预言的成功一样，取决于世界上存在某种秩序或模式以供利用。”①丹尼特以框架图（frame）为例解释了模式的实在性。

康韦自动机中滑翔机状态图的连续转换过程

仔细观察可以发现，上面的 A—F 没有两个完全相同，因此，可以说它们展示的是不同的模式。但根据其产生的过程，它们却表现出相同的模式，因为它们都是按照这样的规则产生的：由 10 排每排 90 个点打印而成，其中 10 个黑点之后是 10 个白点，最终结果就是产生了五个占相同空间的黑色条纹。丹尼特将这种模式称为条纹码（bar-code）。他认为，这种模式是真实的，只不过每个框架都受到了“噪音”（noise）的干扰。A—F 的噪音率分别是：25%、10%、25%、1%、33%、50%。尽管 F 的噪音率高达 50%，但它的产生程序与其他五个完全相同。基于此，我们可以说 A—F 中只有一个模式，只不过 F 中的模式更难辨认而已。

对这个模式有不同的描述方法。一种描述方式是用“点阵图”（bit map）或叫“逐字引用”（verbatim quotation），就是按照顺序确定每个点（如“点 1 是黑色，点 2 是白色，点 3 是白色……”）。

① D. Dennett, *Brainchildren*, Cambridge, Mass: MIT Press, 1998, p. 98.

那么，对于有900个点构成的黑白框架来说，描述它就要逐一地提到900个点。这种描述方式的优势是很准确，适用范围也很广，不仅可以描述任何模式，而且还可以描述根本没有模式的随机的情况，但它的缺点是效率太低。根据蔡廷（G. Chaitin）关于数学随机性的定义，一个（点或数）序列是随机的，当且仅当描述这个序列所需的信息实际上是不可压缩的（incompressible），即没有比逐字引用的点阵图更短的描述方法了。相反，一个序列不是随机的（即有一个模式），当且仅当在描述它时有某种更有效率的方法[①]。由于A—F中有一个模式，我们原则上就可以采取比点阵图更短、更有效率的描述方法。例如，框架D可以描述为："共10排每排90个点：10个黑点之后是10个白点，但有如下例外：点57、88……"这种描述比提到900个点要短得多。对于其他五个框架来说，这种描述会更长一些，因为它们的例外比D多。当然还有其他很多描述这种模式的方法。例如，如果追求效率而不是准确性，我们就可以用压缩算法（compression algorithms）进行描述，说某个框架是有n%噪音率的条纹码。遵循这种办法，尽管A和C看起来不同，但都算作同一种模式，因为它们都是有25%噪音率的条纹码。在这样描述时，我们虽然关心噪音，但不关心它出现在哪里。还有些时候，我们可能只想描述这种模式，而不管它的噪音情况，这时我们就可以只说它是条纹码。总之，

> 在不同时候，我们对模式就可以采取三种不同的态度。有时候，我们考虑的是准确描述或复制细节，无论付出什么代价。从这种观点看，框架A中的一个真实的模式就是有下列例外的条纹码：7、8、11……而在另一些时候，我们在意噪音，但不在意它出现的特殊位置。从这种观点看，框架A中的一个真实的模式就是有25%噪音率的条纹码。还有些时候，

① G. Chaitin, "Randomness and Mathematical Proof", *Scientific American*, 232 (1975): 47—52.

我们完全容忍或忽略这些噪音。从这种观点看，框架 A 中的一个真实的模式只是条纹码。[①]

由此可见，采用哪种描述方法是可以选择的，但也不是任意的选择。“我们的决定将取决于能多快、多可靠地辨认出这种简单的模式，取决于出错的危险性，还取决于我们有多少资源可以分配给辨认和计算。”[②] 丹尼特认为，这些设计决策通过遗传进化结合进了我们感官的设计之中，通过文化进化进入了我们的文化。这个设计过程的产物就是塞拉斯所说的“明显的影像”（manifest image)[③]，它是由民间物理学、民间心理学等常识视角模式构成的。这种常识视角在科学实践中也经常用到，如通常在进行工程运算时，我们使用牛顿力学而不用爱因斯坦力学就是一个例证。

当然，能否看到模式受多方面的限制。首先要看对象的呈现方式和感官模式的特征。如上面 A—E 中的模式在 D 中表现最明显，一般人用肉眼就可以看出来，这是因为人类视觉系统中有一套特殊的模式识别机制（如边界探测器、亮度探测器等），它对于具有垂直对称轴的视觉模式非常敏感。但同样的点如果以其他方式出现，如将框架 B 中的 900 个点分隔成 4 个块，然后将每个块翻译成十六进制记数法，我们可能就看不出来了。同样，如果把相同的序列换个角度我们也可能辨认不出模式。但是，其他一些具有不同感官或不同兴趣的生物可能很容易辨认出我们知觉不到的模式。其次要看观察者的知识或能力情况。20 世纪 40 年代，荷兰心理学家格鲁特

---

① D. Dennett, *Brainchildren*, Cambridge, Mass: MIT Press, 1998, p. 103.

② Ibid., p. 104.

③ 明显的影像和科学的影像的关系问题是塞拉斯科学哲学的核心问题。塞拉斯认为，哲学家在世界上所看到的，不是一幅错综复杂的、具有多个方面的图画，而是两幅实质上同样错综复杂的图画，他将这两幅图画分别称为“世界中的人”（man-in-the-world）的“明显的影像”和“科学的影像”，科学的影像是明显的影像的产物。后来，他又将这两者的关系表述为观察框架和理论框架或日常知识和科学知识之间的关系。参阅章士嵘等编《当代西方著名哲学家评传·心灵哲学》，山东人民出版社 1996 年版，第 130—134 页。

（A. Groot）对下棋新手和大师感知棋局的方式进行了研究。他在实验中发现，大师在审视棋盘5秒钟后，可以很快地重新摆出一盘实际对局中的某个局面。但是如果同样的棋子随机地摆在棋盘上，他们的表现就差一些。而新手在这两种情况下的表现都很吃力。由此，他得出的结论是："大师们是以'组块'来感知棋子的分布的。有一种比直接描述每处棋子的位置层次更高的棋局描述，而大师就是以某种方式生成了这样一个棋局的心智表象。"① 因此，大师与新手感知棋局的方式是不同的，他们不仅知道怎样下棋，而且知道如何读棋，即如何一眼就看出棋盘上的"模式"。侯世达（D. Hofstadter）说："在正常的对局过程中，会有某种多次再现的局面——也就是某种模式——大师正是对这种高层次的模式十分敏感。他和新手在不同的层次上思考，他们的概念集是不同的。"② 由此可见，模式是客观存在的，它们一直在那里，只是我们看不到而已。丹尼特说："对于居于工具主义和优质的大写实在论之间的人来说，正是'模式'与观察者或视角之间的这种松散但不可破除的联系，使它成为了一个有吸引力的词语。"③

二　生命游戏与意向模式的实在性

丹尼特认为，生命游戏（game of life）在上面的点状框架与民间心理学之间架起了桥梁，理解了生命游戏中的模式的实在性，就可以理解意向模式的实在性。

生命游戏是康韦（J. H. Conway）1970年设计的一个简单的细胞自动机。它是由一个人在两维的网格中（如棋盘或计算机屏幕上）玩的一种游戏。它的设计是这样的：假设手头有一块棋盘，划分为若干方格，每个方格可称为一个"单元"或"细胞"。任一时刻，每个单元都是开或关。每个单元都有8个相邻的单元，即位

---

① 转引自侯世达《哥德尔·艾舍尔·巴赫——集异璧之大成》，郭维德等译，商务印书馆2001年版，第371页。

② 同上书，第371—372页。

③ D. Dennett, *Brainchildren*, Cambridge, Mass: MIT Press, 1998, p. 100.

于上、下、左、右以及四个对角线的单元。在这个生命世界中，每个单元的转换遵循如下规则：

(1) 一个单元有2个邻居，则保持当前状态不变（开或关）；

(2) 一个单元有3个邻居，则进入“开”状态（不管它当前状态是开还是关）；

(3) 在所有其他情况下，这个单元则进入“关”状态。

这就是生命世界中基本的“物理规律”。当然，我们也可以用生物学术语来描述这些规则，如我们可以将“开”看成是“出生”，将“关”看成是“死亡”，如果一个细胞周围有多于3个活细胞，它就会因过于拥挤而死亡，因为生命的资源有限，过度拥挤会导致生存的资源匮乏；如果一个细胞周围相邻的活细胞少于2个，它也会死亡，因为周围邻居太少，它会因孤独而死；如果一个细胞周围恰好有2—3个活细胞，它就会生存下去，因为生命需要从其他生命那里得到食物并繁殖。无论如何描述，运用这些规律，人们可以对将来任一时刻存活、死亡细胞的布局作出准确的预测。因此，生命世界是一个彻底的决定论世界。如果给定这个世界某一时刻的状态描述，我们运用一条物理规律，就可以准确而可靠地预测它的未来。换言之，在我们对生命世界中的布局采取物理立场时，我们的预测力将是完美无缺的：没有噪音，没有不确定性，没有低于1的可能性。同时，我们也看到，在生命世界中没有什么东西是隐藏不见的，在这里没有隐藏的变量，一切对象的变化、发展都是直接的、完全可以看到的。

自1970年以来，人们编写了很多程序，在计算机上对“生命”进行模拟。在这些模拟中，人们在屏幕上建立一些起始布局，然后观察它们依据上述规则的进化。结果人们观察到，由于初始布局不同，进化的结果也不同。有的布局很“短命”，仅仅持续很短一段时间，所有的细胞就全部死亡了。还有一些布局则在原地保持固定状态，要么是保持固定的图案，要么“闪烁”一下，即经过几步变换后又回到原来的图案。但也有些布局表现出了周期性、规律性。人们谈论最多的是“滑翔机”（glider）。如下图①：

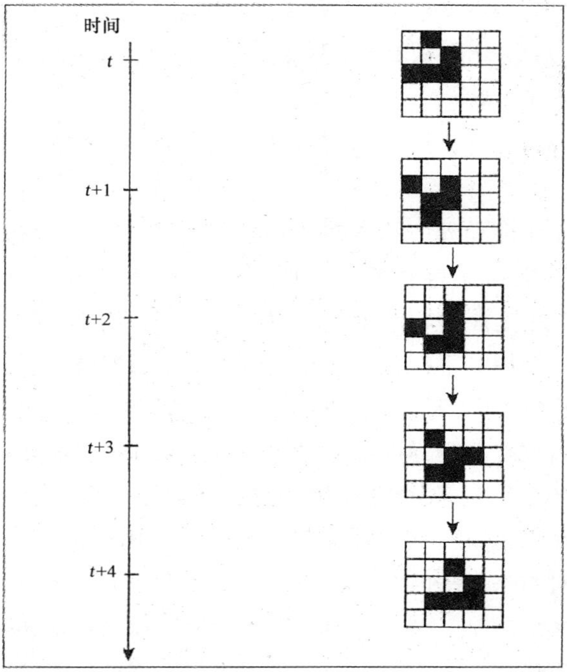

这个图案包含5个处于“开”状态的单元，这5个单元四周环绕着空单元。虽然每次变化都有5个单元是开的，但图案的形状却呈规则变化，并且在空间上呈现出沿对角线移动的特性。在经过4个时间段的间隔后，图案重现了，此时它沿着对角线整体向右下角移动了一个方格。如果继续下去，图案的形状会呈现出规律性的变换。只要“滑翔机”不遇到其他“开”单元的图案，它就会一直斜着沿对角线向下滑过这些方格。理解了这些布局的行为，我们就可以采取设计立场预言它将来的变化情况，也可以设计更大的

① 此图选自约翰·霍兰《涌现——从混沌到有序》，陈禹等译，上海科学技术出版社2001年版，第152页。

细胞集合体，使之执行更复杂的任务。在这个层次上，我们就可以说生命世界中有猎食者、冒黑烟的火车头、轰炸机、宇宙飞船等。这个描述层次有它自己的语言，它是在物理层次上给出的冗长描述的一种压缩形式。不过要注意，当我们在不同层次之间进行转换时，与之相随会有一种不同的本体论转换。从物理的层次看，网格中没有运动，处于"开"状态的单元都是由它们所处的空间位置定义的，但在设计的层次，我们看到的却是一个持续存在的物体的运动，是一个滑翔机在沿对角线向右下角运动。

设计立场在生命世界中最成功的运用是一种通用图灵机。通用图灵机的行为可以被解释为简单计算机的状态转换、符号解读和符号书写的构型，通过恰当的编程，它可以计算一切可以计算的函数。因此，对任何人来说，只要他假设生命世界中的某个布局是一种图灵机，他就可以相对准确地预测它接下来的状态。具体的过程是：首先，我们对之采取"图灵机立场"，即忽略生命世界的物理和设计方面的细节，只计算由图灵机计算的函数；其次，将图灵机函数计算的结果（输出）翻译回生命世界中的符号系统，这样一来，那种开、关布局很快就会出现。另外，既然通用图灵机可以计算一切可以计算的函数，那么只要它运行下棋机的程序，它就会下棋。假如这个占据生命平面（life plane）的实体与自己下棋，那么如果我们将网格上的黑点看成是一台下棋机，就可以准确地预言下一步的布局。这种预言可以采取两个步骤：首先，由关于滑翔机和猎食者等的本体论转换到符号和机器状态的本体论，从而对布局采取更高层次的设计立场，预言它作为图灵机的变化情况。其次，我们从符号和机器状态转换到关于棋局、可能的棋招以及评价这些棋招的根据的本体论，这样我们就可以用意向立场来预言它作为执行意向行为的下棋机的未来状态。一旦我们确定了一种解释图式，就可以用这种图式对生命世界的变化作出预言。当然，上述两种预言虽然有方便、快捷的特点，一般情况下也是准确可靠的，但也存在风险，因为在初始布局变化过程中，它可能会被遇到的其他"开"单元或活细胞"破坏"或"杀死"，从而出现"故障"或"非理性的”情况，在这种情况下，我们得到的模式只能是一种“真实但有噪音”的模式。丹尼特说：

> 真实但（潜在地）有噪音的模式在生命世界的这一布局中大量存在，如果我们很幸运或很聪明，碰巧撞到了正确的视角，我们就能把它们分辨出来。它们不是视觉模式而是……智能模式。倾斜或翻转书页不会有什么帮助，尽管提出奇妙的解释……会发现一个金矿。生命世界观察者遇到的机遇类似于破译密码者在看到一个新的密码文本时所遇到的机遇。①

因此，模式的存在是一个客观事实，但能否把它们分辨出来，则与观察者的视角、能力等紧密相关。如果我们转换视角，采取设计立场，那么用物理立场看不到的模式就可以显现出来。如果我们采取意向立场，那么用物理立场或设计立场看不到的模式也可以分辨出来。根据这些分析，丹尼特提出：

> 我主张意向立场为我们分辨同样有用的模式提供了观点（vantage point）。这些模式是客观的——它们是将被发现的存在——但是从我们的观点看，它们不是完全独立于我们而存在的，因为它们是部分地由我们自己对存在之物的“主观”反应所构成的模式；它们是用来对我们孤芳自赏的考虑进行约束的模式。我们……很容易知觉这些可以从——而且只能从意向立场看见的模式。②

由此可见，信念、愿望等与大脑中的神经生理过程不能等同。尽管它们的产生依赖这些过程，但它们是这些过程的一种“涌现”。正如布鲁克（Andrew Brook）和罗斯（Don Ross）所说，丹尼特模式主义的核心思想是：意向状态实际上是“对行为、环境

---

① D. Dennett, *Brainchildren*, Cambridge, Mass: MIT Press, 1998, p. 110.

② D. Dennett, *The Intentional Stance*, The MIT Press, 1987, p. 39.

和倾向之间关系进行解释的一个结果，这种解释的约束条件是：基于这个目标系统的信念，它有足够的理性，能够以适合于达到其目标的方式行动。这意味着意向状态不是被归属于人的部分，甚至不是像大脑这样大的部分。意向状态是整个人的状态，实际上是人/环境整体。如果意向状态是行为/大脑/环境之间的复杂的三角关系，那么它们就不能还原为大脑状态"①。

三　"思想的规律"与不确定性

这些模式、秩序或行为结构是如何产生的？丹尼特认为，模式的产生"可能是由于许多具体细节（它们导致了对'理想'秩序的趋近）的统计学结果，这似乎是通过一只看不见的手完成的"②。我们知道，经济学中"看不见的手"是指市场规律，在自由竞争的市场经济中，它调节着市场供求的平衡，但这种调节并不是人为干预的结果，而是一种自发的作用，是从许多具体的市场交易中产生的一个结果。在这里，每个交易都不足以影响市场规律的运作，但整体效应却导致了供求平衡。我们在预测市场行为时可能要了解很多变量，但这些变量与市场中保持平衡的因素不同。也就是说，在经济学预测中起关键作用的变量，与推动经济活动的具体因果因素是不同的。因此，市场经济规律与因果规律不完全相同。换言之，除了因果规律之外，世界上可能还存在另外一种工作机制。丹尼特指出，哲学家们恰恰经常把这些差异混为一谈。

> 哲学家们倾向于忽视介于下面两者之间的各种各样的规律性：一是"遵守"物理学规律的行星和其他物体的规律性，二是遵从规则（或参照规则）的系统的规律性。这些介于中间的规律性是在选择压力之下保存的，即由好的设计原则所规

---

① A. Brook & D. Ross. (ed.), *Daniel Dennett*, Cambridge: Cambridge University Press, 2002, p. 18.

② D. Dennett, *Brainchildren*, Cambridge, Mass: MIT Press, 1998, p. 111.

> 定的规律性，从而也是由自设计系统自动导向的规律性，即是说，“思想的规则”可能不仅仅是一种纯粹的规律性；它可能是一种明智的规则，一种由之来设计系统的规则（如果你是一个系统设计者的话），从而也是人们可以期望自设计系统在设定其活动模式的过程中会“发现”的规则。这些规则与引导鸟翅膀设计的空气动力学原理一样，不需要明确地表征。[①]

这里，丹尼特所说的“自设计系统”不仅包括进化过程中由自然选择设计的系统，而且包括那些可以在生命过程中进行学习的系统。这些系统为了更长久的生存、繁衍，在“选择的压力之下”必然要遵守这种“明智的规则”，选择更合理的行为模式。在后面分析心灵的进化时，我们可以更清楚地看到，任何自主体面对的行为策略有很多种，但有些比其他的更好。因此自主体经过反复的试错后，会以一种间接的方式根据合理性标准来塑造体内机制的运作，这样自然选择（对物种来说）和各种“产生—测试”学习（对个体而言）都会指向真正好的问题解决方案。这里特别重要的是，如果我们的行为模式是先天编码的，那么两个人具有同一思想时，他们大脑内部的过程就会完全相同，但我们在生命过程中会不断地学习，许多行为模式是在先天的学习机制的支持下习得的，因此，对于同一思想，我们内部的工作机制可能有很大差别。用三种解释立场来说，从意向立场看，我们可能都有相同的信念、愿望，但从物理立场或设计立场看却并非如此。例如，对同一事件（如人类登上月球），有的人可能是从电视上看到的，有的人可能是看报纸了解到的，还有些人是听别人说的，但他们都相信人类登上了月球这一事实。如果认为心灵与大脑中的物理过程相对应，那么同样的信念就应当具有相同的大脑物理结构或过程，而事实上，由于人们是通过不同的途径、不同的方式了解这一事件的，其大脑物理过程不会是相同的，因此通过物理立场难以对此作出令人信服的解

---

① D. Dennett, *Brainchildren*, Cambridge, Mass: MIT Press, 1998, pp. 111—112.

释。设计立场也是如此。但从意向立场来看，虽然人们了解的途径不同，对同一事件形成了不同的模式，但由于它们都与由这一事件所引起的信念相关，因此是可以解释的。由此可见，信念、愿望等实际上只是我们对模式进行解释的某种特征。

从明智的规则不同于因果规律，并不能推出意向状态是副现象。丹尼特认为，这种错误的推理源自于我们对因果性的狭隘理解。他说："这一事实（这些成功的预言所根据的规律性只有用意向表达式才能得到，而且不是派生于'涵盖率'）并没有表明这些规律性不是'因果的'；它只是表明哲学家们常常依赖于紧缩的（pinched）因果性概念，这个概念派生于在物理学和化学中所注意到的少数实例。"[①] 如果人们发现了某种预言模式，那么，"他实际上就是发现了一种因果力——这样一种世界上的不同，它会产生随后可以用标准的变量控制的经验方法检测的不同"[②]。

---

① 丹尼特对意向状态的因果性论述得比较少，而且前后看法不太一致。如在《内容和意识》中，他认为意向解释不是因果解释，因为它们不符合因果关系的两个条件。在《大脑风暴》中，他说："意向解释至少不是绝对的因果解释。"但在"三类意向心理学"中又说信念等"起着一种直接的因果作用"，"信念不仅引起行为，而且引起脸红、口误、心跳等等"。在"真实的模式"中他又指出人们可以从意向模式中发现一种因果力。在《达尔文的危险观念》中也持类似的主张。埃尔顿认为，丹尼特早期的策略最好，即否定意向状态具有因果性。他认为，在解释和预言人的行为时，引用意向状态起了作用，但这样做不需要是因果的。我认为，如果根据立场的转换或者丹尼特的解释主义，可以对丹尼特前后期的观点作出一致的解释。信念等意向状态都是抽象物，但它们是随附于"身体状态"之上的，因此它们具有派生的因果作用。在《内容和意识》中他说意向状态不是因果解释，是基于对现象学的批判，当时还仅限于他所说的人的层次，没有述及亚人层次。实际上因果关系是出现在亚人层次上的，在人的层次出现的是合理性关系。但这种合理性关系得到了因果关系的支撑并例示了因果关系。丹尼特后来说，从意向模式可以发现因果力，是指的人的层次所例示的因果力。我推测，他的意思是说，合理性关系是因果关系的总体效应或"统计学结果"。参阅 D. Dennett, *Content and Consciousness*, Routledge & Kegan Paul plc, 1986, pp. 35—38. D. Dennett, *Brainstorms*, The Harvester Press, 1981, pp. 234—236. D. Dennett, *The Intentional Stance*, The MIT Press, 1987, ch. 3. D. Dennett, *Brainchildren*, Cambridge, Mass: MIT Press, 1998, pp. 112. n. 11. D. Dennett. *Darwin's Dangerous Idea*, New York: Simon & Schuster, 1995, pp. 412—422. M. Eltion, *Daniel Dennett: Reconciling Science and Our Self-Conception*, Polity Press, 2003, pp. 95—96。

② D. Dennett, *Brainchildren*, Cambridge, Mass: MIT Press, 1998, pp. 112. n. 11.

当然，意向模式是不完善的，意向状态具有不确定性。丹尼特说，他的这一思想来自于蒯因的“翻译的不确定性”，是对它的一种相当直接的延伸。在他看来，我们要把下面两种不同的主张区别开：一种主张认为意向立场描述捕捉到了世界上的客观真实的模式，另一种主张认为这种真实的模式是由大脑中与之大致同型的（isomorphic）另一种真实的模式产生的。丹尼特认为第一种主张是正确的，但怀疑第二种主张。我们所看到的确定性，是由产生民间心理学的过程导致的一种假象。民间心理学是由这样的过程产生的，在其中基础过程的多维复杂性是通过语言行为投射的，由于语词的离散性（discreteness），它产生了一种明确性和准确性的假象。丘奇兰德也曾指出：“一个人对之确信不疑的任何陈述性语句不过是一个一维的投射——透过威尔里克区和布罗卡区的复合透镜投射到说话者语言的特殊的表层结构上——关于四维或五维‘立体’（solid）的一个一维的投射，这个立体是他的真正的动力学状态的一个因素。”[①] 安斯康姆（G. E. Anscombe）从另一个角度也谈到了这一点。她说：“如果亚里士多德（用实践三段论对推理）的解释被看成是描述了实际的心理过程，这一般来说是相当荒谬的。这种解释的好处是它描述了一种秩序（order），当行动是有意做的时，这种秩序就会存在。”[②] 丹尼特认为，这种秩序的产生是由于许多具体细节的统计学结果。由于物理环境、文化背景、语言环境等的不同，有些看上去相同的信念可能具有迥然不同的内容。在这种情况下，对一个人的同一行为，可能会有很多竞争的意向解释，可能会被纳入到不同的意向模式之中，但这些解释和模式可能都同样有效。这样，这些不同的模式都是客观的，而且也不是相互排斥的。因此，追问一个意向系统究竟相信什么很难由事实确定。信念的确定性问题实际上是一个空问题，不可能找到支持它的深层次事实。

---

① P. M. Churchland, “Eliminative Materialism and the Propositional Attitudes”, In W. Lycan (ed.), *Mind and Cognition: A Reader*, Cambridge Mass: Basil Blackwell, 1990, p. 219.

② G. E. M. Anscombe, *Intention*, Oxford: Blackwell, 1957, p. 80.

他说："可能有两个不同但同样真实的模式可以在有噪音的世界上辨认出来。对立的理论家甚至对于世界的哪个部分是模式、哪个部分是噪声也不会取得共识，但没有什么更深层的事实能解决这个问题。模式的选择实际上是观察者的事，是一个根据典型的实用主义理由决定的问题。"[①] 但他强调，这不是向相对主义或主观主义屈服，"因为什么时候以及为什么没有这种事实本身是一个客观事实问题"[②]。也就是说，如果我们要解释不确定性的原因或机制，我们就要转换到物理立场或设计立场，但这时谈论的已经不是意向状态，而是物理状态或设计状态了，因此不会涉及意向状态的不确定性。

四　真正的相信者

在丹尼特看来，一个人是否有一个信念，并不像是否受某种病毒感染一样，由一个客观事实决定，而是像一个人是否不道德、是否有风度一样，在一定程度上是一个解释问题。因此，"成为一个相信者不过是成为这样一个系统，其行为能用意向战略加以可靠地预言，因此说某某真实地、确实无疑地相信 P，不过是说他是这样的意向系统，P 作为最好的（最有预言力的）解释中的一个信念发生了"[③]。显然，成为一个相信者，不是因为它内部有客观存在的信念状态，而是我们为解释的方便和需要，把信念归属给它。丹尼特还多次强调，采取意向立场的解释和预言并没有对意向性作出本体论承诺。但是，如果信念的存在取决于我们采取的立场，那么，我们要对石头、桌子采取意向立场的话，是不是可以说它们也有信念？如果是这样，世上的万物岂不都有信念、都有心灵？如果不是这样，我们有什么理由说它们没有？

丹尼特认为，对桌子、石头等运用意向战略不能增加我们的解

---

① D. Dennett, *Brainchildren*, Cambridge, Mass: MIT Press, 1998, pp. 118.

② D. Dennett, *The Intentional Stance*, The MIT Press, 1987, pp. 28—29.

③ Ibid., p. 29.

释力，因为从物理立场或设计立场，我们就可以解释和预言它们的活动。但对人、动物和计算机则不同。对这些对象“意向立场经常是唯一切实可行的战略，它给了我们用别的方法得不到的预言力”①。丹尼特强调，这并不是本质上的区别，而只是反映了我们能力上的差别。例如，对于一台简单的恒温器来说，在我们不知道它的工作原理时，我们可能会采取意向立场来解释它，把它看成是一个意向系统。但工程师却不需要这样，因为他们对它的工作机制了如指掌。但意向归属也不是相对主义，因为“采取意向立场的决定是自由的，但这种立场成功还是失败……却是完全客观的事实”②。一旦采取意向立场是恰当的，它就是一种强有力的预言工具。

丹尼特引用诺齐克（Robert Nozick）的火星人思想实验具体论证了意向归属的客观性。假如具有超级智慧的火星人降临地球。地球人之于他们就像简单的恒温器之于聪明的工程师。也就是说，他们不需要采取意向立场，甚至也不需要设计立场，就可以在微观物理层面对我们的行为作出详尽准确的预言。丹尼特认为，即使火星人能够用拉普拉斯式的方法预测地球人的行为，但如果他们不同时把地球人看成是意向系统，就会遗漏掉一些完全客观的东西，即人类行为中可以而且只能从意向立场发现的模式，正是这些模式支持着推论和预言。例如，假如火星人观察到一个人决定买500手通用汽车公司的股票。他们预测到他手指拨电话号码时的具体活动，也预测到他说话时声带的振动。但是，这个人手指运动和声带振动的方式可能有很多种，如他时而用左手，时而用右手，时而用食指，时而用中指，或者他可能会模仿老人的声音、女孩子的声音等，但每一种模式都不会影响他买股票的行为。如果火星人看不到这一点，他们就遗漏了世界上的某种真实的模式。

当然，我们与恒温器之间还是有重大区别的。“一旦我们转向

---

① D. Dennett, *The Intentional Stance*, The MIT Press, 1987, p. 23.

② Ibid., p. 24.

真正有意思、有多种用途（versative）的意向系统，就会看到这种关于信念的看似肤浅的工具主义标准，对真正相信者的内部构造设置的苛刻条件，因此，它最终会给出一种强健的信念形式”[①]。例如，对简单的恒温器，我们通常可以归属这样的信念，如它相信房间太冷或太热，相信锅炉是开还是关，以及如果它想让房间更暖和，它应当打开锅炉，等等。这确实归属得太多，因为恒温器与世界的联系方式非常简单，它没有热的概念、锅炉的概念等。但是，如果我们逐渐增加它与世界的联系，比如给它装上眼睛、耳朵，给予它地理学知识以及其他知识，这样，它就能看到房间里的人冻得瑟瑟发抖，听到人们在谈论天有多冷，知道它位于12月的哈尔滨，甚至能够选择锅炉的燃料，知道从价钱最便宜的商人那里购买燃料，等等。也就是说，随着联系渠道的拓展，它的行为会越来越多样，“信念”、“愿望”的语义会越来越具体，同时，它的内部结构也将越来越复杂。“随着系统在感觉上变得更加丰富，在行为上更加多样，如果不改变系统的结构本身，要在系统与世界的现实联系中作出替换就越来越困难。如果你改变它的环境，它实际上会注意到并改变其内部状态以作出回应。”[②] 这样，如果把恒温器固定于某个状态，它就要求一个非常具体的、适当的运转环境。如果我们想转换它的作用，如用它来控制速度而不是温度，就必须改变它的内部状态。相反，如果我们没有确定它所处的状态，而是把它置于一个变化的环境中，它就可以对这些变化作出恰当的反应，使自己进入一个新的状态以保证在新的环境中正常运转。这时候我们可以说它与环境之间的联系非常紧密，它持续地反映着环境，或者说，这个系统的结构表征着环境。丹尼特说：

> 不是我们把（或应当把）信念和愿望只归属给我们在其中发现了内部表征的东西，而是当我们发现了意向战略对之有

---

① D. Dennett, *The Intentional Stance*, The MIT Press, 1987, p. 29.

② Ibid., p. 31.

效的某种对象时，我们努力将它的一些内部状态或过程解释为内部表征。使一事物的某个内部特征成为一个表征的只可能是它在控制意向系统的行为时的作用。[①]

丹尼特认为，我们向人归属信念与向恒温器归属信念的原理是相同的。“区别是程度上的区别，但是这种区别却是非常巨大的，因此理解简单意向系统的内部组织，只对理解复杂意向系统（如人）的内部组织提供了很少的基础。”[②] 也就是说，信念归属的原则只有一个，只不过对有些对象合适，对有些对象不太合适而已，区别在于它们内部结构的复杂程度不同，其间没有什么截然的界限。总之，在某些情况下，我们对某个对象是不是真正的相信者保持中立是合理的，但对于复杂的系统如老鼠、类人猿等保持中立就不是合理的，因为如果不把它们看成相信者，我们就看不到世界上的一种真实的模式，但是这些系统之间的“过渡应当是渐进的、连续的和被不公正地划分的（gerrymandered）”[③]。

埃尔顿把丹尼特的这一思想称为“反本质主义”[④]。实际上这与丹尼特关于解释的不确定性原则是一致的，与他关于三种解释立场的思想也是一致的。就世界万物来说，从物理立场或设计立场看，它们只是复杂程度不同，但都是连续的。但从意向立场看，把有的对象看成是相信者对我们的解释没有什么帮助，因此，真正的相信者与貌似的相信者之间有重要的区别。丹尼特指出，意向立场本质上是一种同中求异的方法，是揭示各种类型的心灵之神秘的关键所在。它可以使我们发现我们与我们祖先的心灵之间所累积的差别，以及存在于我们的心灵和我们共栖于这颗行星上的其他居民心灵之间的差别。当然，使用意向立场要小心谨慎，因为我们要在空

---

① D. Dennett, *The Intentional Stance*, The MIT Press, 1987, p. 32.

② Ibid., pp. 32—33.

③ D. Dennett, *Consciousness Explained*, Little, Brown and Company, 1991, p. 421.

④ 参阅 M. Eltion, *Daniel Dennett: Reconciling Science and Our Self-Conception*, Polity Press, pp. 55—57。

洞的比喻与明白的谬误之间走钢丝。如果我们使用得当，它可以为若干不同的领域提供正确而富有成效的视角，展示出各种现象背后的统一性，并将我们的注意力引向需要进行的关键实验上；但如果使用不当，它又会严重误导不审慎的研究者。①

对丹尼特的模式主义，我们可做如下分析：首先，丹尼特非常强调解释者、观察者在确定信念、愿望时的作用。在他看来，没有观察者或解释者，模式就无法显现。席蒙斯就说："除了将达尔文主义应用于心灵哲学之外，丹尼特的理论最重要的哲学贡献可能就是非常重视解释者在向所涉及的系统归属信念和愿望时的作用。"②但另一方面，丹尼特又强调"我们对存在之物的'主观'反应"只是部分地构成了模式，模式实际上一直存在，只是我们没有发现而已。换言之，模式是客观存在的，是真实的，但它能否显现则取决于解释者能否看到，因此，模式的呈现是主客体相互作用的结果。这一思想有很大的合理性。人是一种对象性的存在物，他通过对象化将自己的本质力量体现或投射到外部世界，这应当包括将自己的心理体现在自己的行为上。在日常生活中，我们只能通过外部表现来窥测他心，认识他的本质力量。但是如果行为是完全随机的或没有"模式"，恐怕我们很难看出别人的信念、愿望是什么。而且由于民族、文化的差异，不同地域、文化、民族的人，看待同一行为模式的视角、立场很不相同，基于他们推测出来的信念可能也是截然不同的。但是，由此我们不能认为在这两种情况下，解释对象的行为是两个模式。表现是同样的表现，只是由于知识、视角的变化，归属和解释不同了。因此，我们可以说意向状态就是体现或表现在行为中的"真实的模式"，能否发现它，取决于解释者的视角或能力。这是一种行为主义，但不同于 S－R 式的行为主义。丹尼特说："意向立场在这种意义上是行为主义，即它将自己限制于主体及其各个部分（内部和外部的）的一切主体间可以观察到的

---

① 丹尼尔·丹尼特：《心灵种种》，罗军译，上海世纪出版集团 2010 年版，第21 页。

② J. Symons, *On Dennett*, Wadsworth, 2002, p. 7.

行为。当然，在另一种意义上，它不是行为主义，因为它实际上是对原始（raw）行为的‘心灵主义’或‘意向主义’解释，将它们确认为行动，确认为关于信念、愿望、意向和其他命题态度的表达。”① 其次，在我们的头脑中确实只有神经状态、活动和过程，不可能存在什么“内心世界”、“精神世界”。列宁指出：“如果说世界是运动着的物质，那么我们可以而且应该根据这个运动，即这个物质的运动的无限错综复杂的表现来对物质进行无止境的研究；在物质之外，在每一个所熟悉的‘物理的’外部世界之外，不可能有任何东西存在。”② 但我们不能将心灵或意识还原为“运动着的物质”，因为心灵“是整个人的状态，实际上是人/环境整体”。离开了整体的层次，我们就离开了信念、愿望的主题。恩格斯早就提出了这样的疑问：“终有一天我们可以用实验的方法把思维‘归结’为脑子中的分子和化学的运动；但是难道这样一来就把思维的本质包括无遗了吗？”③ 我想丹尼特的模式主义应当算对此的一个比较好的回答。

---

① D. Dennett, *Sweet Dreams*, The MIT Press, 2005, p. 38.

② 《列宁选集》第2卷，人民出版社1995年版，第351页。

③ 恩格斯：《自然辩证法》，人民出版社1971年版，第226页。

第八章

心灵的进化

心灵哲学的根本任务是揭示心灵的本质。这项任务要取得成功，一个重要的原则是不能以假定为前提，即不能根据心灵来解释心灵（就像笛卡尔那样设想内部有一个智慧的小人），因为这样会导致无限后退，同样，也不能求助于全能的上帝，因为这与唯物主义的基本原则相悖。但根据前面的分析，无论是丹尼特的内容理论，还是他的意识理论，都以意向立场为前提，而意向立场又取决于利益、目的、合理性等，那么，利益、目的、合理性又来自何处？如果这个问题不解决，他的解释就是不彻底的。另外，意向立场作为一种解释战略，既适用于人，又适用于动物、植物和计算机、恒温器等机械装置，那么人的心灵与它们的心灵是否完全相同？人和动物等是否以相同的方式拥有利益和目的？如果不同，差别何在？这些问题关系重大，涉及丹尼特心灵哲学的终极根据问题，也是我们理解意向立场的枢纽和根本，不回答这些问题，丹尼特的解释主义就很难与相对主义、视角主义划清界限。丹尼特认为，回答这些问题，不能从前理论的直觉出发，而要考虑心灵的历史和进化。在他的眼中，进化论是唯一不以假定为前提的理论，它就像能够溶解一切的“万能酸”（universal acid），可以吞噬一切传统概念，消融一切高深莫测的神圣，为沟通心灵与科学提供了一个革命性的世界观[1]。他说：

---

① D. Dennett, *Darwin's Dangerous Idea*, New York: Simon & Schuster, 1995, p. 63.

> 如果我能给古往今来最好的思想发个奖，我要把奖发给达尔文，而不是给牛顿、爱因斯坦或别的什么人。这不只是个美妙的科学观念，还是个危险的观念。它推翻了（至少是扰乱了）人类心灵中某种最深的信念和渴望。①

他还形象地区分了心灵研究的两条途径：一条是传统的吊车型（skyhoods）方法，即在没办法时求助于上帝或某种解围之神来收场，就像很多中国传统戏剧最后要由清官来摆平一切一样；另一条是举重机型（cranes）路线，即从最低级的心灵一步一步向上推，每一步都有可靠的基础。这两种路线的结果是殊途同归，最后都会上升到人类心灵，但过程和根据是不同的，吊车型思路由于求助于无法解释的假定，因此是不彻底的，而从低到高的举重机型思路不需要太多假设，因而更彻底、更有效。我们知道，心灵并非从来就有，我们的心灵是从那些简单的心灵进化而来的，而这些简单的心灵又是从更为简单的心灵进化来的，最终我们会找到一个根本没有心灵的阶段。因此，沿着进化的阶梯，寻找不同阶段的革新及其原因，我们就可以找到心灵的根据，也可以看到各种心灵之间的区别。基于此，丹尼特坚持主张，进化论是唯一能够“从混乱中创造出秩序而不需要心灵帮助的图式”②。只有从进化的视角看心灵，我们才能够真正揭示出心灵的原因及其机制。当然，心灵的进化不是时间发展上的单一直线，而是由遗传进化、大脑进化和文化进化三个相对独立又相互重叠的过程共同构成的。

第一节　产生—测试之塔

丹尼特赞同认知科学中的一个共识，即人和非人生物都不仅

---

① 丹尼尔·丹尼特：《直觉泵》，载约翰·布罗克曼《第三种文化》，吕芳译，海南出版社 2003 年版，第 176 页。

② D. Dennett, *Darwin's Dangerous Idea*, New York: Simon & Schuster, 1995, p. 50.

是食肉的或食草的，也是食信息的，都内在地处理关于它们环境的表征，其行为都是受表征引导的。或者说，人和其他生物（包括大分子之类的微生物）的行动都是有理由的，但行为有理由与能意识到这些理由是完全不同的两码事。以大分子为例。分子生物学已经证明，它们能够进行自我复制，或者说，它们已经复杂到能够表现行为，而不只是待在那里产生效应，因此我们可以说它们具有了自主性（agency），是一个自主体，能够用意向立场进行解释和预言。但它们的自主性与人的自主性不同：尽管它们的行为有理由，但它们自己意识不到这些理由，它们的理由是“自由漂浮的”。也就是说，由于它们的行为与环境相适应，因此进化选择了它们，但这个理由是漂浮于自然界的，并不为它们自己所意识。它们对于环境特征的表征，就像一把钥匙开一把锁一样，采取的是初级的锁钥表征方式。但这种表征方式是大自然赖以设计更复杂的表征方式的基本设计要素，因此，它们作为表征系统或自主体是合格的。事实上，“这些非人格、不反思、机器一般、毫无心灵的小片分子机械，正是所有能动性的最终基础，因而也是世界上的意义与意识的基础”①。就此而言，我们都是这些自我复制的机器人的后代，每个人都是由上万亿的大分子机器构成的。当然，大分子只是在一些方面像自主状的，从另一方面看它们无疑是完全被动的，随机地四处漂浮。形象地说，它们可能大张着嘴，却只是像老鼠夹子一样无心。植物和其他动物也是如此。尽管它们的对环境的表征更加复杂，有更大的敏感性，但仍不能意识到自己的表征。

丹尼特认为，在表征能力（大分子可能具有的东西）和二阶（second-order）表征能力（即意识到自己的表征或者说具有关于表征的表征）之间，不仅有程度上的差别，而且有类别上的不同。“只有那些能够观察到自己的表征（并把这些表征认作它们自己的表征）的生物，只有那些能够对它们自己采取意向立场的生物，

① 丹尼尔·丹尼特：《心灵种种》，罗军译，上海世纪出版集团2010年版，第21页。

才有资格被认为在‘思维’。”[①] 不难看出，在丹尼特那里，心灵与意识或思维是不同的。心灵的标志主要有两条：一是有关于环境的表征，能用特定的方式在自己内部表达、再现环境的特征；二是能对表征的信息进行加工和处理，进而用表征引导自己的行为。根据这两条标准，由于恒温器能依据对室温的表征控制弹簧片的弯曲、向日葵能依据对阳光的表征调整自己的朝向、动物能根据内部存储的环境信息作出相应的反应，因此它们都是意向系统，都有心灵，也都可以用意向立场来解释和预言。但对于意识或思维来说，除了上面两条之外，还有更重要的标准，即具有二阶表征能力，而二阶表征能力与语言密切相关，因此只有人才具有意识或思维。丹尼特说：“成为一个意向系统显然不是成为一个人的充分条件，但确实是一个必要条件。我们对之不能采取意向立场和合理性假设的东西，都不是一个人。”[②] “朝向成为人的重要一步是从一阶意向系统迈进到二阶意向系统。”[③]

当然，由于不同的造物表征和加工表征的方式不同，因此各种心灵表现出依次递进的不同等级。丹尼特借用人工智能领域普遍使用的产生—测试编程战略，将心灵演进的等级称为“产生—测试之塔”（the tower of generate-and-test）[④]。这是一个想象的塔，并不代表进化史上的转换阶段，但通过这个塔，可以看出不同心灵的认知能力的重要进展，更重要的是可以看到，这些进展的机制都是以自然选择为基础的进化过程。

一　达尔文式的生物

塔的最底层是“达尔文式的生物”（Darwinian creatures）。这些生物完全依靠自然选择而进化，“是由多少是任意的基因重组和

---

① 约翰·海尔：《当代心灵哲学导论》，高新民等译，中国人民大学出版社 2006 年版，第 161 页。

② D. Dennett, *Brainstorms*, The Harvester Press, 1981, p. 273.

③ 丹尼尔·丹尼特：《心灵种种》，罗军译，上海世纪出版集团 2010 年版，第108 页。

④ D. Dennett, *Darwin's Dangerous Idea*, New York: Simon & Schuster, 1995, p. 373.

突变过程盲目地产生的。这些有机体是在野外环境被测试的，并且只有最好的设计幸存下来"[①]。因此，它们的行为是通过基因的方式被固定下来的，是一种向性的、本能的行为。对这些生物来说，行为出错的代价是非常巨大的，一旦出错可能会导致死亡，但事实上，这些生物的行为出错的机会既罕见又缓慢，而且行为错误可能就是一种变异，如果碰巧对有机体适应环境有利，还会导致新物种的产生。

二　斯金纳式的生物

塔的上一层是"斯金纳式的生物"（Skinnerian creatures）。这个称呼是依据行为主义心理学家斯金纳（F. Skinner）而命名的。斯金纳明确将操作条件作用，即通过试错过程而发生的学习，看作是一种达尔文式的选择作用。因此，这类生物指的是"那些容易受到操作条件作用影响、其学习可以由效果律（law of effect）来解释的生物"[②]。从进化过程看，在长期自然选择过程中，达尔文式的生物中产生了一些新奇的设计，有些设计具有了表现型可塑性。也就是说，这些生物的"内部结构不完全是硬接线的，而是可以变化的或可塑的，因此它们在其生命过程中可以学习"[③]。对这些生物来说，在选择过程中淘汰的将是它们错误地执行了的行为，而不是错误地执行了某种行为的有机体的整个生命。如果它们因做出某个行为而获得奖赏（正强化），它们做同样行为的概率就会提高；相反，如果它们做出了某种行为没有得到正强化，它们做同样行为的概率就会降低。当然，任何正负强化颠倒的生物，很快就会退出进化的舞台。这个学习过程的速度很快，因此任何一个有机体在其整个生命过程中都可以尝试各种不同的行为方式，并将其中得到正强化的一些保存下来。斯金纳式生物尽管有可塑性，但它们只

---

① D. Dennett, *Darwin's Dangerous Idea*, New York: Simon & Schuster, 1995, p. 374.

② D. Dennett, *Brainstorms*, The Harvester Press, 1981, p. 76.

③ D. Dennett, *Consciousness Explained*, Little, Brown and Company, 1991, p. 182.

能通过在环境中的实际行为试错来学习，因此，有些好的设计由于没机会被强化而得不到选择。

三 波普尔式的生物

再上一层是“波普尔式的生物”（Popperian creatures）。这个称呼是依据哲学家卡尔·波普尔（K. Popper）的名字命名的。波普尔在解释人类能够想象未来行为结果的能力时指出，我们的想象能力是“让我们的假设替我们而死”。也就是说，由于我们具有想象能力，当我们面对某个问题时，可以想象各种解决办法，然后设想每种假设的可能后果，如果某个解决办法不能有效解决这个问题，我们就放弃这个假设，即让该假设死亡，而不会在实际行动中采取这个方案。如果没有想象能力，我们就得一个一个盲目地尝试各种方案，在此过程中可能会导致不利于我们生存的结果，甚至是致命的结果。当然，波普尔生物并不是具有了像人这样的想象力，而是具有了对行为进行预选择的能力，从而使一些愚蠢的做法在付诸实践之前就被剔除掉。“与纯粹的斯金纳式生物不同，它们中的很多存活下来，只是因为它们作出了幸运的第一步，波普尔生物存活下来，是因为它们很聪明，能够作出比撞大运更好的第一步。当然它们仅仅是幸运地更聪明，但这比仅仅是幸运要好。”[①] 丹尼特非常形象地说：

> 斯金纳式造物问它们自己：“我下面做什么呢?”却根本不知道如何回答，直到它们受到沉重打击。波普尔式造物大大前进了一步，在它们问自己“我下面做什么呢?”之前，它们问自己：“我下面应该想什么呢?”（应该强调的是，不管是斯金纳式还是波普尔式造物实际上都无需与自己说话或思考这些想法。只是它们被设计来运作的方式让它们显得好像问了自己这些问题一样。这里，我们既看到了意向姿态的力量，也看到

---

① Dennett, *Darwin's Dangerous Idea*, New York: Simon & Schuster, 1995, p. 375.

了其风险：波普尔式造物之所以比斯金纳式造物更聪明，或者说更诡计多端，是在于它们能够适应性地对更多更好的信息作出反应……）①

那么，波普尔生物究竟是如何对信息作出反应的？它们为什么能进行预选择呢？这是因为它们具有一种内环境，其中包含有大量关于外部环境及其规律性的信息，可以保证内环境所青睐的行为也是与现实世界要求相适应的行为。丹尼特说："波普尔式造物的一种共同成分是以这样那样的方式（通过遗传或者习得）给自己配备信息——关于它们（可能）会遇到的世界的精确信息，并且这些信息是以能够让动物达到预先选择效果的方式配备的，而这些效果又正是其存在的理由。波普尔式造物进行过滤的方法之一，是将行为选项带到身体法庭前利用那积淀在生理组织里的智慧来判决，而不管这些智慧是如何过时或者缺乏远见。"② 这里，进化消除不好的行为选项不是通过对大脑进行重新连线，而是通过引起恶心、眩晕、恐惧等负面反应。而体内产生这些反应的信息，既可能是遗传的，也可能是后天习得的。例如，当婴儿开始学爬时，尽管他从未从高处摔下来过，但他对在透明玻璃桌上爬有种天然的拒斥，因为透过玻璃，他会看到一个"可视的悬崖"。即使妈妈百般召唤、引诱、鼓励，他仍然害怕地向后缩。这是从人类祖先的经验遗传来的反应。而如果给一只老鼠吃一种新食物，但食物中加进了引起呕吐的药，那么，老鼠此后就会对那些看起来或闻起来与此类似的食物表现出强烈的反感。这里，调整它的行为的信息就来自于老鼠后天的经验。哺乳类、鸟类、爬行类、两栖类、鱼类和很多无脊椎动物，都表现出了这种利用信息进行预先选择的能力。

四 格雷戈利式的生物

产生—测试之塔的最高层是"格雷戈利式的生物"（Gregorian

① 丹尼尔·丹尼特：《心灵种种》，罗军译，上海世纪出版集团2010年版，第91页。
② 同上书，第81页。

creatures)。这是根据英国心理学家理查德·格雷戈利(Richard Gregory)的名字命名的。格雷戈利曾提出一种观点:文化产品不仅首先需要生产它们的智能,而且反过来还会对其制造者的智能的发展起到促进作用。比如,一把剪刀,作为一种设计良好的人造物,不仅是智能的产物,而且是智能(外部的潜在智能)的赋予者。因此,一个拥有剪刀的人和一个没有剪刀的人相比,能做更多的事情;一个拥有钢笔的人与一个没有钢笔的人相比,能够展示出更高级的智慧①。恩格斯也曾注意到这一点。他在论述人的进化时指出:

> 工具意味着人所特有的活动,意味着人对自然界进行改造的反作用,意味着生产。狭义的动物也有工具,然而这只是它们躯体的四肢……只有人才给自然界打上自己的印记……正因为是工具,归根到底还是依靠手。但是随着手的发展,头脑也一步一步地发展起来,首先产生了对个别实际效益的条件的意识,而后来在处境较好的民族中间,则由此产生了对制约着这些效益的自然规律的理解。②

尽管恩格斯的侧重点是手,但手就是人进行生产的工具,因此,完全可以说正是由于工具,才使人可以给"自然界打上自己的印记",这种"印记"实际上就是人的智慧或者人的本质力量的产物。而工具的发展一步一步促进了头脑的发展,也就是赋予了人更多的智慧。事实上,马克思所说的"工业的历史和工具的已经生成的对象性的存在,是一本打开了的关于人的本质力量的书,是感性地摆在我们面前的人的心理学"③,也可以作此狭义的理解。当然,马克思、恩格斯的视野更加开阔,他们关注的不仅仅是工具问题,还涉

---

① R. Gregory, *Mind in Science: A History of Explanations in Psychology and Physics*, Cambridge: Cambridge University Press, 1981, p. 311ff.

② 恩格斯:《自然辩证法》,人民出版社 1971 年版,第 19 页。

③ 马克思:《1844 年经济学哲学手稿》,人民出版社 2000 年版,第 88 页。

及劳动的产品以及生产的整个过程。丹尼特也认为，工具的使用是一个双向的智能标志，“它不仅要求识别和维护一种工具（更不用说制造一种工具了）的智能，而且工具的使用把智能给予了那些幸运地得到了工具的生物。工具设计得越好（它的设计中体现的信息越多），它给予其使用者的潜在智能就越多”[①]。在所有这些工具中，最卓越的心灵工具是语言。语言和其他的心灵工具为格雷戈利生物提供了一种内部环境，使它能够构造更加精妙的招数产生器和招数测试器。格雷戈式造物“通过利用他者所发明、改进与传播的心灵工具里体现的智慧而受益于他者的经验，从而向着人类水平的心灵迈出一大步。由此，它们学会了如何更好地思考它们下一步应该思考些什么，等等，从而产生出没有固定清晰极限的、深入的内部反思之塔”[②]。

要了解格雷戈利生物是如何跨出这一步的，需要回顾构造人类心灵能力的一些原始能力。在很多物种中都有许多向性反应，如向光性（区别光与暗并趋向光）、向妈性（趋向母亲），它们识别信息的方式主要是利用光、声音、气味等信标。但由于这种信标分布范围广，也易为捕食者利用。因此后来就进化出了协作的跟踪，即目标不仅不提供独特的信标而且还积极地隐藏，使自己不可跟踪。而捕食者则与之开展“军备竞赛”，发展出通用的、跟踪一切的系统来予以反制。但是这些识别和利用信息的生物都不能理解、反思自己的这种能力。“很多生物的活动都要求它们跟踪个体并对它们进行再认：它们的母亲、配偶、猎物，它们那一群里的上级和下属；但是，没有任何证据显示说当它们这样做时，它们必须明白这是它们正在做的。它们的意向性从来没有上升到我们在形而上的个别性方面所能够达到的高度。”[③]

我们人类在摄取和利用信息方面的一个巨大的优势，是具有将

---

① Dennett, *Darwin's Dangerous Idea*, New York: Simon & Schuster, 1995, pp. 377—378.

② 丹尼尔·丹尼特：《心灵种种》，罗军译，上海世纪出版集团 2010 年版，第 91—92 页。

③ 同上书，第 106 页。

认知任务尽可能多地卸载给环境的习惯，从而可以将我们的心灵扩展到周围世界中，我们在其中建造的外部设备能够存储、处理和再表征我们的意义，精简、增强和保护作为我们的思维的变换过程。这种广泛采用的卸载方法把我们从动物脑的局限中解放出来了，因为把专门的标志放在环境中，用来标明环境中最重要的特征，可以减少我们的知觉和认知负荷，这是对进化在最需要的地方安装信标的好策略的一种修改和提高。这样一来，在格雷戈利生物（比如我们）中，内外部世界的特征或事物的表征凭借其自身的资格成为了被操纵、跟踪、移动、贮藏、排列等的对象。丹尼特说：

> 我们在自己的头脑里保存“指针”与“索引”，而尽可能多地将实际数据留在外部世界，留在我们的通讯录、图书馆、笔记本、计算机乃至我们的朋友圈子里。一颗人类心灵不仅不局限于脑，而且如果这些外部工具被除去了，它可能变得很无能；至少像近视的人在眼镜被拿走之后一样的无能。当然，你卸载的数据和设备越多，你就越依赖于这些外部设备；即便如此，得益于你操纵外部对象的练习，你与它们越熟悉，你就越自信能够不必依赖它们，把问题吸收回你的头脑里，并在由外部实践所训练出来的想象里解决它们。①

由此，也可以看出丹尼特对经典功能主义作出了重大修正。经典功能主义的一句名言是：“干得漂亮才算漂亮。”对于火花塞来说，重要的是它在适当的时候能点火，而不在于它由什么材料制造。同样，心灵的本质不在于它由什么构成，而在于它能够做什么。换言之，心灵是媒体中立的。丹尼特对此有两点发展：

一是动物的神经控制系统并非真正媒体中立，因为它们演化成有机体的控制系统时，有机体已经装备了高度分布的控制系统，而新系统必须建立于其上，而且要与这些更早的系统密切合作。也就

---

① 丹尼尔·丹尼特：《心灵种种》，罗军译，上海世纪出版集团2010年版，第129页。

是说，不同媒体是相互渗透的，大量信息已经嵌入了这些特定的材料中。因此，物质材料对于构造一颗心灵来说至关重要。丹尼特说："我的身体同我的神经系统一样多地包含了我，价值、才能、记忆和倾向构成了我，我就是这个我。"① 当然，他并不反对功能主义，他认为这一主张恰恰有赖于功能主义的基本洞察。因为心灵依赖于其机制或媒体的化学构成的唯一理由是：为了做这些机制必须做的事情，它们必须由与它们控制的先前已经存在的身体相兼容的材料制成，这是一个生物史的事实。

> 进化使得每个生物体的每一部分都体现信息。……这一信息完全不必复制到脑中。它不必以神经系统中的"数据结构"来"表示"。不过，它可以被神经系统所利用，而神经系统既是设计来依赖或者利用四肢与眼睛所体现的信息，也是设计来依赖或利用内分泌系统中的信息。所以说有的智慧，特别是关于偏好的智慧，体现在身体的其余部分。通过将老的身体系统作为共鸣箱，或者说活跃的听众，或者说评判员，中枢神经可以被时轻时重的推拉而引导到明智的方向上去。②

二是上面所说的，心灵不局限于脑，也不局限于身体，而且还分布于整个环境之中，失去了这些环境，心灵就是不完整的。由此我们也可以看出丹尼特坚定的反同一论、反还原论立场。

丹尼特指出，有意识的表征要到协作性交流出现时才能产生。而交流为共同占有信息提供了一条途径。从进化的视角看，更为重要的是，交流为生物将别的生物所未掌握的信息转化为它们自己的利益提供了条件。如果我知道你所不知道的东西，而且除非我告诉你，你就不可能知道，那么我就能为了某种利益而交换我的信息，

---

① 丹尼尔·丹尼特：《我的哲学研究综述》，朱志方译，载欧阳康主编《当代英美著名哲学家学术自述》，人民出版社2005年版，第119页。

② 丹尼尔·丹尼特：《心灵种种》，罗军译，上海世纪出版集团2010年版，第71—72页。

或者说，如果对我有利的话，我还可能用它来误导你。通过考虑非人物种的进化，我们可以看到，在它们生活的环境中，这种保密性是很难实现的，因为保守秘密这种简单的行为需要一系列极其苛刻的条件，实际上涉及了高阶表征能力。丹尼特指出："这些情况暗示了思维，就是说我们的这种思维，必须等待言谈的出现，而言谈又必须等待保密的出现，而保密的出现又有待于行为环境那恰当的复杂化。"[①] 因此，在人类的心灵工具中，没有一种比语言（首先是口头的，然后是书面的）更重要。通过使认知更容易，语言使我们更具智能。如果没有语言，抽象的思维空间就不可能产生。他说："在心灵设计史上，没有哪一步比语言的发明更有提升力、更具爆炸性、更重大。当智人成为这一发明的受惠者时，此物种就仿佛走进了一把弹弓，被弹射到前瞻与反思能力远超地球上所有其他物种的地方。"[②]

由于人具有语言，因此人是格雷戈利式的生物，但同时也是达尔文式的生物、斯金纳式的生物和波普尔式的生物。人的神经系统打上了进化史的烙印，表现出这个塔的各个等级的成分。任何复杂的行动都离不开所有这些因素的协同作用。更高一层的生物都包含有下一层生物的机制，但在认知能力方面有重大差别。这些差别是从意向立场无法分辨的。我们在进行意向归属时，在某种意义上，就是把其他种类的心灵看作是与我们的心灵相似。只要我们只关注解释、预言这些生物的行为，这种态度就是合理的。但是如果我们要探索生物行动的机制，我们就要下降到设计立场，考察它们的结构和功能，这时我们就会发现，差异性压倒了同一性，就会发现非人心灵的粗浅和缺陷。例如，鸟的很多行动都显示出它有智能，但它不知道如何把捆自己的绳子解开。大猩猩能制造、使用工具，会做出欺骗活动，甚至有"心灵理论"，但却不能使它的思维泛化。从另一个角度看，在前三个等级中，一切进化步骤的作用机制都没

---

① 丹尼尔·丹尼特：《心灵种种》，罗军译，上海世纪出版集团2010年版，第117页。

② 同上书，第131—132页。

有超出个体生物的范围。例如，虽然斯金纳式的学习和波普尔式的问题解决都可以看成选择过程，但所有这些过程都发生在具体物种的大脑内部。而在第四级，由于语言的出现，行为方式与行为主体可以相互分离，行为方式可以从行为主体身上释放出来，在不同个体之间相互传播，由此我们才可以说这是心灵进化跨出的一大步。总之，意向立场关注的心灵统一性，不但在进化中找到了根据，而且在进化中蕴涵着差别。进化就像一台自动举重机，将生物从下一个层级提升到上一个层级。离开了进化的基础，意向立场的合理性将大打折扣。

第二节　大脑中的进化

大脑是人的思维器官，即使它自身不能完全决定心灵的本质，但对于心灵研究来说，它肯定是一个不容忽视的领域。丹尼特就提到，规范或调整我们日常的心灵语言，有赖于弄清大脑如何完成心灵所做的工作。为此，他“以思辨的方式闯进可能的大脑机制的领域”，经过对大脑进化的研究，得出了一些很有启发性的结论。例如，“大脑唯一能做的事情近似于对我们在日常心灵主义话语中所预设的意义的敏感性（responsivity）”①。“学习是大脑中的进化，内容是以神经元网络节点的分布式模式为基础的，但个别的节点是有歧义的。”② 丹尼特的主要目的，是解决大脑何以能产生意义或意向性这个心灵哲学的根本问题，揭示“一个特殊的大脑状态或事件何以能表征世界的一个而非另一个特征”③。

研究大脑的进化，首先要了解大脑存储、利用信息的方式。对人来说，我们日常的大多数行为都是意向行为，而能做出意向行为，一个条件是必须有存储信息的能力。但信息存储有两种方式：

---

① D. Dennett, *Brainchildren*, Cambridge, Mass: MIT Press, 1998, p. 357.

② Ibid., p. 359.

③ D. Dennett, *Consciousness Explained*, Little, Brown and Company, 1991, p. 192.

一种是非智能地存储信息，即其存在依赖于使用者的解释。例如，将一本电子百科全书安装到计算机上，键入某个词语，相关的内容就会显示出来。我们可以说计算机存储了信息，但计算机本身不理解这些信息，这些信息的存储与书本存放在书架上只有技术手段的不同，而没有本质的区别，它们存储的信息是为了使用者的使用。二是智能地存储的信息，即所存储的信息是服务于系统自身的，而不仅仅是服务于系统的使用者或制造者。而信息要能服务于系统，这个系统就必须能使用这些信息，而这反过来又要求系统必须有需求（needs）。因此，“智能存储的标准，就是基于最初输入的刺激条件和行为发生于其中的环境，结果行为与这个系统的需求相适应”[1]。我们知道，适应性不是事物的一种内在的物理或形式特征，因此，考察输入、输出的内在特征不会为我们提供智能的线索，研究信息存储和加工机制，不会自动地产生出这种智能存储能力。揭示这种能力，就要研究系统必须具备的什么样的特征，而这需要研究大脑的功能结构及其工作机制的进化。

既然环境的意义不是一种内在的物理特征，那么，大脑作为一种物质器官，也不能通过物理的试验来分辨意义。大脑分辨意义的唯一途径是以偶然性为基础，即是说大脑中的一个特殊的回路或连线，可能碰巧将一个输入的刺激与一个引发了适当行为的输出事件联系起来了，如果这样一些偶然的联系能够由大脑产生、识别和保留，有机体就会获得一种产生适应性行为的能力。

从生物进化的历史看，生物对环境中固定的刺激（如重力的作用、保持体内水分等）和周期性的刺激（如季节变化等）的反应是通过神经系统的硬接线方式实现的，但是对于变幻无常的刺激，就要求生物大脑具有一定的可塑性，即能够对大脑接线进行再设计，丹尼特称之为“后天的设计定型”（postnatal design-fixing）。也就是说，在你出生时，大脑接线仍有改变的空间，它最终会被某个过程定型，从而变成适合你今后生存的固定设计。这种设计定型

---

① D. Dennett, *Content and Consciousness*, Routledge & Kegan Paul plc, 1986, pp. 46—47.

过程与物种的自然选择过程类似，区别在于：后天设计定型“选择的对象是控制和影响行为的各种脑结构，选择是由某种机械的删除过程完成的，这个过程本身是通过遗传安装在神经系统中的”[1]。由于大脑具有这种对自身进行重新组织的能力，因此有机体可以对环境中遇到的新刺激作出适应性的反应，从而大大提高竞争优势，而且还会加快遗传进化的速度。鲍德温效应（Baldwin Effect）描述的就是这种情况。

鲍德温效应是美国心理学家詹姆斯·鲍德温提出来的，他称之为“进化过程中新出现的一个因素”[2]。他最初提出这个效应，是要解释智慧行为、模仿、学习等如何能够对基因的选择压力产生影响作用。这种效应的工作机制大致是这样的：假如某个物种的大脑接线方式天生就有许多变异，但其中只有一种接线会给其拥有者一种好的技巧（Good Trick），这种技巧会大大提高其行为的适应性，从而使之具有生存优势。那么，假如这种物种的个体在遗传上各不相同，但都具有了可塑性，因此在其生命过程中，它们会尝试各种可能的设计，在特定环境条件的作用下，它们都倾向于这种有利的接线，从而会学到一种有利于生存的好技巧。相反，那些没有学到这种好技巧的个体就会处于很大的竞争劣势。再假如这个物种的每个个体的脑中有 10 个位置，大脑的接线在这里以 A 和 B 两种方式的任一种连接。而好技巧的接线方式是 AAABBBAAAA，其他的接线在影响行为方面都同样平淡无奇。由于所有的连线都是可塑的，因此，每个个体在生命过程中可以尝试 210 种 A 和 B 接线方式的任意一种。那些天生具有像 BAABBBAAAA 这种接线方式的个体距离好的技巧只有一条再接线，而其他的个体离好技巧更远，因此其大脑更接近这个好技巧的动物就具有相对的生存优势。它的下一代也倾向于包含更接近于目标的个体，这个过程长期持续下去，整个

---

① D. Dennett, *Consciousness Explained*, Little, Brown and Company, 1991, p. 184.

② J. Baldwin, “A New Factor in Evolution”, *American Naturalist*, 30 (1896): 441—451, 536—553.

群体就会通过遗传将这个好技巧固定下来，从而就可以将这个好技巧更好地传递给后代。总之，“那些在设计探索（design-exploration）空间中幸运地更接近一个可以学习的好技巧的个体，将倾向于有更多的后代，而这些后代将倾向于更接近这个好技巧”①。随着生存竞争的加剧，最终天生不具有这种好技巧的个体就退出了进化的舞台。

从上述分析中可以看出，生物的各种设计（有可塑的，也有硬接线的）对环境中的刺激信息可以作出敏感的反应，因此在一定意义上，我们可以把这种反应称为表征，或者说，大脑具有了反应适应性的功能结构。由此可见，大脑的功能结构所蕴涵的意义，取决于输入与输出之间的结合。例如，假如有一个输入刺激 A，大脑分辨它的意义必须参照它所引起的后果。这意味着，只有在大脑输出一边产生某个反应（或存储了反应控制）之后，大脑才能辨别输入的意义，才能将输入识别为某种对象。当然，大脑的这种功能结构有产生的原因和存在的理由，但这个结构有理由，并不等于拥有它的个体知道这个理由。在很多物种那里，这种理由是“漂浮的”，即存在于自然选择的进化过程中，是大自然的理由，而不是生物的理由。丹尼特说：“神经结构的存在是由于一个理由的现金价值（cash value）是说：如果某一特殊动物生存的必要条件以及通常的环境条件与它们现在的不同，以至于所讨论的这种神经结构在生存中没有它们所具有的这种作用，那么这种结构就不会存在。正是通过观察和评价环境和行为的效果，我们才能够构造出一个结构存在的理由，但这种观察和评价活动并不是这种结构在进化舞台上出现的前提条件。”② 尽管物种个体不理解这个理由，但这种结构却实实在在地控制着它的行为，使之趋向目标。也就是说，这种结构保证了它会做出目标指向的（goal-derected）行为。

那么，如何确定某个大脑状态或事件的表征意义呢？要回答这

---

① D. Dennett, *Consciousness Explained*, Little, Brown and Company, 1991, p. 186.

② D. Dennett, *Content and Consciousness*, Routledge & Kegan Paul plc, 1986, p. 64.

个问题，就要转换解释战略，即由设计的或物理的立场转换到意向的立场，或者由亚人层次上升到人的层次。因为内容的归属是一个解释问题。丹尼特认为，一个神经状态、事件或结构的内容，取决于两个因素：一是正常的刺激源，二是适当的输出结果。而要确定这些因素，人们必须作出一种评价，这种评价实际上超越了关于刺激和反应活动的外延描述。他说：

> 内容归属的第一个因素（对刺激条件的依赖性）的含义是：除非一事件与外部条件及其对感官的影响有某种联系，否则就没有理由把关于世界上的物体的特殊指称给予这个事件。……与传出活动以及最终与行为的联系的含义是：一事件或状态对一有机体"意味着"什么，也依赖于它用这个事件或状态做了什么。①

我们也可以说，对刺激条件的依赖性保证了神经状态或事件有指称或外延，而对输出结果的依赖性保证了它们有意义或内涵。例如，假设某个生物 A 的神经系统中有一种遗传而来的反射弧，它会将某种刺激与后退的行为联系起来，而这种刺激对 A 的生存有害。那么，根据这种联系的结果以及它起作用的条件，我们就有理由将这个反射弧的输入一边称为疼痛或危险信号。但是如果 A 的反应是不适当的，或者根本没有做出反应，那么不管这种刺激是什么，我们也没有理由作出这样的归属，因为适宜性或适应性是智能的一个必要条件。

> 只有在某个内容是传入与传出之间明显适宜的联系，我们才能把它归属给一个神经事件、状态或结构。那么，人们归属给一事件、状态或结构的内容，就不是他在事件、状态或结构中所发现的一种额外的特征。……相反，关于事件、状态或结

---

① D. Dennett, *Content and Consciousness*, Routledge & Kegan Paul plc, 1986, p. 76.

构的意向描述（作为携带着特定信息的信号或具有某种内容的记忆痕迹）与关于它们的外延描述之间的关系是一种进一步解释的关系。①

丹尼特认为，我们可以对大脑神经事件、状态或结构作出两种描述：一种是关于突触、电位等的科学描述、外延描述，它描述的是神经系统中发生的事情。但它不会述及人在做什么，不会提到意向、信念、愿望等问题。另一种是意向描述，这种描述为人归属了意向状态，但它不是指称外延描述之外的某种特征，而是对大脑事件的一种不同的描述方式。因此，关于大脑进化的理论实际上包括两个解释层次：一个是关于大脑功能结构的相互作用的外延解释，另一个是关于这些结构、神经事件以及由它们所导致的系统状态的意向描述。“隐含在每一条意向解释与其外延基础之间的联系是一个假设或一系列假设，这些假设描述了偶然出现的适应性安排（arrangement）——由于这种安排，系统的运转才是合乎情理的——进化之源。原则上，这些假设是说明意向解释所预设的适应性所要求的，但它们又需要一个能从外延的物理理论立场看到的演变谱系。”②

不难看出，丹尼特对大脑进化的研究，是为了给心灵找到微观的物理基础。正是由于进化为大脑提供了特定的功能结构，它才能将某种输入与恰当的输出结合起来，进而促进物种的生存和进化。而这种特定的结构，包含着自然选择的理由，或者说包含着“漂浮的意向性”，要把这种意向性揭示出来，离不开意向立场，离不开意向的解释。因此，大脑中并不存在笛卡尔式的自我，也没有“机器中的幽灵”，真实存在的只是神经事件、状态和结构，但对这种结构的描述，恰好可以将漂浮的理由、意义或意向性揭示出来。可见，大脑的表征来自两个方面：从终极的意义来说，它来自

---

① D. Dennett, *Content and Consciousness*, Routledge & Kegan Paul plc, 1986, p. 78.

② Ibid., p. 80.

自然选择的进化过程，从显现的意义来说，它来自意向立场的解释。通过进化，我们找到了沟通物理与心灵、机械与意义的桥梁，也回答了丹尼特始终关心的问题："傻乎乎的"神经元的机械反应如何能够产生意义、意向性？

第三节　文化的举重机

人类不同于其他物种之处，还在于人创造了独特的文化。拥有了文化，人类就有了一种额外的保存设计、交流设计的媒体。因此，文化在人的心灵进化中起着极其重要的作用。丹尼特说："你见过的每一颗心灵，尤其是包括属于你自己的、你'从内部'注视的那颗心灵，不光是自然选择的产物，也来自于文化上的大规模再设计。"[①] "文化成为创新（不只是意识的创新）的仓库和传递媒体的方式，对于理解人类意识的设计之源是很重要的，因为它是另一种进化的媒体。"[②] 如果说遗传进化、表现型进化是将心灵逐级提升的举重机，那么，人类文化不仅是由举重机构成的举重机，而且还是制造举重机的举重机。"文化是这样一套强有力的举重机，它的作用可以吞噬许多——但非全部——先前创造了它并仍与之共存的遗传压力和过程。"[③]

人类是生物中唯一具有语言的物种，语言这种主要的文化媒介为我们打开了人类特有的新的设计空间。在大脑大规模的后天自设计过程中，最初所采取的一个重大招数就是使自身适应最重要的局部条件，即它很快（两三年内）就使自身变成了一个日语脑、英语脑或汉语脑。一旦我们的大脑为语言的载体建造了进出的通道，它们很快就会被谜米（meme）寄居，谜米不仅加速了心灵进化的进程，而且最终使心灵成为了谜米的天堂。

---

① 丹尼尔·丹尼特：《心灵种种》，罗军译，上海世纪出版集团2010年版，第136页。

② D. Dennett, *Consciousness Explained*, Little, Brown and Company, 1991, pp. 199—200.

③ D. Dennett, *Darwin's Dangerous Idea*, New York: Simon & Schuster, 1995, p. 338.

一 何谓谜米

“谜米”是英国生物学家道金斯（R. Dawkins）创造的一个术语，指的是一种新的复制因子。在其名著《自私的基因》的结尾，道金斯提出了一个问题，即在我们这个星球上，除了基因之外，是否还有其他的复制因子。他的回答是“有”。他说：

> 现在已经有一种新的复制者在我们这个星球上出现了。其存在的证据俯拾皆是，它正处在婴孩时期，仍然缓缓漂流在原始营养汤初创时期的状态中，但是它们已经开始在进化速率上有所进展，并且将最古老的基因远远丢在后面了。①

这种新的原始营养汤所创生的，就是人类文化的原始营养汤。基于此，他将这种新的复制因子命名为“谜米”，他说：

> 也许这是一个能传达“文化传播单位”的概念的名词，或是能够描述“模仿”行为的一个单位。“谜拟子”（mimeme）一词源自古希腊字根，它的意义很适合我们的要求，但是希望它读起来有点像（gene）这个单音符的字，但愿我们的同行朋友原谅我们把“谜拟子”改成“拟子”（meme）②，即去掉词头mi。这样也可以联想到跟英文的“记忆”（memory）一词有关，或是联想到法文的“同样”或“自己”（meme）一词了。……“拟子”的例子太多了，旋律、观念、宣传口号、服装的流行、制罐或建房子的方式等文化都是。正如同基因库中繁衍的基因，借助精子或卵子，由一个身体跳到另一个身体以进行传播；拟子库中的拟子，其繁衍

---

① 里查德·道金斯：《自私的基因》，卢允中等译，吉林人民出版社1998年版，第242页。

② Meme目前在国内有多个译名，如“拟子”、“觅母”、“谜米”等，都很传神、贴切，这里选用“谜米”这个译名。

> 的方式是经由所谓模仿的过程而发生的，它将自己从一个头脑传到另一个头脑。例如，科学家如果听到或读到某个好的想法，他就将这想法传给他的同事或学生，他会在文章里或讲演中提到它。如果这个想法是行得通的，它就是在复制和传播自己，从一个头脑传到另一个头脑。①

谜米进化不仅仅是与生物或遗传进化类似，不只是一种隐喻性的表达方式，而是完全遵守自然选择规律的一种现象。自然选择的进化对谜米和基因之间的差别是中立的，它们是在不同的媒介上以不同速率进化的不同种类的复制因子。正如在植物的进化为其铺平道路（创造出富氧的空气，提供可以转化的营养）之前，动物的基因不可能存在于这个星球上一样，在动物的进化创造出人类之前，谜米的进化也不可能开始，因为人类既为它提供了栖身之所，也为它提供了传播的媒介——交流的习惯。

在丹尼特看来，谜米就是观念（idea），但不是洛克和休谟所说的简单观念，如红的观念、圆的观念等，而是复杂观念，如轮子、正三角形、字母表、日历、印象主义等，它们都是“能够可靠而大量地复制自身的最小因素”②。根据这个标准，一个太小的红色斑点不是谜米的一个单位，因为它不能接受谜米选择的压力作用，如在绘画过程中，它既说不上招人喜欢，也说不上令人讨厌，难以独立地具有某种意义。而一个画廊的全部绘画也不构成谜米的一个单位，因为它太大。对于多数人来说，单独的一幅画构成了一个自然的单位，这就是我们之所以能够记住罗中立的油画《父亲》的原因之所在。

二　谜米的特征

理解谜米对心灵的起源和进化的贡献，最好的方式是按照进化

---

① 里查德·道金斯：《自私的基因》，卢允中等译，吉林人民出版社 1998 年版，第 242—243 页。

② D. Dennett, *Darwin's Dangerous Idea*, New York: Simon & Schuster, 1995, p. 344.

思维的标准步骤一步一步进行。通过与基因相比较，我们可以看到谜米有如下特征：

第一，它的复制是自私的[①]，即不必然以对任何事物的益处为准则；善于进行复制的谜米将繁荣昌盛。丹尼特说："关键之处在于，在谜米的复制能力——从谜米自身的观点看，这种复制能力就是谜米自身的'适应性'——与谜米对我们的适应性（不管我们以什么标准来判断我们的适应性）的贡献之间，不存在任何必然的联系。"[②] 布莱克摩尔也指出："全部谜米学的根本要点，是将谜米理解为一种独立存在的复制因子，它的运作完全是为了它自身的利益，亦即它的自私的自我复制。"[③] 当然，就像存在有利的、中性的、有害的基因一样，也有不同种类的谜米。有些谜米从我们的角度看也是好的，如合作、音乐、写作、教育等一般的谜米和《费加罗的婚礼》、可回收的瓶子等特殊的谜米，有一些是我们可以容忍的，如快餐、电视广告等，还有一些是对我们有害的，如反亲犹主义、劫机、计算机病毒、墙上的"牛皮癣"等。第二，谜米是由特定的载体携带的，如图片、书籍、工具、建筑物，等等。这些载体可以将谜米从一个载体传播到另一个载体。"一辆四轮马车不仅将谷物或其他辎重从一个地方运送到另一个地方，而且也将四轮马车的观念从一个人的心灵传播到了另一个人的心灵。"[④] 谜米的存在依赖于存在某种载体的物理实现，如果所有物理实现都被摧毁了，谜米就会灭绝。因此，谜米的命运，是取决于它们的拷贝和拷贝的拷贝是否持久存在、是否多样，而这依赖于直接作用于体

---

① 这里的"自私"不是我们日常所说的"自私自利"的"自私"，而是"自私基因论"中的专门名词。在这种理论中，"自私"指的是，所有基因都以它们自身的利益作为自己的生存法则；它们所追求的唯一目标，就是自身的复制；它们唯一的所想，就是将自身传递给下一代。它强调的主要是基因唯一拥有的能力——复制能力。参阅苏珊·布莱克摩尔《谜米机器：文化之社会传递过程的"基因学"》，高申春等译，吉林人民出版社 2001 年版，第 8—9 页。

② D. Dennett, *Consciousness Explained*, Little, Brown and Company, 1991, p. 203.

③ 苏珊·布莱克摩尔：《谜米机器：文化之社会传递过程的"基因学"》，高申春等译，吉林人民出版社 2001 年版，第 51 页。

④ D. Dennett, *Darwin's Dangerous Idea*, New York: Simon & Schuster, 1995, p. 348.

化（embody）它们的各种物理载体的选择力。谜米的载体普遍存在于我们这个世界上，但只有我们人类才能看见它们。例如，很多城市都有广告牌、图片、交通标志等，这些对于广场上放养的鸽子来说可能有重要的影响，但这种影响不是因为它们所携带的谜米。而对人类来说，每个谜米载体都是一个潜在的朋友或对手，它们携带的谜米中有的对我们有利，但有的也会分散我们的注意力、加重我们的记忆负担、扰乱我们的判断。当然，在我们的文化中谜米的视角与我们的视角大致是重合的，即好的谜米也是好的复制者，否则我们的社会、文化就会崩溃。丹尼特说："规范概念——应当、好和真、善——的谜米是我们心灵中的最根深蒂固的居民，在构成我们的谜米当中，它们起着核心的作用。"① 第三，谜米是潜在永恒的，这种永恒依赖的是复制，而不是个别载体的长寿。第四，谜米之间存在激烈的竞争。每个心灵的加工资源都是有限的，因此为了争夺资源，进入更多的心灵，谜米之间就要进行竞争，这种竞争是谜米圈中的主要选择力。"一个谜米的前途依赖于它的设计——不是它'内部的'设计，无论这种设计可能是什么——而是它显示给世界的、它的表现型的设计，即它影响其环境中的事物的方式。其环境中的事物就是心灵和其他谜米。"② 第五，如果两个谜米碰巧具有相同的物理载体，它们就总会一起复制。

但也要注意，谜米进化与遗传进化、表现型的可塑性有很大的不同。我们前面提到，鲍德温效应产生了新的选择压力，因此后两种进化的进程大大加快，有利于生物个体发展的好技巧都逐渐地被结合进了基因组。文化进化的速度更快，通过谜米的复制和传播，人们可以更快、更方便地学习到新的技巧，而这些技巧中的很多并不是由遗传上的祖先磨炼出来的。尽管如此，"所有这三种媒介（遗传进化、表现型的可塑性和谜米进化）依次并以越来越快的速

---

① D. Dennett, *Consciousness Explained*, Little, Brown and Company, 1991, p. 208.

② D. Dennett, *Darwin's Dangerous Idea*, New York: Simon & Schuster, 1995, p. 349.

度对人类意识的设计作出了贡献”①。

三 意识是虚拟机器

丹尼特指出，仅就文化进化而言，“所有谜米竞相进入的天堂是人的心灵，而人的心灵本身却是一个被创造出来的产物，它是谜米为了使人类大脑成为谜米的更好的生存场所而对人类大脑进行重新组织的结果”②。一个拥有谜米的大脑，不仅可以存储更多的信息，而且这些谜米本身就构成了大脑据以思维的工具。如果你通过学习而掌握了语词、故事、论证的方法或者掌握了关于爱、逻辑、科学等新的思维方式，你就拥有了更多的思维类型。因此，以汉语为母语的心灵与以法语为母语的心灵不同，白丁的心灵与鸿儒的心灵也有巨大差异。这些能力上的差异，是由于谜米的侵扰造成了人脑微观结构的变化。“这些功能的差别——尽管可能都在物理上体现于大脑的微观变化模式上——是神经科学家看不到的，现在看不到，甚至永远也看不到，因此，如果要掌握由这些谜米侵扰所创造的功能结构，我们就必须找到一个更高的描述它的层次。”③ 他认为，这个解释和描述谜米的层次类似于（但不等同于）计算机软件的层次。在他看来，人的意识就是由大脑中的谜米所创造的虚拟机器。他说：

> 人的意识本身是一个巨大的谜米复合体（或更准确地说，是大脑中的谜米效应），它最好被理解为在大脑的平行结构上执行的“冯·诺伊曼式的”虚拟机器的操作，这种平行结构不是为了这些活动而设计的。这种虚拟机器极大地提升了它在其上运行的有机体的硬件的潜在能力，但同时它的许多最奇妙的特征，特别是它的局限性可以被解释为这些异机种系统

---

① D. Dennett, *Consciousness Explained*, Little, Brown and Company, 1991, p. 208.

② Ibid., p. 207.

③ Ibid., p. 210.

(kludges) 的副产品，这些异机种系统使得为了新的目的而再次巧妙地、有效地使用一种现有的器官成为可能。[1]

对于这个结论，需要作如下解释。第一，虚拟机器（virtual machines）不是由连线而是由规则模式构成的，就是在你将某种特殊的规则模式（倾向或转换规则）加到可塑的机器或人脑上时所得到的东西。“虚拟机器是通过一个程序而强加在基础硬件之上的一套临时的、高度结构化的规则，即有成百上千条指令构成的有结构的菜单，它会给硬件提供一套强大的、相互交错的习惯或反应倾向。”[2] 例如，计算机有硬连线的结构，也有可以存储程序和数据的存储器，因此具有一定的可塑性。如果你在一台计算机上安装了 Word 文字处理系统、Excel 表格处理系统、扫雷游戏软件，那么在你使用它们时，你就分别拥有了一个虚拟机器。同样，人出生时，大脑并不是完全设计好了，而是具有很大的灵活性、可塑性，因此对于不同的训练或文化的熏陶，就会产生特定的反应倾向，这种反应倾向或模式就构成了一个虚拟机器。第二，根据丹尼特的观点，谜米是被传播的观念，不管这些观念是存在于一个人的大脑还是位于一本书或其他的物理结构之中，都从属于并执行着进化的算法。同一谜米在任何两个不同的头脑中所形成的结构不可能完全相同，但是，当一个人做出任何一个行为时，他的大脑中必然存储着引导该行为的某种指令信息；而当另一些人拷贝并记忆某一行为时，他们也必然要在他们体内生成某种神经变化。第三，计算机在被恰当编程后，就可以自动按照程序智能地执行各项操作，在此过程中计算机“思维”只是发生了，没有“内部小人”的监测和干预。同样，就大脑过程来说，执行特定识别任务的机制，在经过自然进化、大脑进化、文化进化的设计后，也是自动地表现出智能的行为，而不存在内部的

---

① D. Dennett, *Consciousness Explained*, Little, Brown and Company, 1991, p. 210.

② Ibid., p. 216.

“观众”在笛卡尔剧场中进行监测和干预。第四，就计算机来说，由于各种程序可以层层嵌套，因此在你运行某个程序时，你可以通过用户界面（如显示器、打印机等）看到你所使用的虚拟机器，但你说不出也不关心所使用的虚拟机器是如何在硬件上执行的。对你来说，这个虚拟机器离硬件是一层、两层还是十层并不重要。虚拟机器的这种自我呈现（self-presentation）就是通常所说的“用户幻觉”（user illusion）。同样，人的意识也是由于虚拟机器的自我呈现所产生的“善意的用户幻觉”。我们每个人都是这种机器的使用者，我们的意识和自我不过是大脑机器的用户幻觉而已。第五，与计算机不同，人类没有共享的机器语言，因此，信息传递的方式是社会性的、对语境高度敏感的，而且在某种程度上是自组织、自校正的。在此过程中，人类的语言起着极其重要的作用。在思考时自言自语，相互交流时使用语言都成为了人的心灵习惯（habit of mind）。“大多数时间在我们多数人大脑中运行的虚拟机器的发展和设计中，不仅说出的语言而且书写都起着一种重要的作用……这种虚拟机器，只能存在于这样一种环境中，其中不仅有语言和社会交往，而且也有书写和图表，这是因为它的执行对记忆和模式识别提出的要求是，大脑要将它的一些记忆‘卸载’到环境的缓存中。”① 丹尼特在总结与计算机的这种类比时说：

> 这种与计算机科学的虚拟机器的类比，为人类意识现象提供了一个有用的视角。计算机最初只是被看成是数字处理器，但现在它们的数字处理已经以几千种想象的方式被利用来产生新的虚拟机器，如视频游戏和文字处理器，在这些虚拟机器中，基础的数字处理几乎是看不见的，新的能力看起来非常神奇。同样，我们的大脑不是为了文字处理而设计的（除了一些非常近的外围器官），但现在发生在成人脑中的大部分活

---

① D. Dennett, *Consciousness Explained*, Little, Brown and Company, 1991, p. 220.

> 动——甚至可能是最大的部分——都涉及一种文字处理：言语的产生和理解，对语言项目（items）或者最好说是它们的神经代表（surrogates）的连续不断的重述和重新排列。这些活动以（从“外部”）看起来非常神奇的方式放大并改变着基础硬件的能力。[①]

丹尼特关于文化进化的观点，特别是关于语言在心灵进化中的作用的观点，是发人深省的。马克思关于“社会器官”的思想也从不同角度谈到了这一点。他说：

> 人对世界的任何一种人的关系——视觉、听觉、嗅觉、味觉、触觉、思维、直观、情感、愿望、活动、爱，——总之，他的个体的一切器官，正像在形式上直接是社会的器官的那些器官一样，是通过自己的对象性关系，即通过自己同对象的关系而对对象的占有，对人的现实的占有……除了这些直接的器官以外，还以社会的形式形成社会的器官。……社会的人的感觉不同于非社会的人的感觉。只是由于人的本质客观地展开的丰富性，主体的、人的感性的丰富性，如有音乐感的耳朵、能感受形式美的眼睛，总之，那些能成为人的享受的感觉，即确证自己是人的本质力量的感觉，才一部分发展起来，一部分产生出来。因为，不仅五官感觉，而且连所谓精神感觉、实践感觉（意志、爱等等），一句话，人的感觉、感觉的人性，都是由于它的对象的存在，由于人化的自然界，才产生出来的。五官感觉的形成是迄今为止全部世界历史的产物。[②]

如果翻译成丹尼特的话就是，人的心灵（感觉）在形成过程中受到文化（社会）的深刻影响，它的生成和发展，不仅依赖于

---

① D. Dennett, *Consciousness Explained*, Little, Brown and Company, 1991, p. 225.

② 马克思：《1844 年经济学哲学手稿》，人民出版社 2000 年版，第 85—87 页。

自然的感官，还依赖于“全部世界历史”。社会的人的感觉，之所以不同于非社会的人的感觉，就在于这种感觉或心灵渗透着社会、文化的因素。恩格斯也说：思维和意识“都是人脑的产物，而人本身是自然的产物，是在自己所处的环境中并且和这个环境一起发展起来的；这里不言而喻，归根到底也是自然界的人脑的产物，并不同自然界的其他联系相矛盾，而是相适应的”[①]。人是自然的产物，但这种自然在很大程度上已经是“人化的自然”了，而且人还在自己所处的环境并与环境一起发展起来，那么意识的进化也离不开人的环境。而在进入人类社会以后，这种环境很大一部分也是文化的环境。就语言来说，马克思说：“思想、观念、意识的生产……与现实生活的语言交织在一起，”“语言和意识具有同样长久的历史；语言是一种实践的，既为别人存在因而也为我自身而存在的、现实的意识。”[②] 恩格斯在谈到人的进化时也说：“首先是劳动，然后是语言和劳动一起，成了两个最主要的推动力，在它们的影响下，猿脑就逐渐地过渡到人脑。”[③] 我们通常在理解这些论述时，都停留于把语言看成是思维的外壳、思维的工具，事实上，语言也是思维的成就者、推动者。在某种意义上，正是有了语言，心灵才能成为意识；正是有了语言（至少是起到了巨大的作用），猿脑才变成了人脑，当然这种转变更多的是大脑微观结构、联结模式的变化，而不是体积的增大。因为近年来的进化史研究证明，原始人类大脑惊人的成长实质上是在语言发展之前完成的。恩格斯曾经指出：

> 不管这个理论在细节上还会有多少变化，但是总的来说，它现在已经把问题解答得绰绰有余了。机体从少数简单形态到今天我们所看到的日益多样化和复杂化的形态，一直到人类为

---

① 《马克思恩格斯选集》第3卷，人民出版社1995年版，第374—375页。

② 《马克思恩格斯选集》第1卷，人民出版社1995年版，第72、81页。

③ 《马克思恩格斯选集》第4卷，人民出版社1995年版，第377页。

> 止的发展序列，在大的基本的轮廓上被证实了；这样一来，不仅有可能来说明有机自然产物中的现存者，而且也为认识人类精神的前史，为追溯人类精神从简单的、无结构的，但有感受刺激能力的最低级有机体的原生质起直到能够思维的人脑为止的各个发展阶段奠定了基础。不了解这个前史，能够思维的人脑的存在就仍然是一个奇迹。①

的确如此，解释心灵和意识的本质，进化的视角是一个必然的选择，只有在进化中才能找到心灵产生的根源、心理内容的终极来源。丹尼特通过研究认知能力、大脑功能结构以及文化的进化，使心灵进化的机制更加清晰、详尽，弥补了我们传统研究的许多空白。当然，丹尼特的具体结论还不完善，也受到了许多心灵哲学家的批评，但他对心灵进化的研究，提供了心灵逐级提升的路线图，对于彻底批判二元论、实现科学的统一具有重要的启示意义。赵敦华先生就指出："在我们看来，被人们视为'达尔文的危险思想'的进化论，恰恰意味着人类思想的重大进步，它标志着统一的科学世界观的第二块里程碑。""走出哲学危机范式之路在于实现哲学的'进化论转向'。"② 因此，沿着进化的道路，追溯心灵的源头，我们会逐渐对难测的心灵形成越来越深刻、越来越全面的认识。

---

① 《马克思恩格斯选集》第 4 卷，人民出版社 1995 年版，第 305—306 页。

② 赵敦华：《人性和伦理的跨文化研究》，黑龙江人民出版社 2004 年版，第 144、160 页。

结　语

在什么意义上说有心灵

美国著名哲学家乔纳森·贝内特（J. Bennett）在谈到哲学家的作用时曾说："当一个杰出的哲学家用大胆的、不屈不挠的和充满智慧的方式来处理最棘手的问题时，即使他在大多数事情上都错了，我们仍然可以从他如何着手处理问题的方式方法上学到很多东西。"[①] 丹尼特说，他对于内容和意识这两大问题，都持激进立场。从前面的考察我们也不难看出，丹尼特从其独特的视角观照心灵，得出了许多与常识相悖、与直觉不符的结论，有的甚至有点离经叛道、危言耸听。但从中我们也可以学到很多东西，得到有益的启示。

我们认为，研究心灵的本质最重要的是确定我们谈论的层次，明确我们是在什么意义上谈论心灵的，即要把心理实在、心理现象、心理观念与心理语言区别开。从本体论上讲，大脑中没有"笛卡尔剧场"、没有坐在屏幕前观看"演出"的"观众"，也没有"机器中的幽灵"。世界上存在的只有"运动着的物质"，大脑中只有神经元及其结构、神经活动和状态，里面发生的只有电、化学反应，没有信息，也没有功能，"信息"、"功能"都是我们解释的用语。正如塞尔所说："诸如计算、算法和程序等概念并不命名系统的内在物理特征。计算状态不是在物理学中发现的，它们是指

---

① 乔纳森·贝内特：《45年工作的回顾》，吴畏译，载欧阳康主编《当代英美著名哲学家学术自述》，人民出版社2005年版，第32页。

定给物理学的。”[①] 因此，就心灵的本体论、实在性来说，它就是“身体的活动”。一百多年前，恩格斯就看到了这一点。他在论述原始灵魂观念的起源时说：

> 在远古时代，人们还完全不知道自己身体的构造，并且受梦中景象的影响，于是就产生了一种观念：他们的思维和感觉不是他们身体的活动，而是一种独特的、寓于这个身体之中而在人死亡时就离开身体的灵魂的活动。……思维对存在、精神对自然界的关系问题，全部哲学的最高问题，像一切宗教一样，其根源在于蒙昧时代的愚昧无知的观念。[②]

也就是说，就本体论而言，意识和思维就是“身体的活动”，是“物质的、肉体的器官即人脑的产物”[③]。或者说，心灵和意识是对“身体活动”的一种描述或解释。罗蒂在考察“心灵的发明”时也提到了麦特松（W. Matson）的观点。麦特松说：“希腊人并不欠缺一种心的概念，甚至不欠缺可与身体分离的心的概念。但是从荷马到亚里士多德，心身分界线如果划出了的话，其方式是感性知觉过程被划在身体一边。这是希腊人没有心身问题的一个理由。另一个理由是，很难或几乎不可能把‘感觉与心（或灵魂）的关系是什么？’这样的句子转译成希腊文。困难在于找到‘感觉’的希腊文对应词，如果按哲学家赋予它的意义来理解的话。……‘感觉’被引入哲学正是为了使人们能够谈论一种意识状态，而无需涉及外来刺激的性质甚或其存在。”[④] 我们现在对心灵本质的理解在很大程度上是受到了笛卡尔和洛克的影响。罗蒂指出，我们以理

---

① 约翰·塞尔：《心灵的再发现》，王巍译，中国人民大学出版社 2005 年版，第 176 页。

② 《马克思恩格斯选集》第 4 卷，人民出版社 1995 年版，第 223—224 页。

③ 同上书，第 227 页。

④ 转引自理查·罗蒂：《哲学和自然之镜》，李幼蒸译，三联书店 1987 年版，第 37 页。

解“心的过程”为基础的“知识论”概念归功于17世纪，特别是深受洛克的心的过程观念和笛卡尔的心的实体观念的影响[①]。

当然，身体或大脑的活动不是固定不变的，而是可塑的。就个人来说，大脑并非天生就完全连线好了，大脑的联结模式会随着成长和发展而丰富和完善[②]。就人类来说，由于社会文化的差异，社会历史的变迁，外界刺激也在发生变化，因此，不同文化圈、不同时代的人的大脑结构也有差异。这就是丹尼特所说的，谜米影响大脑微观结构的含义。

而心理现象是我们从第一人称感觉到的东西。恩格斯曾经提到，在从猿到人的转变过程中，随着相互支持和共同协作的增多，“这些正在生成的人，已经达到彼此间不得不说些什么的地步了。”[③] 这种“不得不说”的东西，与原始人的“梦中的景象”一样，都是人实际感受到的东西，但所感受的这种东西不直接是“身体的活动”，而是由神经活动所造成的结果。用丹尼特的话说，就是能够用言语说出来的“草稿”或说是影响言语中枢的大脑活动的“总体倾向”。但这种感受不等同于大脑活动的倾向，而是这些倾向所产生的突现现象。这种现象已经不单纯是物理的产物，在很大程度上也是社会的产物。“饱汉子不知饿汉子饥”，贾府的焦大永远也不会理解林黛玉的心思，讲的就是这层道理。因此，心理现象已经不能够还原为物理现象了。而所谓的心灵或意识之谜，在很大程度上就是要解决心理实在与心理现象之间的关系问题，即第三人称的心理实在如何能够产生第一人称的心理现象。换言之，亚人的神经过程如何产生了人的层次上的心灵或意识。不过，有一点可以肯定，这种现象肯定不是超自然的东西，而是以心理实在为基础的。恩格斯说：“推动人去从事活动的一切，都要通过人的头脑

---

① 参阅理查·罗蒂：《哲学和自然之镜》，李幼蒸译，三联书店1987年版，第1—2页。

② 格林菲尔德对此提出了许多例证。参阅苏珊·格林菲尔德《人脑之谜》，杨雄里等译，上海科学技术出版社1997年版。

③ 《马克思恩格斯选集》第4卷，人民出版社1995年版，第376页。

甚至吃喝也是由于通过头脑感觉到饥渴引起的，并且是由于同样通过头脑感觉到饱足而停止。”① 这里，实际上说的是两个方面，一方面，人的行为是由人的感觉引起的，这种感觉是从第一人称体验到的心理现象；另一方面，感觉并不是头脑中的超自然物，而是由神经活动诱发的，因此人的一切活动都涉及心理实在和心理现象两个方面，只不过人通过感觉或内省只能感知到心理现象，而不能内省心理实在。

心理观念是人们描述、解释心理现象而形成的认识或观念体系。民间心理学、各种心灵理论和意识论都属于一种心理观念。心理观念必然会受到人类实践、社会状况、民族习惯、文化生活等各方面的影响，因此不同人群的心理观念存在巨大差异。用丹尼特的话说，就是不同人群表现出来的行为模式是不同的，由此形成的心理观念也不同。钱穆先生说，西方人所指的心，“只指小我肉体之心之一种机能”，中国人认为，心即仁，“中国人看心，虽为人身肉体之一机能，而其境界则可以超乎肉体”。中国的人生观是“人心”本位，这种“心”是一种“道心”、“文化心”。“西方人的不朽在灵魂，故重上帝与天堂。中国人的不朽，不在小我死后之灵魂，而在小我生前之立德立功立言。使我之德功言，在我死后，依然存留在此社会，在此人群之中，故重现世与人群”②。这里说的都是心理观念的差异。心理观念的差异与心理现象直接相关，是人们在社会交往中，从各自的行为模式、通过推己及人建构起来的。而与心理实在只有间接关联。但通过研究心理实在，找到沟通心理实在与心理现象的桥梁，可以匡正心理观念的偏差，去除历史文化覆盖在心理现象上的“文化尘埃”，祛除心灵的神秘性。这就是贯穿丹尼特心灵研究始终的一条主线。

心理语言是表达心理观念的工具。由于心理现象的复杂性，人们没有合适的工具，只能通过与物理语言的类比来创造心理语言。

---

① 《马克思恩格斯选集》第4卷，人民出版社1995年版，第232页。

② 钱穆：《灵魂与心》，广西师范大学出版社2004年版，第17—19页。

但心理语言不是铁板一块，而是随着科学的发展不断变化的。科学史的发展表明，范式之间具有一种“家族相似性”，范式的转换是在革命之中有继承。因此，范式不是铁板一块、固定不变的，而是开放的、可发展的。即使范式之间具有不可通约性，也不意味着跨范式之间的沟通是不可能的。借助人类的普遍语言能力，真正的双语人可以实现跨范式的理解，借助于语言内部的创生能力，我们可以用语言创新的办法克服不可通约问题①。“信念”、“愿望”等表达的是人们真实经验到的心理现象，但由于很多心理语言是从物理语言类比出来的，因此附着在物理语言上的观念也会浸染到心理语言中，从而影响了对心理实在的正确认识。相对地，神经科学对心理实在的解释会更准确、更清晰。这就像对于水的认识一样。在近代化学产生之前，人们通过感觉知道水具有无色、无味、透明等性质。随着近代化学对水的分子结构的揭示，人们还知道水是 H_2O，这种认识逐渐也成了常识的一部分。同样，根据民间心理学，我们只能说心理现象是如此这般的样子，但对其内部的神经生理本质（心理实在）却知之甚少。神经科学却可以揭示出心理现象背后的神经基础（心理实在）是什么样子。随着神经科学的发展以及科学知识的普及，有些神经科学知识、神经科学用语也会成为民间心理学的一部分，从而推动民间心理学概念图式的发展。当然，随着科学的发展，不排除有些常识心理概念会被抛弃，但作为整体的民间心理概念是不可能被取消的。利康曾经说过：“我从心底里赞成放弃关于信念或愿望（或其他东西）的常识的或陈腐的理论，而且也赞成这样的判定，即我们在许多问题上是非常错误的。”尽管如此，“我认为日常用语‘信念’（民间心理学的理论术语）朦胧地指向了我们对之完全没有把握、有待于成熟的心理学去揭示的自然种类。我希望‘信念’最终指称的是表现了有情识存在的内在状态的信息……但是它指称的那类状态也许只有通常为常识赋予信

① 参阅王巍《相对主义：从典范、语言和理性的观点看》，清华大学出版社 2003 年版。

念的一些属性"[①]。因此，神经科学的发展只是使常识心理语言的内涵更加准确、具体，但不会取消常识心理语言，更不会对心理现象的存在构成威胁。相反，根据科学的发展重新定义、不断充实常识心理语言，科学界定其内涵和所指，在常识心理语言的"旧瓶"中不断装进"新酒"，民间心理学范式与神经科学范式之间是可以沟通、对话的。

恩格斯指出："我们只能在我们时代的条件下去认识，而且这些条件达到什么程度，我们才能认识到什么程度。"[②] 目前，不论科学界，还是哲学界，对于心灵的本质、研究方法等都还没有形成一致的意见，而且几乎可以断定共识是很难取得的。但心灵的研究既不是哲学的专有领地，也不是科学的"私家花园"。很多心灵问题已经很难区分是哲学的问题还是科学的问题，哲学和科学共同聚焦于心灵的趋势越来越明显，相互之间的渗透也越来越深入。近几十年的心灵研究历程，见证了哲学与科学相互提携、合作共进的身影。我们现在还远远没洞彻把握心灵的本质，但丹尼特所走的跨学科之路无疑是一个很有前途的研究取向。我相信，即使心灵之谜永远无法破解，但随着哲学和科学的发展，我们对心灵的认识，会逐渐摆脱儿童的稚嫩和天真，日益走向成熟和健全。最后，让我们以彭孟尧先生的一段话结束这次心灵之旅吧：

> 有愈来愈多的哲学家相信借由科学的研究成果，我们对于心智的理解将会更深入、成熟。不但如此，科学研究的成果会使得一些哲学问题变成无意义的。而一些哲学问题则可能因此需要做一些厘清，甚至于会产生新的哲学问题。这是科学研究回馈给哲学的地方。[③]

---

① W. Lycan, *Judgment and Justification*, Cambridge: Cambridge University Press, 1988, pp. 31—32.

② 《马克思恩格斯选集》第4卷，人民出版社1995年版，第337—338页。

③ 彭孟尧：《人心难测：心与认知的哲学问题》，三联书店2006年版，第178页。

主要参考文献

一　丹尼特的著作

1. *Content and consciousness*, London and New York: Routledge & Kegan Paul, 1986.

2. *Brainstorms: Philosophical Essays on Mind and Psychology*, Brighton: The Harvester Press, 1981.

3. *Elbow Room: The Varieties of Free Will Worth Wanting*, Cambridge, Mass: MIT Press, 1984.

4. *The Intentional Stance*, Cambridge, Mass: MIT Press, 1987.

5. *Consciousness Explained*, Boston: Little, Brown & Company, 1991.

6. *Darwin's Dangerous Idea*, New York: Simon and Schuster, 1995.

7. *Brainchildren: Essays on Designing Minds.* Cambridge, Mass: MIT Press, 1998.

8. *Freedom Evolves*, New York: Viking, 2003.

9. *Sweet Dreams: Philosophical Obstacles to a Science of Consciousness*, Cambridge, Mass: MIT Press, 2005.

10. *Breaking the Spell: Religion as a Natural Phenonenon*, Penguin Group, 2006.

11. *Kinds of Minds: Towards an Understanding of Consciousness*, London: Weidenfeld and Nicolson.（《心灵种种——对意识的探索》，罗军译，上海世纪出版集团 2010 年版。）

12. "Quining Qualia", In W. Lycan (ed.), *Mind and Cognition: A Reader*, Cambridge, Mass: Basil Blackwell, 1990.

13. "Back from the Drawing Board", In Bo Dahlbom (ed.), *Dennett and His Critics: Demystifying the Mind*, Cambridge, Mass: Blackwell, 1993.

14. "Daniel Dennett", In Guttenplan, S. (ed.), *A Companion to the Philosophy of Mind*, Blackwell, 1994.

15. "With a Little Help from My Friends", In Don Ross etal (ed.), *Dennett's Philosophy: A Comprehensive Assessment*, Cambridge, Mass: MIT Press, 2000.

16. "Get Real", *Philosophical Topics*, 22 (1&2), 1994.

17. "Intentionality", (with J. Haugeland) In R. L. Gregory (ed.). *The Oxford Companion to the Mind.* Oxford University Press, 1987.

18. 《我的哲学研究综述》，朱志方译，载欧阳康主编：《当代英美著名哲学家学术自述》，人民出版社2005年版。

19. 《心我论——对自我和灵魂的奇思冥想》（与道格拉斯·霍夫斯塔特合编），陈鲁明译，上海译文出版社1999年版。

20. 《直觉泵》，载约翰·布罗克曼《第三种文化》，吕芳译，海南出版社2003年版。

21. 《认知之轮：人工智能的框架问题》，载玛格丽特·博登：《人工智能哲学》，刘西瑞等译，上海译文出版社2001年版。

二 丹尼特研究者的著作

1. J. Symons. *On Dennett*, Wadsworth, 2002.

2. A. Brook & D. Ross, *Daniel Dennett*, Cambridge University Press, 2002.

3. D. Ross, A. Brook & D. Thompson, *Dennett's Philosophy*, The MIT Press, 2000.

4. Bo Dahlbom, *Dennett and His Critics Critics: Demystifying the*

Mind, Blackwell, 1993.

5. M. Elton, *Daniel Dennet*: *Reconciling Science and Our Self-Conception*, Polity, 2003.

6. Andy Clark, "On Dennett", In Hugh Clapin (ed.), *Philosophy of Mental Representation*, Oxford: Clarendon Press, 2002.

7. 加里·富勒:《心灵哲学中的工具主义》，载高新民、储昭华主编《心灵哲学》，商务印书馆 2002 年版。

8. 理查德·罗蒂:《丹尼尔·丹尼特论内在性》，载理查德·罗蒂《真理与进步》，杨玉成译，华夏出版社 2004 年版。

9. 纪虎民:《丹尼特》，载章士嵘等编《当代西方著名哲学家评传·心智哲学》，山东人民出版社 1996 年版。

10. 高新民:《工具主义战略》，载高新民《现代西方心灵哲学》，武汉出版社 1996 年版。

11. 高新民:《解释主义：心灵是一种解释性投射》，载高新民、刘占峰等《心灵的解构——心灵哲学本体论变革研究》，中国社会科学出版社 2005 年版。

12. 高新民:《解释与解构——丹尼特的心灵哲学及其意义》，《天津社会科学》2005 年第 3 期。

13. 高新民:《取消论与解释主义的"本体论变革"》，载高新民《人心与人生》，北京大学出版社 2006 年版。

14. 田平:《工具主义》，载田平《自然化的心灵》，湖南教育出版社 2000 年版。

15. 刘高岑:《丹尼特的意向立场理论》，载刘高岑《当代科学意向论》，科学出版社 2006 年版。

三 马克思主义哲学经典著作

1. 《马克思恩格斯选集》第 1—4 卷，人民出版社 1995 年版。

2. 《马克思恩格斯全集》第 3 卷，人民出版社 1960 年版。

3. 《马克思恩格斯全集》第 3 卷，人民出版社 2002 年版。

4. 马克思：《1844年经济学哲学手稿》，人民出版社2000年版。

5. 恩格斯：《自然辩证法》，人民出版社1971年版。

6. 《列宁选集》第2卷，人民出版社1995年版。

7. 列宁：《唯物主义与经验批判主义》，人民出版社1971年版。

四　心灵哲学、认知科学和意识论研究著作

1. 高新民：《人自身的宇宙之谜》，华中师范大学出版社1989年版。

高新民：《人心与人生》，北京大学出版社2006年版。

高新民：《现代西方心灵哲学》，武汉出版社1996年版。

高新民：《意向性理论的当代发展》（即将出版）。

2. 高新民、储昭华主编：《心灵哲学》，商务印书馆2002年版。

3. 高新民、刘占峰等：《心灵的解构——心灵哲学本体论变革研究》，中国社会科学出版社2005年版。

4. 田平：《自然化的心灵》，湖南教育出版社2000年版。

5. 唐热风：《心·身·世界》，首都师范大学出版社2001年版。

6. 欧阳康主编：《当代英美著名哲学家学术自述》，人民出版社2005年版。

7. 彭孟尧：《人心难测：心与认知的哲学问题》，三联书店2006年版。

8. 刘高岑：《当代科学意向论》，科学出版社2006年版。

刘高岑：《从语言分析到语境重建》，山西科学技术出版社2003年版。

9. 刘景钊：《意向性：心智关指世界的能力》，中国社会科学出版社2005年版。

10. 章士嵘：《心理学哲学》，社会科学文献出版社1996年版。

章士嵘：《认知科学导论》，人民出版社1992年版。

章士嵘：《当代西方著名哲学家评传·心智哲学》，山东人民出版社1996年版。

11. 熊哲宏：《认知科学导论》，华中师范大学出版社 2002 年版。

12. 武秀波等：《认知科学概论》，科学出版社 2007 年版。

13. 赵南元：《认知科学揭秘》，清华大学出版社 2002 年版。

14. 丁峻：《心身关系与进化动力论》，中国科学技术大学出版社 2003 年版。

15. 曾向阳：《当代意识科学导论》，东南大学出版社 2003 年版。

16. 霍涌泉：《意识心理学》，上海教育出版社 2006 年版。

17. 韩民青：《意识论》，广西人民出版社 1988 年版。

18. 肖明、李培松：《现代科学意识论》，经济科学出版社 1993 年版。

19. 潘菽主编：《意识——心理学的研究》，商务印书馆 1998 年版。

20. 程伟礼：《灰箱：意识的结构与功能》，人民出版社 1987 年版。

21. 王文清主编：《脑与意识》，科学技术文献出版社 1999 年版。

22. 汪云九等：《意识与大脑——多学科研究及其意义》，人民出版社 2003 年版。

23. 胡文耕：《信息、脑与意识》，中国社会科学出版社 1990 年版。

24. 唐孝威：《意识论——意识问题的自然科学研究》，高等教育出版社 2004 年版。

25. 赵国求：《奇妙的思维——思维过程物质基础探源》，湖北人民出版社 2000 年版。

26. 维之：《精神本质新论》，三联书店 1993 年版。

维之：《精神与自我现代观——精神哲学新体系》，社会科学文献出版社 2004 年版。

27. 钱穆：《灵魂与心》，广西师范大学出版社 2004 年版。

28. 徐梵澄：《陆王学述——一系精神哲学》，上海远东出版社 1996 年版。

29. 维特根斯坦：《哲学研究》，李步楼译，商务印书馆 1996

年版。

维特根斯坦：《逻辑哲学论》，贺绍甲译，商务印书馆 1999 年版。

30. 吉尔伯特·赖尔：《心的概念》，徐大建译，商务印书馆 2005 年版。

31. 理查·罗蒂：《哲学和自然之镜》，李幼蒸译，三联书店 1987 年版。

32. 福多：《心理模块性》，李丽译，华东师范大学出版社 2002 年版。

33. 蒯因：《语词和对象》，陈启伟等译，中国人民大学出版社 2005 年版。

34. 唐纳德·戴维森：《真理、意义、行动与事件》，牟博编译，商务印书馆 1993 年版。

35. 约翰·塞尔：《心、脑和科学》，杨音莱译，上海译文出版社 1991 年版。

约翰·塞尔：《心灵的再发现》，王巍译，中国人民大学出版社 2005 年版。

约翰·塞尔：《心灵、语言与社会》，李步楼译，上海译文出版社 2001 年版。

36. 彼得·斯特劳森：《个体》，江怡译，中国人民大学出版社 2004 年版。

37. 约翰·麦克道威尔：《心灵与世界》，刘叶涛译，中国人民大学出版社 2006 年版。

38. 希拉里·普特南：《理性、真理与历史》，童世骏等译，上海译文出版社 2005 年版。

39. 约翰·海尔：《当代心灵哲学导论》，高新民等译，中国人民大学出版社 2006 年版。

40. 霍华德·加德纳：《心灵的新科学》，周晓林等译，辽宁教育出版社 1989 年版。

霍华德·加德纳：《心灵的新科学》（续），张锦等译，辽宁教育出版社 1991 年版。

41. 哥德弗雷－史密斯：《心在自然中的位置》，田平译，湖南科学技术出版社 2001 年版。

42. 杰拉尔德·埃德尔曼、朱利欧·托诺尼：《意识的宇宙——物质如何变为精神》，顾凡及译，上海科学技术出版社 2004 年版。

43. 弗朗西斯·克里克：《惊人的假说》，汪云九等译，湖南科学技术出版社 1998 年版。

44. 伯纳德·巴尔斯：《在意识的剧院中——心灵的工作空间》，陈玉翠等译，高等教育出版社 2002 年版。

45. 博登：《人工智能哲学》，刘西瑞等译，上海译文出版社 2001 年版。

46. 威廉·卡尔文：《大脑如何思维》，杨雄里等译，上海科学技术出版社 1996 年版。

47. 威尔逊等：《MIT 认知科学百科全书》，上海外语教育出版社 2000 年版。

48. 保罗·萨加德：《认知科学导论》，朱菁译，中国科学技术大学出版社 1999 年版。

49. 罗姆·哈瑞：《认知科学哲学导论》，魏屹东译，上海科技教育出版社 2006 年版。

50. 侯世达：《哥德尔·艾舍尔·巴赫——集异璧之大成》，郭维德等译，商务印书馆 2001 年版。

51. A. 卡米洛夫－史密斯：《超越模块性——认知科学的发展观》，缪小春译，华东师范大学出版社 2001 年版。

52. 罗杰·彭罗斯：《皇帝新脑——有关电脑、人脑及物理定律》，许明贤等译，湖南科学技术出版社 1996 年版。

53. 司马贺（西蒙）：《人工科学》，武夷山译，上海科技教育出版社 2004 年版。

司马贺（西蒙）：《人类的认知——思维的信息加工理论》，荆其诚等译，科学出版社 1987 年版。

司马贺（西蒙）:《我生活的种种模式》，曹南燕等译，东方出版中心 1998 年版。

54. 弗雷德·艾伦·沃尔夫:《精神的宇宙》，吕捷译，商务印书馆 2005 年版。

55. 爱莲心:《向往心灵转化的庄子》，周炽成译，江苏人民出版社 2004 年版。

56. D. Rosenthal (ed.), *The Nature of Mind*, Oxford University Press, 1991.

57. W. Lycan, *Mind and Cognition: A Reader*, Blackwell, 1990.

58. J. Heil, *Philosophy of Mind: A Guide and Anthology*, Oxford: Oxford University Press, 2004.

59. B. Cooney (ed.), *The Place of Mind*, Wadsworth, 2000.

60. N. Block et al (ed.), *The Nature of Consciousness: Philosophical Debates*, Cambridge, Mass: MIT Press, 1997.

61. R. Cummins et al (ed.), *Minds, Brains and Computers: The Foundations of Cognitive Science: An Anthology*, Malden, Mass: Blackwell Publishers Inc., 2000.

62. S. Stich et al (ed.), *The Blackwell Guide to Philosophy of Mind*, Oxford: Blackwell, 2003.

63. P. Jacob, *What Mind Can Do?* Cambridge: Cambridge University Press, 1997.

64. H. Clapin, *Philosophy of Mental Representation*, Oxford: Clarendon Press, 2002.

65. M. Davies. et al (ed.), *Folk Psychology*, Blackwell, 1995.

66. Greenwood, J. D. (ed.), *The Future of Folk Psychology*, Cambridge University Press, 1991.

67. J. Fodor, *A Theory of Content and Other Essays*, The MIT Press, 1990.

——*Psychosemantics*, The MIT Press, 1987.

——*The Language of Thought*, Harvard University Press, 1980.

68. S. Guttenplan, *A Companion to the Philosophy of Mind*, Blackwell, 1994.

——*Mind's Landscape*, Blackwell, 2000.

69. B. Hannan, *Subjectivity & Reduction*, Westview Press, 1994.

70. J. Kim, *Philosophy of Mind*, Westview Press, 1996.

71. M. Carrier. et al (ed.), *Mindscape: Philosophy, Science and the Mind*, The University of Pittsburgh Press, 1997.

72. P. M. Churchland. et al (ed.), *On the Contrary*, The MIT Press, 1998.

73. P. M. Churchland, *A Neurocomputational Perspective*, The MIT Press, 1989.

——*Matter and Consciousness*, Cambridge, Mass: MIT Press, 1986.

74. P. S. Churchland, *Neurophilosophy*, The MIT Press, 1986.

75. J. Hornsby, *Simple Mindedness*, Harvard University Press, 1997.

76. B. F. Malle. et al (ed.), *Intention and Intentionality: Foundations of Social Cognition*, The MIT Press, 2001.

77. R. McCauley (ed.), *The Churchlands and their Critics*, Basil Blackwell, 1996.

78. T. Rockwell, "Eliminativism", http://www.artsci.wustl.edu/~philos/Mind Dict/eliminativism.html.

—— "Beyond Eliminative Materialism: Some Unnoticed Implications of Churchland's Pragmatic Pluralism", http://www.california.com/~mcmf/beyondem.html.

79. S. Stich, *From Folk Psychology to Cognitive Science*, The MIT Press, 1991.

——*Deconstructing the Mind*, Oxford University Press, 1996.

80. J. Searle, *Intentionality: An Essay in the Philosophy of Mind*, Cambridge: Cambridge University Press, 1983.

81. N. Chomsky, *New Horizons in the Study of Language and Mind*, 外语教学与研究出版社 2002 年版。

五 其他参考文献

1. 肖前等:《辩证唯物主义》, 人民出版社 1991 年版。

2. 夏甄陶:《人是什么》, 商务印书馆 2000 年版。

3. 孙正聿:《属人的世界》, 吉林人民出版社 2007 年版。

4. 韩庆祥等:《人学: 人的问题的当代阐释》, 云南人民出版社 2001 年版。

5. 韩树英主编:《马克思主义哲学纲要》, 人民出版社 2004 年版。

6. 林剑:《论人与自然、社会、历史的统一》,《华中师范大学学报》1994 年第 2 期。

林剑:《人的存在之思》,《江海学刊》2002 年第 6 期。

林剑:《人学研究若干问题综论》, 《江海学刊》1997 年第 1 期。

林剑:《关于马克思主义哲学"转向"的思考》,《哲学研究》2003 年第 11 期。

林剑:《马克思"新唯物主义"哲学视野中的哲学》,《哲学研究》2005 年第 12 期。

7. 储昭华:《明分之道——从荀子看儒家文化与民主政道融通的可能性》, 商务印书馆 2005 年版。

8. 涂纪亮:《维特根斯坦后期哲学思想研究》, 江苏人民出版社 2005 年版。

9. 王晓升等:《后期维特根斯坦心理哲学研究》, 中国社会科学出版社 2004 年版。

10. 陈亚军:《从分析哲学走向实用主义——普特南哲学研究》, 东方出版社 2002 年版。

11. 应奇:《概念图式与形而上学》, 学林出版社 2000 年版。

12. 蒋劲松：《从自然之镜到信念之网》，湖南教育出版社1998年版。

13. 徐友渔：《“哥白尼式”的革命》，上海三联书店1994年版。

14. 张志伟等：《西方哲学问题研究》，中国人民大学出版社1999年版。

15. 陈嘉明主编：《实在、心灵与信念》，人民出版社2005年版。

16. 燕宏远等：《当代英美哲学概论》，社会科学文献出版社2002年版。

17. 陈嘉应：《语言哲学》，北京大学出版社2003年版。

18. 王路：《弗雷格思想研究》，社会科学文献出版社1996年版。

王路：《走进分析哲学》，三联书店1999年版。

19. 张庆熊等：《二十世纪英美哲学》，人民出版社2005年版。

20. 赵敦华：《人性和伦理的跨文化研究》，黑龙江人民出版社2004年版。

赵敦华：《现代西方哲学新编》，北京大学出版社2001年版。

21. 罗嘉昌：《从物质实体到关系实在》，中国社会科学出版社1996年版。

22. 叶闯：《理解的条件——戴维森的解释理论》，商务印书馆2006年版。

23. 陈波：《奎因哲学研究——从逻辑和语言的观点看》，三联书店1998年版。

24. 程炼：《思想与论证》，北京大学出版社2005年版。

25. 陈波等主编：《逻辑与语言：分析哲学经典文选》，东方出版社2005年版。

26. 苏珊·哈克主编：《意义、真理与行动：实用主义经典文选》，东方出版社2007年版。

27. 周昌乐：《无心的机器》，湖南科学技术出版社2000年版。

28. 李建会：《走向计算主义》，中国书籍出版社2004年版。

29. 谢爱华：《突现论中的哲学问题》，中央民族大学出版社

2006 年版。

30. 笛卡尔：《谈谈方法》，王太庆译，商务印书馆 2001 年版。

笛卡尔：《第一哲学沉思录》，庞景仁译，商务印书馆 1998 年版。

31. 洛克：《人类理解论》，关文运译，商务印书馆 1983 年版。

32. 布鲁斯·昂：《形而上学》，田园等译，中国人民大学出版社 2006 年版。

33. 迈克尔·达米特：《分析哲学的起源》，王路译，上海译文出版社 2005 年版。

34. 约翰·巴斯摩尔：《哲学百年·新近哲学家》，洪汉鼎等译，商务印书馆 1996 年版。

35. 施太格缪勒：《当代哲学主流》（上卷），王炳文等译，商务印书馆 2000 年版。

36. 蒯因：《从逻辑的观点看》，陈启伟等译，中国人民大学出版社 2007 年版。

37. 理查德·鲁玛纳：《罗蒂》，刘清平译，中华书局 2003 年版，第 45 页。

38. 戴维·麦克莱伦：《马克思传》，王珍译，中国人民大学出版社 2006 年版。

39. 瓦尔特尔·霍利切尔：《科学世界图景中的自然界》，孙小礼等译，上海世纪出版集团 2006 年版。

40. 保罗·萨加德：《病因何在》，刘学礼译，上海科技教育出版社 2001 年版。

41. 威廉·詹姆斯：《心理学原理》，田平译，中国城市出版社 2003 年版。

42. 托马斯·H. 黎黑：《心理学史》，李维译，浙江教育出版社 1998 年版。

43. 罗伯特·索拉索：《21 世纪的心理科学与脑科学》，朱滢等译，北京大学出版社 2002 年版。

44. 谢·列·鲁宾斯坦：《心理学的原则和发展道路》，赵璧如译，三联书店 1965 年版。

45. B. R. 赫根汉：《心理学史导论》，郭本禹等译，华东师范大学出版社 2004 年版。

46. M. W. 艾森克等：《认知心理学》，高定国等译，华东师范大学出版社 2004 年版。

47. 理查德·格里格等：《心理学与生活》，王垒等译，人民邮电出版社 2004 年版。

48. 唐铖：《西方心理学史大纲》，北京大学出版社 1994 年版。

49. 张春兴：《现代心理学》，上海人民出版社 2003 年版。

50. 斯金纳：《超越自由与尊严》，陈维纲等译，贵州人民出版社 2006 年版。

51. 托马斯·库恩：《科学革命的结构》，金吾伦等译，北京大学出版社 2003 年版。

52. J. G. 尼克尔斯等：《神经生物学——从神经元到脑》，杨雄里等译，科学出版社 2003 年版。

53. M. F. Bear 等：《神经科学——探索脑》，王建军等译，高等教育出版社 2004 年版。

54. 罗跃嘉主编：《认知神经科学教程》，北京大学出版社 2006 年版。

55. 理查德·道金斯：《自私的基因》，卢允中等译，吉林人民出版社 1998 年版。

理查德·道金斯：《盲眼钟表匠》，王德伦译，重庆出版社 2005 年版。

理查德·道金斯：《伊甸园之河》，王直华译，上海科学技术出版社 1997 年版。

56. 苏珊·布莱克摩尔：《谜米机器》，高申春等译，吉林人民出版社 2001 年版。

57. 保罗·西利亚斯：《复杂性与后现代主义》，曾国屏译，上海世纪出版集团 2006 年版。

58. 理查德·罗蒂：《真理与进步》，杨玉成译，华夏出版社

2004 年版。

59. 约翰·霍兰：《涌现——从混沌到有序》，陈禹等译，上海科学技术出版社 2001 年版。

约翰·霍兰：《隐秩序——适应性适应复杂性》，周晓牧等译，上海科技教育出版社 2000 年版。

60. 恩斯特·迈尔：《进化是什么》，田洺译，上海科学技术出版社 2003 年版。

恩斯特·迈尔：《很长的论点——达尔文与现代进化思想的产生》，田洺译，上海科学技术出版社 2003 年版。

61. 理查德·利基：《人类的起源》，吴汝康等译，上海科学技术出版社 1997 年版。

62. 马特·里德利：《先天，后天：基因、经验，及什么使我们成为人》，陈虎平等译，北京理工大学出版社 2005 年版。

63. 凯恩斯·史密斯：《心智的进化》，孙岳译，中国对外翻译出版公司 2000 年版。

64. 苏珊·格林菲尔德：《大脑的故事》，黄瑛译，上海科学普及出版社 2004 年版。

苏珊·格林菲尔德：《人脑之谜》，杨雄里等译，上海科学技术出版社 1998 年版。

65. 赫尔曼·哈肯：《协同学——大自然构成的奥秘》，凌复华译，上海译文出版社 2001 年版。

赫尔曼·哈肯：《大脑工作原理——脑活动、行为和认知的协同学研究》，郭治安等译，上海科技教育出版社 2003 年版。

66. 克劳斯·迈因策尔：《复杂性中的思维：物质、精神和人类的复杂动力学》，曾国屏译，中央编译出版社 1999 年版。

后　记

学术研究之路是一条“朝圣”之路。跋涉在这条大道上，我既感受了艰辛，也体验到快乐。本书就是我在思索、研究心灵哲学问题的漫漫征途上迈出的一小步。在写作过程中，我的恩师、华中师范大学高新民教授给予了悉心指导，从结构到内容、从观点到材料都提出了许多修改意见。耿新建博士、赵泽林博士给予了很多帮助。

感谢海军工程大学副政委郑传璞少将、人文社会科学系教授高文武少将给予的鼓励和支持；也向所有关心、支持过我的其他领导、同事和朋友，向多年来为我的学习和研究创造条件的家人，表示诚挚的谢意。

由于自身资质、条件的限制，我对于心灵哲学这样的跨学科领域的研究，时时感到力不从心，因而留下了许多遗憾，在此，向对我寄予厚望、给予我帮助的老师、领导、同事和同学表示深深的歉意，并恳请各位专家和同道不吝批评、指正。

刘占峰

2009 年 9 月